TRAITÉ DES MANIEMENTS.

ZOOTECHNIE.

TRAITÉ

DES MANIEMENTS,

DES ÉPREUVES

ET DES MOYENS DE CONTENTION ET DE GOUVERNE

qu'on emploie sur les espèces domestiques

CHEVALINE, BOVINE, OVINE ET PORCINE,

SUIVI DE LA

COUPE DES ANIMAUX DE BOUCHERIE

EN FRANCE ET EN ANGLETERRE,

par le Dr BARDONNET DES MARTELS,

CULTIVATEUR.

> « Qu'on juge les bœufs par instinct, par
> routine, par appréciation mathématique et
> raisonnée, l'avantage restera toujours à la
> bonne conformation. »
>
> LEFEBVRE DE SAINTE-MARIE,
> inspecteur général d'agriculture.

PARIS,

IMPRIMERIE ET LIBRAIRIE D'AGRICULTURE ET D'HORTICULTURE

DE Mme Vᵉ BOUCHARD-HUZARD,

RUE DE L'ÉPERON, 5.

1854

AVERTISSEMENT.

Nous devons faire connaitre au lecteur le but
que nous nous sommes proposé en publiant cet
opuscule.

Nous dirons, tout d'abord, que nous n'y avons
pas été porté par le désir de satisfaire un vain
amour-propre, encore moins par une spécula-
tion, mais bien dans la pensée de mettre dans
les mains de l'élève, de l'agriculteur et de l'éleveur un guide, un livre pratique qu'ils pourront
utilement consulter.

Nous n'avons pas la prétention de donner à
cet écrit l'importance d'un traité de l'extérieur,
et de le mettre en regard des traités, sur cette
matière, de **MM.** les professeurs Richard et Le-
coq ; cependant nous avons l'espoir qu'il en faci-

1

litera l'étude et qu'il sera l'application de la pratique à la théorie. C'est pour cette raison que nous avons adopté, à l'imitation de ce qui a été fait en anatomie humaine et dans l'art des accouchements, la forme du manuel.

On remarquera, avec nous, que les auteurs qui ont écrit sur l'économie du bétail, sur le cheval même se sont abstenus de parler des moyens et de la manière d'exécuter les préceptes qu'ils recommandent, d'où il résulte que celui qui n'a que la théorie pour ressource reste dans l'ignorance du moindre fait pratique.

Daubenton est un des rares écrivains qui aient su allier la pratique à la théorie ; ainsi il a décrit, quoique le procédé soit vicieux, la manière de contenir un mouton dont on veut visiter l'œil, et celui que l'on veut castrer par la méthode dite *fouetter*.

De nos jours M. Chamart a, le premier, classé méthodiquement *les points de maniements visités en France, pour l'appréciation de l'engraissement de l'espèce bovine*, et en a décrit les différents procédés.

L'économie du bétail doit donc de la reconnaissance à M. Chamart; mais elle en doit beaucoup à M. Sainte-Marie d'avoir publié, dans son précieux *Traité sur la race de Durham*, l'œuvre de M. Chamart.

Tout récemment M. Guénon a décrit, dans la 3e édition *Des vaches laitières*, les maniements *ou manets* usités sur l'espèce bovine. Il semblerait donc que le sujet soit épuisé. Cependant, tout en conservant la classification méthodique de M. Chamart, nous avons cru devoir y apporter quelques modifications pratiques qui nous ont paru utiles, et ajouter aux maniements du bœuf ceux du veau et du mouton qui n'ont pas encore été décrits.

Néanmoins, bien des usages, bien des pratiques utiles restent ignorés, si ce n'est du marchand, du boucher et du berger, qui se gardent bien de les divulguer. Il y a donc là une lacune à combler, et à côté un devoir à remplir, celui de révéler les préjugés, de détruire l'erreur et de dévoiler les fraudes qui se glissent dans les transactions.

Pour cela, mettre à la place le fruit de l'étude et d'une longue expérience, en appelant à notre aide les lumières et l'autorité des hommes éminents, dont nous avons consulté les écrits, tel est notre but.

Afin de compléter, autant que possible, ce qui se rattache aux maniements proprement dits, nous avons cru qu'il serait utile de parler des moyens de *contention* et de *gouverne* que l'on emploie, dans plusieurs circonstances, sur les espèces chevaline et bovine, ce dont aucun écrit ne fait mention, par la raison, sans doute, que les divers procédés usités en pareils cas étant dans le domaine de la pratique, il semblait inutile qu'on en fît connaître la théorie et l'application raisonnée.

C'est encore dans cette pensée que nous avons

cru devoir ajouter à ces documents le mesurage du cheval et du bœuf; le premier considéré comme reproducteur ou en vue d'un appareillement, le second considéré aussi comme reproducteur ou comme bête de boucherie.

Enfin, dans l'intérêt de l'engraisseur qui veut comparer et apprécier les diverses qualités de viande que donne le détail d'une bête grasse, nous avons publié les coupes à l'étal du bœuf de boucherie en France et en Angleterrre, telles qu'elles l'ont été par MM. les inspecteurs généraux de l'agriculture, dans les comptes rendus des concours d'animaux de boucherie, notamment par M. Lefèvre de Sainte-Marie, qui, le premier, a fait connaître, en France, la coupe du bœuf à Londres.

Quant à celle de Nantes, c'est à l'obligeance de MM. Gazon et Girard, inspecteurs de la boucherie en 1851, que nous devons les renseignements qui nous ont servi à établir cette coupe telle qu'elle a été reproduite dans le compte rendu du concours des animaux de boucherie de Nantes en 1852.

Nous avons ajouté, comme complément, à ces documents sur la boucherie, les coupes du veau, du mouton et du porc à Londres et autres villes importantes de la Grande-Bretagne. Ces renseignements, que nous devons à mon fils, ignorés généralement en France, doivent avoir de l'intérêt pour l'agriculteur qui habite les départements de la Loire-Inférieure, du Morbihan, du Finistère, des Côtes-du-Nord et de la Manche. Les rapports commerciaux qui existent entre ces contrées et l'Angleterre imposent l'obligation de connaître, autant qu'on le peut, tout ce qui doit les favoriser.

Pour éviter de tomber dans des redites, nous diviserons en deux catégories les espèces sur lesquelles doivent être exercées les épreuves.

Dans la première, qui formera la première partie de l'ouvrage, nous comprendrons les *bêtes de trait* autrement dites de *service : le cheval de gros* trait ; l'âne et le mulet ; le bœuf de labour ; la vache laitière.

Dans la seconde, seront rangées *les bêtes de boucherie : le bœuf gras dit de boucherie, la vache, le veau, le mouton et le porc.*

Dans cette seconde partie, nous ferons encore entrer tout ce qui se rapporte à la coupe du bœuf, du veau et du mouton à l'étal du boucher.

TRAITÉ

DES MANIEMENTS,

DES ÉPREUVES ET DES MOYENS DE CONTENTION ET DE GOUVERNE

qu'on emploie sur les espèces domestiques

CHEVALINE, BOVINE, OVINE ET PORCINE.

DÉFINITION DES MANIEMENTS.

I.

On entend généralement par *maniements* les dépôts graisseux qui se forment sur certaines parties du corps du bœuf, de la vache, du veau et du mouton.

II.

On entend également par *maniements* les recherches que l'on fait à l'aide du toucher pour reconnaître l'importance de ces *dépôts* graisseux, et, par l'appréciation de cette importance, le degré d'engraissement d'un animal et son poids en chair nette.

III.

On doit encore envisager comme *maniements* tous les moyens employés à l'extérieur pour reconnaître et constater l'état physiologique d'un animal, sa configuration générale, l'harmonie dans toutes ses formes, l'assemblage régulier de toutes ses parties, toutes choses constituant la beauté, en même temps qu'elles témoignent de l'excellence de la santé.

Il y a donc trois espèces de *maniements*.

1° *Maniement*, cause et objet de l'action de manier, c'est-à-dire dépôt graisseux qui peut et doit être apprécié par cette action ;

2° *Maniement*, action faite en vue de cette appréciation ;

3° *Maniement*, enfin, exploration à laquelle doit être soumis tout animal qu'on achète ; examen tendant à apprécier son état d'embonpoint, à analyser sa configuration, à étudier la perfection de ses formes, perfection devant toujours donner, avec les conditions d'élégance, les conditions de force et de santé.

Cette dernière opération, à laquelle nous donnons le nom de *maniement*, n'était pas encore qualifiée. Mais, quel autre nom pouvions-nous donner à ces épreuves, qui ont pour objet l'exploration de l'œil, des voies aériennes, de la bouche, des membres du cheval que l'on veut acheter?

Comment définir autrement que par *maniements* cette série d'actions à l'aide desquelles on veut s'assurer de l'intégrité de ces organes, du jeu des membres et du liant de leurs articulations?

Le cheval et le bœuf que l'on mesure ne sont-ils pas soumis à des maniements?

Peu importe que chez l'un ce soit, particulièrement, pour connaitre la taille et les proportions des régions, et chez l'autre, indépendamment de ces causes, d'avoir le poids vif ou le poids net.

Peu importent les moyens mis en usage; que ce soit avec la toise ou l'hippomètre pour le cheval, pour le bœuf, qu'on se serve des mêmes instruments, de la balance, du cordon de Dombasle ou de la méthode Quételet, l'action exercée est toujours un *maniement*.

Comment qualifier autrement les recherches que l'on fait sur la vache pour en reconnaître les qualités laitières, pour préciser la forme et l'étendue de l'empreinte tracée par le poil qui recouvre la peau de l'entre-cuisse et du pis ; pour apprécier le volume, l'égalité, l'étendue et les circonvolutions des veines, dites *mammaires*, qui sillonnent la surface inférieure de l'abdomen, ainsi que le diamètre des ouvertures dites *fontaines* ou *sources*, *portes du lait*, par lesquelles ces vaisseaux, *les veines sous-cutanées abdominales*, pénètrent dans l'intérieur ?

Comment constater, si ce n'est, par le toucher, cette altération organique qui tarit la source du lait chez la vache et la brebis, altération qu'on désigne sous le nom vulgaire de *faux quartier* ?

Résumons :

Si le *toucher* doit venir en aide à l'œil, même à l'œil exercé, pour juger de l'âge des animaux, de la bonté ou des vices de leur constitution ; s'il doit scruter sur la vache le volume et l'étendue des vaisseaux sanguins qui incombent aux qualités laitières ; l'intégrité des organes sécréteurs de cette précieuse humeur ; si, sur le cheval, le concours du toucher fait sûrement reconnaître la netteté de la vue, l'état physiologique des organes contenus dans la poitrine, l'absence ou la présence d'une altération des membres, et le jeu des muscles qui impriment le mouvement ;

s'il fait apprécier par l'acheteur la qualité du veau et du mouton ; s'il aide le *langueyeur* à rechercher la ladrerie chez le porc, c'est surtout pour le bœuf de trait ou de service, plus encore que pour celui qui est gras, que cette action du toucher est nécessaire.

Elle a à lutter contre le passé, le présent et l'avenir :

Le passé :

Pour savoir si l'animal n'a pas été étiolé par une mauvaise alimentation, ou par une alimentation distribuée sans discernement, quoiqu'elle fût bien appropriée, si tous les soins nécessaires lui ont été dévolus.

Le présent :

Pour reconnaître si l'état de l'estomac et des intestins lui permettra de prendre la nourriture nécessaire pour seconder son travail ; si ses membres, son front, son encolure, son rein, ses épaules sont propres à ce travail ; si, quand toutes ces conditions de force et de santé existent, la volonté de faire, cette conséquence de toute organisation complète ; la douceur, cette preuve de bonne éducation et de bonne santé ; le courage, ce complément obligé de tout être qui travaille, ne lui manquera pas.

L'avenir :

C'est-à-dire la condition d'être encore après avoir été ; l'exigence d'un second capital rendu par la mort, après avoir été préalablement remboursé par le travail ; la prescience enfin, car comment appeler autrement les supputations faites pour la conduite à l'abattoir à travers de longues années de travail ?

Nous croyons donc avoir suffisamment justifié l'importance que nous donnons aux épreuves diversifiées à l'aide du toucher, que nous avons qualifiées *maniements*; nous ne nous y arrêterons pas davantage.

Première partie.

**Maniements qui ont pour objet l'appréciation
des aptitudes et de la conformation
des animaux dits de service,
du cheval de labour, du bœuf de trait
et de la vache laitière.**

CHAPITRE 1er.

DU CHEVAL DE TRAIT.

Considérations générales. — Connaissance de l'âge. — Examen des
régions et des tares qui s'y développent. — Examen du cheval
en mouvement. — Mesurage du cheval.

---

§ I. CONSIDÉRATIONS.

L'agriculteur emploie à ses travaux des chevaux
de différents âges : les uns ont quitté leurs pâturages pour être attelés à la charrue; d'autres, au
contraire, et ceux-là plus âgés, reviennent aux
travaux des champs après avoir été employés au
roulage, à la poste, aux diligences, aux postes, etc.

Ces derniers, soumis, presque toujours, à de grandes fatigues, rapportent des tares qui obligent l'acheteur à se montrer plus attentif et à user des recherches les plus minutieuses.

Examen du cheval a l'écurie. — Avant de parler des épreuves spéciales, disons qu'il faut, autant que les circonstances peuvent le permettre, que le premier examen d'un cheval ait lieu à l'écurie, parce que, là, le cheval est livré au repos, repos diversifié selon ses penchants.

Cheval mou. — Le cheval mou, cédant à son indolence, a la tête basse et immobile.

Cheval souffrant. — Le cheval qui souffre est inquiet ; il s'agite et ne peut arriver à jouir de cette somnolence qui le repose.

Cheval boiteux. — Celui qui boite ne peut s'appuyer sur le membre qui lui cause de la douleur et qu'il tient fléchi.

Cheval peureux. — Celui qui est peureux est arraché à cette somnolence, qui faisait son bonheur, par des soubresauts.

Cheval impatient. — Le temps durant lequel le cheval prend ses repas témoigne aussi de ses qualités et de ses défauts ; l'avidité qu'il met à saisir ses aliments prouve du moins son activité, son impatience, sinon sa santé. Il est rare qu'un

cheval impatient, quand on lui présente l'avoine,
ne soit pas ardent et vigoureux.

Cheval froid. — Celui, au contraire, qui reçoit
la ration avec indifférence, qui la flaire, la tire, la
retourne, est presque toujours froid, paresseux
ou manquant d'appétit.

Règle générale :

On doit s'abstenir d'approcher le cheval qui
mange l'avoine, car souvent alors le plus docile
et le plus doux devient hargneux et méchant.

LA TAILLE. — Si on tient à connaître la taille
du cheval qu'on examine, on peut la constater
en se plaçant à la hauteur du garrot et mesurer
l'espace qui sépare cette région du sol ; mais, préalablement, on devra appeler le cheval de la voix
avec douceur et même l'aborder avec des caresses,
lui passer la main sur l'encolure, sur le dos, le
rein et la croupe de manière à lui inspirer de la
confiance.

Arrêtons-nous là ; nous reviendrons plus tard
sur ce sujet, après que nous aurons passé en revue
des épreuves d'une bien plus grande importance,
qui appellent toute l'attention de l'explorateur.

§ II. CONNAISSANCE DE L'AGE.

La première qui se présente à la pensée, puisqu'elle est souvent déterminante, est celle qui a pour objet la connaissance de l'âge à l'aide de l'inspection de l'appareil dentaire, appareil qui offre les caractères les plus certains, qui laisse le moins de prise à l'erreur, le *chronomètre*, selon l'expression du professeur Girard, *le plus sûr pour mesurer les différents degrés de la vie.*

Le cheval porte trente-six à quarante dents. — Les dents du cheval, dont le nombre varie de trente-six à quarante-quatre, varient aussi de forme, comme chez les autres animaux, suivant l'usage auquel elles sont destinées.

Pour les distinguer on les a désignées sous les noms d'*incisives*, de *crochets* et de *molaires*.

Nous ne parlerons qu'incidemment des molaires et des crochets : de ceux-ci, nous dirons seulement qu'ils sont au nombre de quatre et qu'ils n'existent généralement que chez les mâles du genre cheval ; que leur étude n'offre qu'un médiocre intérêt pour la connaissance de l'âge, que leur usage paraît nul ; mais nous insisterons sur les incisives, dont nous signalerons les transformations qui se produisent en elles à des époques déterminées, et qui font que l'âge du cheval s'y trouve, pour un certain nombre d'années du moins, régulièrement inscrit.

Des incisives.

Les incisives occupent l'extrémité antérieure des maxillaires ; elles sont au nombre de douze, six à chaque mâchoire, posées en demi-cercle.

Dans l'une et dans l'autre mâchoire, suivant les parties où elles sont implantées, ces dents sont distinguées par des noms différents, qui sont les mêmes pour les deux mâchoires.

Les deux incisives du centre sont dites les *pinces*; les deux qui se trouvent à droite et à gauche de celles-ci sont dites *mitoyennes*.

Les deux autres qui ferment l'arcade dentaire sont désignées sous le noms de *coins*.

Il y a donc à chaque mâchoire *deux pinces*, *deux mitoyennes* et *deux coins*.

Première et deuxième dentition. — Ces documents seraient insuffisants, si nous ne faisions observer que dans tous les animaux on remarque une *première* et une *seconde dentition*, qu'il importe de distinguer et d'apprécier.

On appelle les dents de la première dentition *dents de lait, dents caduques*, parce qu'à une certaine époque de la vie elles tombent et sont remplacées par d'autres qu'on nomme dents de *remplacement* et aussi *persistantes*, parce que, sauf les accidents qui peuvent les faire disparaître, celles-ci sont destinées à avoir la même durée de la vie de l'animal.

Toute dent qui a complété son évolution présente deux parties distinctes : l'une, saillante de 18 à 20 millimètres au dehors, dite *couronne* ou *corps de la dent*; l'autre, moins épaisse, plus longue et enchâssée dans l'alvéole, c'est la *racine*.

On remarque, à la couronne, une *face antérieure* légèrement convexe, une *postérieure* toujours moins étendue que la précédente; deux *côtés* ou *bords*.

Surface de frottement. — La base de la couronne porte encore les noms de *table* et de *surface de frottement*. Quand cette partie n'a pas encore été altérée par l'usure, elle présente une cavité oblongue, à laquelle on a donné le nom de *cornet dentaire extérieur,* et qui est circonscrite par deux bords tranchants, dont *le postérieur* est moins long que *l'antérieur.*

Changements de forme de la racine. — La racine éprouve également des changements de forme qui jouent, dans l'appréciation de l'âge, comme nous le verrons, un rôle important ; elle croît, s'allonge, s'effile et devient successivement *ovalaire*, *ovale*, *arrondie*, *ronde*, *triangulaire*, puis aplatie d'un côté à l'autre ou *biangulaire*.

On a observé que ces transformations successives se manifestent à des intervalles à peu près déterminés et dans des proportions d'usure également précises, estimées à 2 millimètres environ par année, de telle sorte que la portion usée est constamment remplacée par un accroissement égal qui se fait à l'extrémité de la racine et qui tend à la pousser au dehors. D'où il résulte de cette disposition que, lorsque la couronne a été usée par le frottement, elle est remplacée, à une certaine époque de la vie, avec des formes particulières, par une partie qui appartenait à la racine.

Il a donc suffi, comme on le voit, de déterminer les époques auxquelles s'opèrent ces transformations de la table dentaire pour avoir des données précises sur l'âge du cheval. Or ces transformations s'annoncent par le RASEMENT, lequel, comme on sait, consiste dans le *nivellement* des deux bords qui circonscrivent la cavité dentaire extérieure et dans l'*effacement* à peu près complet de cette cavité, qui, alors, est remplacée par une partie légèrement enfoncée, qui en constitue ce qu'on appelle *cul-de-sac*.

Composition des dents. — On a dû aussi étudier la composition des dents pour établir cette théorie de l'âge, ce qui a permis de reconnaître deux substances essentiellement distinctes par leur couleur et leur dureté, une extérieure *l'émail* et une interne *l'ivoire*.

L'émail forme l'enveloppe corticale et conservatrice de la dent; c'est lui qui, après avoir recouvert les deux faces de la partie libre, se replie à la surface de frottement comme le ferait un doigt de gant rentré intérieurement, pour constituer le *cornet dentaire extérieur*, dont la conformation et la position ont fourni, ainsi que nous aurons occasion de le dire, des indications précieuses pour la connaissance de l'âge.

L'ivoire, au contraire, règne dans toute l'étendue de la dent et en constitue la racine.

De tout ce qui précède il résulte que l'âge du cheval, appréciable à certains caractères fournis par les dents, peut être divisé en sept *périodes* assez distinctes, classées par Rigot ainsi qu'il suit :

La première commence à la naissance et finit à *dix mois*.

La deuxième commence à *dix mois* et finit à *trente*.

La troisième commence à *deux ans* et finit à *cinq*.

La quatrième commence à *cinq ans* et finit à *huit*.

La cinquième commence à *huit ans* et finit à *douze inclusivement*.

La sixième commence à *treize ans* et finit à *dix-huit*.

La septième et dernière période, qui commence à *dix-neuf ans, finit avec la vie*.

Nous allons maintenant essayer de faire lire le plus clairement possible dans chacune de ces périodes.

Et d'abord, nous devons faire observer que, à partir de la naissance jusqu'à l'époque où se montrent les premières dents de remplacement, c'est assez ordinairement à la taille qu'on apprécie l'âge du jeune animal, qui prend alors le nom, selon son sexe, de *poulain* ou de *pouliche*.

Étudions, maintenant, les sept périodes dont nous avons parlé.

La première est caractérisée par l'éruption successive des trois paires d'incisives de première dentition, dans les deux mâchoires à la fois. Nous disons successive, parce que, la bouche des poulains étant dépourvue de dents à la naissance, huit ou dix jours après celles-ci on voit le bord tranchant des pinces couper les gencives et garnir l'extrémité des mâchoires. Les mitoyennes ne se montrent que du vingtième au trentième jour, mais de la même manière. Enfin les coins apparaissent de quatre à dix mois. Règle générale : à l'âge de cinq à dix mois, le poulain est pourvu de toutes ses incisives de lait.

Avant-molaires. — Nous ne mentionnerons que pour mémoire dans cette première période l'éruption des trois avant-molaires et de la première molaire surnuméraire, éruption qui s'opère dans les trente premiers jours qui suivent la naissance.

La seconde période trouve la bouche du poulain garnie de toutes ses incisives de lait. Ces incisives, à mesure qu'elles poussent, se mettent en rapport parfait entre elles. Celles qui, à leur naissance, avaient deux bords tranchants de hauteur différente se frottent, s'usent, et dans ce frottement forment leur table. Seulement cette révolution s'opère et s'accomplit à différentes époques :

A un an et même assez souvent avant cet âge pour les pinces ;

A dix-huit mois pour les mitoyennes ;

A trente mois pour les coins inférieurs et toutes les incisives supérieures.

Lorsque les dents sont amenées, par le frottement dont nous avons parlé, à former leur table, elles rasent.

Le rasement, qui signifie, en terme d'art, que les bords antérieur et postérieur de la table dentaire sont usés de manière à être de niveau, est plus caractérisé sur les dents persistantes que sur les caduques, qui ne rasent pas toujours d'une manière régulière.

Tels sont les changements que subissent les incisives des poulains durant leur courte existence.

Troisième période. — La fin de cette existence ouvre la troisième période et transforme définitivement le poulain en cheval. Alors les incisives de remplacement se montrent successivement ; elles compriment les racines des caduques et les chassent peu à peu au dehors, jusqu'à ce qu'elles aient remplacé celles qui les précédaient.

Cette éruption successive des trois paires d'incisives de la deuxième dentition dans les deux mâchoires à la fois, éruption qui signale, caractérise et complète la troisième période, s'opère ainsi:

Les pinces à trois ans,

Les mitoyennes à quatre ans.

Les coins à cinq ans.

C'est-à-dire que, *à trois ans*, le cheval a les pinces de seconde dentition mêlées aux autres incisives caduques.

Un an après, les mitoyennes sont, à leur tour, remplacées, de sorte qu'à cet âge, *quatre ans*, le cheval n'a plus que les coins de lait, coins qui, à leur tour, de quatre à cinq ans, doivent céder la place aux coins de seconde dentition, ce qui fait que, *à cinq ans* révolus, le cheval n'a plus de dents de lait.

Caractères qui distinguent les dents caduques des dents persistantes. — Arrivé à ce point, nous devons signaler les principaux caractères qui distinguent les dents des deux âges, afin d'éviter à l'acheteur toute confusion, et faire qu'il ne puisse être trompé, s'il est malhabile, en prenant une dent caduque pour une remplaçante, ou cette dernière pour une dent de lait.

Nous avons aussi à lui parler des piéges tendus par les marchands de chevaux.

Caractères de la dent caduque. — Il reste, entre les incisives persistantes, des différences caractéristiques qui, avec un peu d'observation, sont faciles à saisir.

D'abord la dent caduque ou de poulain offre proportionnellement plus de largeur dans le corps et beaucoup moins de longueur que celui de la dent persistante ; sa couleur plus blanche contraste avec l'aspect vitreux de cette dernière. La surface antérieure du corps de la dent caduque est striée transversalement, tandis que celle de la dent persistante est cannelée suivant la longueur. La dent caduque porte un collet qui sépare la couronne de la racine, ce qui ne se voit pas dans la dent du cheval adulte.

Pour quiconque aura examiné quelquefois la bouche d'un poulain et celle d'un cheval fait, ces différences seront faciles à saisir.

Quatrième période. — Passons maintenant à la quatrième période, dont nous avons été détourné par les observations qui précèdent.

A partir de cette époque de la vie du cheval, cinq ans, l'acheteur n'a plus, pour le guider, la sortie successive des dents, signe le plus certain jusqu'à cet âge, et qui doit empêcher toute méprise et toute fausse interprétation.

A cinq ans, le cheval a non-seulement perdu toutes ses dents de lait, mais, de plus, il a usé toutes celles qu'il doit conserver jusqu'à la fin de son existence.

Ce serait donc sur ces dents persistantes qu'il faudrait définitivement asseoir son jugement, si l'on n'avait d'autres auxiliaires ; jugement difficile, impossible même, en ce qu'il reposerait sur deux choses variant chez chaque animal différent, la configuration et le rasement.

Ce mot *rasement*, sur lequel nous sommes obligé de revenir pour le développer, caractérise, ainsi que nous l'avons dit, un certain degré d'usure des incisives.

Époque où commence le rasement des dents persistantes. — Le rasement a lieu du moment où les dents sont en rapport entre elles, de sorte qu'il est souvent complet dans les unes quand il n'a pas commencé dans les autres. Les pinces peuvent être rasées lorsque les coins apparaissent, d'où il résulte que, pour apprécier l'âge par le rasement, c'est à l'inspection des dents qui ont éprouvé le moins d'usure qu'il faut s'en rapporter ; ce sont les coins qu'on devra surtout consulter, et il sera difficile alors, pour peu qu'on ait d'habitude, de se tromper sur l'âge exact du cheval qu'on explore.

Voici comment il sera difficile de se tromper :

Nous avons admis que jusqu'à cinq ans l'acheteur pouvait être guidé sûrement par l'éruption périodique des dents caduques, par leur évolution, leur chute et leur remplacement. Ce n'est donc qu'à cet âge que l'acheteur pourrait tomber dans le vague et de ce vague passer facilement à l'erreur. Mais l'étude du développement des coins lui viendra en aide pour déterminer l'âge jusqu'à sept ans révolus.

Appréciation de l'âge de cinq à sept ans par l'inspection des coins. — Sortis à cinq des gencives, les coins ne laisseront toucher leur bord externe à celui des dents correspondantes qu'à six ans faits; c'est alors que commence le frottement.

Le frottement opère environ par année, comme il a été dit, une usure de 2 millimètres, en tenant compte de l'époque de l'année par rapport au printemps, qui est généralement une époque de naissance, en basant sur ces époques le degré d'usure qui existe, il sera facile d'asseoir un jugement à peu près certain.

Il est encore un autre indice qui, lorsqu'il existe, détermine toujours sûrement l'âge de six à sept ans.

Usure du coin supérieur. — Il arrive fréquemment que le coin supérieur, plus large que son correspondant inférieur, ne frotte pas contre lui sur toute sa surface. La partie non soumise au frottement reste intacte et forme une véritable échancrure servant de talon au reste de la dent. Or jamais ce talon ne se montre avant six ans révolus, puisque l'usure des coins ne commence à s'opérer qu'à partir de la sixième année, et que cette opération doit s'étendre jusqu'à la septième ; d'où il résulte que le cheval ayant ces échancrures bien formées doit avoir sept ans faits.

Nous devons donc admettre que jusqu'à sept ans révolus, c'est-à-dire jusqu'au moment où le cheval entre dans sa huitième année, il est difficile, impossible même de se tromper sur l'âge du cheval ; puisqu'à cinq ans le coin a fait son éruption, à six ans il est mis en rapport avec le coin correspondant.

Les deux coins, à sept ans, doivent s'être usés, par leur frottement mutuel, de 2 millimètres environ, mesure établie par l'observation et corroborée par la présence du talon dont nous avons parlé. Le développement de ce talon est plus manifeste à la fin de la septième, lorsque le cheval entre dans sa huitième année.

Caractères douteux. — A partir de cette époque, qui laisse encore devant nous une année pour
clore la quatrième période, le jugement cesse
d'être assis sur des caractères aussi tranchés; au
contraire, il repose sur le doute et l'incertitude,
s'appuyant avec méfiance sur le rasement complet des coins de la mâchoire inférieure, sur
l'ovalité de la table des pinces inférieures, sur
l'apparition de l'ivoire formé dans la cavité intérieure des mitoyennes, invoquant même le plus
de hauteur de l'échancrure des coins supérieurs.

Toutes ces choses, comme on le conçoit, varient suivant les époques d'éruption des dents,
suivant la nourriture et le régime auxquels est
soumis le cheval, suivant, enfin, une foule de
causes de conservation ou d'usure qu'on ne peut
ni prévoir ni soupçonner.

Voilà, comme on le voit, au milieu de quelles
incertitudes s'écoule la huitième année qui clôt
la quatrième période.

Cinquième période. — A partir de ce moment,
c'est-à-dire à partir de la neuvième année qui ouvre la cinquième période, tout est encore si vague dans l'appréciation de l'âge du cheval, que
nous nous bornerons à donner des indications

générales admises en théorie, laissant au bon sens de l'acheteur de l'éclairer, soit qu'il scrute l'aspect plus ou moins vicieux de la tête, la dépression des formes et tout ce qui chez l'animal est un stigmate de la vieillesse.

A neuf ans, les pinces inférieures sont arrondies. — Le cul-de-sac du cornet extérieur offre la même forme, et se montre très-rapproché du contour postérieur de la table dentaire. Les mitoyennes et les coins sont ovales ; leur cornet extérieur est d'une forme analogue, tandis que le rasement des pinces supérieures est ordinairement complet.

A dix ans, ces pinces, qui n'étaient qu'arrondies, *sont rondes.* — Le cul-de-sac de leur cornet est rond comme elles, très-petit, et plus rapproché encore du bord postérieur de la table dentaire. Les mitoyennes et les coins s'arrondissent à leur tour ; à cette époque, les coins supérieurs s'usent plus que les autres dents de la même mâchoire.

A onze ans, toutes les incisives inférieures sont rondes ; le cul-de-sac de leur cornet extérieur touche presque au bord postérieur de la table dentaire.

A douze ans, les incisives inférieures ne subissent d'autre changement que la disparition du cul-de-sac du cornet; à cet âge, il est sur le point de disparaitre également dans les coins *supérieurs*.

Sixième période. — La sixième période, qui embrasse de treize à dix-huit ans, se distingue par la forme triangulaire que prennent tour à tour les trois paires d'incisives inférieures, et par la disposition successive du cul-de-sac de la cavité dentaire extérieure dans les trois paires d'incisives supérieures, à commencer par les coins, où il a presque toujours disparu à treize ans accomplis, tandis que dans les pinces et les mitoyennes il se montre jusqu'à dix-huit ans.

Septième période. — Nous signalerons seulement, en passant, la septième période, qui est la dernière, en disant qu'elle est caractérisée *par la forme aplatie* que prennent successivement les trois paires d'incisives inférieures, *aplatissement* qui se fait des deux côtés en commençant par les pinces.

Fraudes des marchands. — Avant de passer à d'autres maniements, nous devons parler des fraudes que certains marchands mettent en œuvre pour dénaturer l'âge du cheval, et des moyens employés pour cela.

Comme le cheval a d'autant plus de valeur qu'il est plus près de l'âge de cinq ans, cet âge favori des marchands sans cesse invoqué par eux, âge invariable de tous leurs chevaux, et qui fait qu'ils ne reculent ni devant la fourberie ni devant la mutilation pour justifier leurs assertions mensongères.

Voici ce qu'ils font et les moyens qu'ils emploient :

Quand le cheval est trop jeune, qu'il n'a que trois ans, par exemple, ils lui arrachent les incisives caduques; quand il est trop vieux, ils lui scient ou contre-marquent ces dents.

Ainsi, en arrachant les mitoyennes caduques à un poulain qui a les pinces de remplacement, on lui donne les caractères d'un cheval de quatre ans, quoiqu'il n'en ait que trois. Une fois les mitoyennes persistantes sorties, en arrachant les coins de lait on donne à l'animal la configuration d'un cheval de cinq ans, bien qu'il n'en ait que quatre. Cette mutilation est facile à reconnaître si elle a été employée depuis peu. Les gencives sont gonflées, rouges et souvent éraillées ; il reste aussi quelquefois, dans les alvéoles, des parties de dents brisées à leur racine.

Ces fourberies se décèlent aussi, mais trop tard pour l'acheteur, par l'arrangement irrégulier des dents, qui ne forment plus dans leur ensemble

un demi-cercle parfait ; ces fourberies, disons-
nous, sont surtout dévoilées par la trop grande
fraicheur des dents qui sont naturellement sorties, et qui devraient être plus grandes et en
même temps plus usées, au moment où paraissent celles dont la naissance a été provoquée par
l'extraction de leurs devancières.

*Les supercheries employées pour rajeunir le
cheval.* — Il est plus facile, avec de l'observation, de reconnaitre les supercheries employées
pour rajeunir le cheval.

Si on a contre-marqué les dents de la mâchoire
inférieure, c'est-à-dire si, avec un burin ou tout
autre instrument, on a pratiqué sur la surface
de frottement la cavité que les incisives offrent à
six ou sept ans, on remarquera que cette cavité
n'a jamais la régularité de la cavité naturelle ;
que, quoique colorée, elle n'en a pas la teinte,
qu'elle n'est pas, comme cette dernière, recouverte d'émail. On remarque, de plus, quand l'a-
nimal n'a pas dépassé sa deuxième année, au
delà de la cavité fausse, les restes plus ou moins
étendus de la cavité vraie. Ce qui frappe surtout,
c'est le contraste qui existe entre la forme de la
dent et l'étendue de la marque, l'une annonçant
l'âge que l'autre veut déguiser.

Écartement des incisives. — Si des dents trop longues ont été raccourcies, on s'en aperçoit par l'écartement des incisives des deux mâchoires, par le défaut de rapport des tables de frottement, défaut résultant de l'excès de longueur des molaires, qui seules sont en contact et doivent frotter les unes contre les autres. La disposition écaillée des dents raccourcies doit aussi signaler cette opération frauduleuse.

Résistance du cheval à laisser visiter sa bouche. — Au surplus, il est assez ordinaire de voir un cheval dont la bouche a été soumise à ces épreuves se refuser à la laisser visiter. Il arrive encore, quand il cède à des tentatives, qu'il soit pris d'une salivation factice qui rend douteuse l'exploration.

Du tic se rattachant au maniement de la bouche. — Nous devons dire aussi quelques mots sur le tic, maladie se rattachant au maniement de la bouche. Ces quelques mots auront un double intérêt, en ce qu'ils pourront servir à l'acheteur et au vendeur; car il ne faut pas oublier que l'acheteur devient vendeur à son tour.

La loi de rédhibition distingue deux sortes de tics : le tic avec usure des dents et le tic sans usure. Ce dernier seulement est cas rédhibitoire;

car, pour le premier, il n'y a pas de surprise,
l'acheteur est averti.

La condition de rendre ou de garder le cheval
acheté sujet au tic sera donc déterminée par cette
question, s'il y a ou non usure des dents; pour
cela, l'acheteur aura soin de s'assurer si les dents
sont intactes.

Mais, comme les chevaux qui paissent dans des
terrains sablonneux ont souvent les dents usées,
et comme cette particularité se remarque aussi
assez souvent chez les chevaux qui, pendant le
pansage, ont l'habitude de mordre leur mangeoire, tout acheteur aura soin d'établir d'une
manière positive la différence qui existe entre ces
diverses causes d'usure des incisives.

Supercherie du vendeur et de l'acheteur. — Par
la même raison que l'acheteur a besoin d'éviter
toute surprise, toute supercherie de la part du
vendeur, le vendeur doit aussi, quelquefois, se
méfier de l'acheteur. Voici pourquoi :

Dispositions de la loi. — La loi admet que le
cheval qui annonce franchement, par l'usure de
ses dents, qu'il est sujet au tic ne doit pas être
rendu après sa vente, cet indice devant suffisamment prévenir l'acheteur. Il peut s'ensuivre que
l'acheteur qui n'aura pas examiné avec assez d'at-

tention le cheval qu'on lui a vendu aura pu ac-
cepter un cheval sujet au tic sans cas rédhibitoire. Il peut s'ensuivre aussi que cet acheteur,
voulant se débarrasser, à son tour, de ce cheval
et le faire retourner chez son ancien propriétaire,
de trompé se fasse trompeur, qu'il cherche par
tous les moyens possibles à placer l'animal dans
le cas qui donne lieu à la rédhibition. Pour cela,
au moyen de la lime ou de la scie, il raccourcira
les dents, et fera disparaître l'usure en enlevant
la partie de la dent sur laquelle cette usure a été
faite. Mais, avec de l'observation, cette supercherie ne peut guère échapper à l'œil un peu
exercé ; car, ainsi que nous l'avons déjà dit au
sujet des dents qui ont été *travaillées*, il est aisé
de reconnaître ces manœuvres frauduleuses.

§ III. EXAMEN DE LA BOUCHE.

Comment on doit explorer la bouche. — Maintenant il nous faut dire comment l'explorateur
devra visiter la bouche d'un cheval dont il veut
connaître l'âge, et, au besoin, l'intérieur de cette
cavité dans le cas où une affection s'y montrerait.

Voici donc de quelle manière on exercera ce
maniement :

Nous supposons encore le cheval à l'écurie, où

il devra rester tant que l'exploration de l'œil ne sera pas faite ; seulement il devra être placé dans un lieu éclairé.

Ayant ainsi disposé le cheval, l'explorateur se mettra à sa droite, s'il le préfère, et avec la main gauche il saisira la partie du maxillaire inférieur qui correspond aux barres, et y exercera une pression suffisante qui lui permettra, avec l'aide de l'autre main agissant sur la lèvre supérieure, d'abaisser le maxillaire inférieur, et, par ce moyen, de mettre à découvert le bord libre des incisives inférieures.

Détourner la langue. — On est fréquemment dans l'obligation de détourner vers un des côtés de la bouche la portion libre de la langue, soit qu'on explore les incisives, soit qu'on explore l'intérieur de la bouche. Pour cela on se servira de la main droite, la gauche devant suffire à contenir le cheval.

Saisir la houppe du menton. — On peut également abaisser la mâchoire inférieure en saisissant la houppe du menton avec la main gauche, la droite étant réservée pour opérer comme il a été dit. Mais, pour agir de la sorte, il faut avoir une grande habitude de manier un cheval.

Le maniement de la bouche ne sera abandonné

qu'après qu'on aura constaté l'état dans lequel se trouvent les parties que renferme cette cavité : la langue, les barbillons, qui, dans beaucoup de cas, sont imprudemment coupés.

On peut se placer à la gauche du cheval. — Nous avons dit, plus haut, que l'explorateur pouvait, à son gré, se placer à la droite du cheval. S'il préférait se mettre à la gauche de l'animal, les fonctions des mains seraient changées ; la droite remplacerait la gauche, et réciproquement.

Après l'examen de la bouche et après avoir constaté l'âge du cheval, on devra visiter l'œil, afin de connaître l'état de la vue. Mais, avant de dire la manière d'opérer en pareil cas, nous parlerons de la configuration de l'organe en général, des causes seulement appréciables par l'observation, l'habitude et l'expérience, causes qui peuvent en troubler les fonctions.

§ IV. EXAMEN DE L'OEIL.

L'œil est une des parties du cheval les plus essentielles à étudier, les plus difficiles à bien connaître dans la pratique. En descendant dans tous les détails de sa composition, en parlant de ses humeurs, des corps diaphanes plus ou moins liquides contenus dans sa coque, de ses annexes, nous serions inutile aux gens de l'art et nous nous écarterions de notre but. C'est pourquoi nous ne parlerons, nous le répétons, que de la configuration générale de l'œil et de l'influence que son expression doit avoir sur le moral de l'animal.

L'œil beau doit être grand. — Pour qu'un œil soit beau, il faut qu'il soit grand et bien ouvert. Il faut que les paupières soient garnies de longs cils et de poils courts; ces paupières doivent être minces, souples et bien fendues en amande. L'arc formé par elles, d'un angle à l'autre, sera régulier, sans déviations anguleuses. La cornée lucide aura la limpidité de l'eau la mieux distillée et sera exempte de nuages et de taches, leur présence indiquant toujours une affection actuelle ou passée, locale ou générale, légère ou grave.

Si notre intention n'est pas de parler de ce qui pour l'œil se rattache à la science, des maladies à prévoir pour l'avenir, des causes seulement appréciables par l'homme de l'art, nous voulons et devons néanmoins aborder quelques considérations générales, qui, en même temps qu'elles feront juger de la bonté actuelle des yeux, feront encore, jusqu'à un certain point, préjuger de l'avenir qui leur est réservé.

Il est certaines conformations des yeux dont il faut toujours se défier.

1. *Œil plus petit que l'opposé.*

Si en examinant les yeux d'un cheval on remarque que le globe de l'un est plus petit, moins saillant que celui de l'autre, il faut craindre la fluxion périodique. L'œil ayant eu des accès de cette affection est presque toujours diminué de volume. Le même effet se produit aux deux yeux, si les deux yeux sont fluxionnaires ; mais alors, pour l'homme qui ne possède pas l'instruction suffisante, il est plus difficile de prononcer, car il lui manque ce pivot sur lequel le font tourner l'instruction et l'habitude ; ce pivot, c'est le point de comparaison.

Il est rare que, dans le cas où les deux yeux sont fluxionnaires, l'animal ne perde pas la vue.

Suspecter l'œil petit. — On doit toujours suspecter l'œil petit, enfoncé dans l'orbite, caché sous des paupières grasses, épaisses et peu mobiles.

Les animaux à tête grosse, lourde et charnue, dans les pays où la fluxion périodique existe, sont sujets à cette maladie.

Nous disons de suspecter l'œil petit, enfoncé

dans l'orbite, etc., parce que, indépendamment des maladies que cette conformation appelle sur l'œil, elle a aussi d'autres conséquences. L'œil conformé ainsi annonce presque toujours un cheval méchant ou du moins ombrageux.

L'œil petit annonce un moral mauvais. — Le regard du cheval, comme le regard de l'homme, indique généralement la nature de son moral.

La beauté de l'œil, la douceur du regard commandent la confiance. On se sent, au contraire, instinctivement de la répulsion pour l'être dont les yeux petits et couverts ne peuvent guère exprimer que la dissimulation et même la perfidie.

Les chevaux de races nobles ont l'œil beau. — Les chevaux de races nobles ont l'œil beau. Généralement ils naissent doux, et, s'ils ne restent pas tels, c'est que le caractère est aigri par de mauvais traitements.

L'arc des paupières doit être sans déviations. — En remontant de quelques lignes dans ce que nous écrivons, nous disons que les arcs formés par les paupières doivent être sans déviation anguleuse. M. le professeur Richard a observé que, dans les pays où se trouvent le plus de chevaux fluxionnaires, l'Alsace, la plaine de Tarbes, le Limousin, l'Auvergne et la Picardie, la paupière supérieure de l'œil fluxionnaire était anguleuse au-dessus de l'angle nasal; ce qui donne à cet œil une forme triangulaire, au lieu de l'ovale qui se voit dans les yeux bien conformés.

La fluxion périodique est, de toutes les maladies de l'œil, la plus dangereuse. — Nous insistons sur la fluxion périodique, parce que, de toutes les maladies de l'œil, maladies dépendantes ou non de la conformation, elle est la plus dangereuse.

Elle se reconnaît d'abord à son type intermittent; elle a, de plus, des caractères secondaires assez tranchés pour éviter toute appréciation fausse. Ainsi, après que les phénomènes généraux de l'inflammation ont disparu, lorsque la cornée lucide retrouve sa transparence, on distingue facilement, dans la chambre antérieure, des flocons albumineux jaunâtres dont l'aspect est celui d'une feuille morte.

Avant d'en finir avec la fluxion périodique, nous devons ajouter quelques mots ayant trait à la cataracte, qui est souvent déterminée par cette maladie.

2. *Cataracte.*

En examinant l'œil avec attention, il est facile de se convaincre de l'existence de la cataracte par la couleur, ordinairement blanc opalin, que l'on remarque à la lentille cristalline.

Caractère de la cataracte. — Les débuts de cette affection sont plus difficiles à signaler; aussi, quand on aperçoit sur le cristallin quelques points blancs, doit-on s'abstenir d'acheter un cheval dont l'intégrité de la vue est plus que douteuse.

La couleur blanc opalin dont nous avons parlé varie quelquefois et se montre jaune ou verdâtre; mais ce sont des exceptions.

Faisons suivre ces observations de quelques considérations relatives *aux taies de la cornée* dite *vitre de l'œil.*

3. *Taies de la cornée.*

Il arrive que cette partie de l'œil, très-exposée au choc des corps étrangers, souvent imparfaitement protégée par les paupières, est le siége de taches blanches plus ou moins étendues qui prennent le nom de *taies.*

Caractères. — Si elles se montrent sur un point éloigné de la pupille, elles présentent peu de gravité, elles ont rarement des suites fâcheuses; mais, si elles se trouvent en face de cette ouverture, elles nuisent à la vue en interceptant plus ou moins la lumière, en raison de leurs dimensions.

Causes. — Les taies sont souvent la conséquence d'affections générales, mais, le plus ordinairement, de coups portés sur l'œil ou d'autres causes analogues. Dans ce cas, l'opacité de la cornée reste bornée à une petite surface limitée et très-distincte.

Conséquences. — Quelle que soit l'étendue d'une taie sur l'œil d'un cheval, quel que soit le prix que ce cheval ait coûté, sa valeur est diminuée de beaucoup. C'est par cette raison qu'on doit employer toutes les ressources de l'intelligence et du savoir, pour échapper aux funestes résultats de la plus petite atteinte portée à cet organe.

4. *Goutte sereine ou amaurose.*

Un mot sur une affection qui, en apparence, n'ôte rien à l'œil de son état naturel, dont toutes les parties paraissent saines. Cette affection, connue sous le nom de *goutte sereine* ou *d'amaurose*, est indiquée par la dilatation de la pupille, qui est plus grande qu'à l'état normal, parce que l'œil est insensible à la lumière, parce que l'iris n'exerce plus aucun mouvement de dila-

tation ou de contraction, en passant de l'obscurité au grand jour.

Moyens de constater l'existence de cette affection.
— Pour explorer l'œil soupçonné atteint de cette
affection, comme de toute autre, nous allons essayer d'indiquer, autant que nous le pourrons,
les moyens par lesquels on peut reconnaître l'intégrité de la vue.

Le moyen qui est le plus usité, qui est conseillé
par l'art, consiste, avant de faire sortir de l'écurie le cheval qu'on veut visiter, à l'arrêter sur le
seuil de la porte, ou dans tout autre lieu peu
éclairé, la tête tournée du côté d'où vient la lumière. Le cheval ainsi placé, on pourra constater
la transparence ou l'opacité de la cornée, la limpidité des humeurs contenues dans les deux
chambres. De même aussi, à cause de la dilatation de la pupille, dilatation due au demi-jour où
est placé le cheval, on pourra constater si le
cristallin est ou n'est pas opaque dans son entier
ou dans une partie de son disque.

Effet de l'obscurité et de la lumière sur l'iris.
— Mais le motif qui fait qu'on éloigne l'œil
d'une vive lumière pour obtenir une plus grande
dilatation de la pupille et mesurer, par cet effet,
le degré de rétraction dont est doué l'iris, par le

même motif, et en vue d'obtenir un résultat opposé sur la pupille, on soumet l'œil à l'action
d'une vive lumière, d'où résulte un resserrement
subit et instantané de la pupille, qui témoigne de
l'exquise sensibilité de la rétine, et qui éloigne,
par le fait de cette contre-épreuve, tout soupçon
d'existence de l'amaurose.

Cette exploration a encore pour résultat constant de dévoiler l'état vrai de la cornée, d'en révéler la moindre altération, le nuage le plus léger
qui en ternirait la lucidité.

*Nécessité d'opérer alternativement sur chaque
œil.* — De ce qui précède il faut tirer cette conséquence, qu'il est indispensable d'observer l'œil
alternativement exposé à l'action d'une vive lumière et à un demi-jour.

Dans le premier cas, si l'œil est sain, l'étendue
de la pupille diminuera brusquement, on la verra
se resserrer ; s'il est malade, frappé de paralysie,
quelque brillantes que soient les humeurs et les
membranes qui le composent, la pupille restera dilatée et impassible à l'action impuissante de la
lumière.

Ce qui est dit d'un seul œil s'applique aux
deux. Cependant il peut arriver qu'un seul soit
malade à différents degrés, et que l'autre soit

sain. Ce point de comparaison est d'un très-
grand secours pour formuler un jugement, prenant surtout comme moyen de conclusion l'état
de la pupille, qui est toujours plus dilatée chez
l'œil malade, en raison des besoins qu'il a d'une
plus grande masse de rayons lumineux.

*Attention qu'il faut apporter aux mouvements
des oreilles.*—Quelsque soient le caractère et le degré d'intensité de l'affection portée sur l'œil, on
ne doit pas laisser sans examen le jeu des oreilles,
auxiliaire puissant en pareille occurrence.

En effet, il est naturel, à un animal dont la
vue est mauvaise ou n'existe plus, de s'aider du
sens de l'ouïe. Pour cela, les oreilles sont toujours
prêtes à saisir les moindres sons; leurs mouvements, leur attitude annoncent une attention
qui n'existe pas chez l'animal dont la vue est intacte.

L'âge doit être pris également en considération
dans tous les cas de prédisposition à une affection
quelconque de l'œil, principalement à la fluxion
périodique. Cette affection, il est vrai, n'est pas
redoutable chez les vieux chevaux qui seraient
déjà borgnes, ou sur le point de le devenir par
une autre chose.

§ V. EXPLORATION DES NASEAUX.

Après cette exploration, on passera à celle des naseaux. Elle aura pour objet de s'assurer de l'état de la pituitaire, afin d'en faire déterminer l'état, pour peu qu'il y ait *jetage*. Nous avons dit de faire *déterminer*, parce que, dans ce cas, on doit s'empresser de requérir l'intervention d'un homme instruit en vétérinaire, qui dira si ce jetage est le produit d'une phlegmasie bénigne, la *gourme*, par exemple, ou bien de la *morve*, et qui, alors, saura prescrire ce qu'il faut faire en pareille circonstance.

Beauté des naseaux. — Disons, tout d'abord, que les naseaux les plus grands et les plus dilatables sont toujours les plus beaux en ce qu'ils remplissent mieux leur but. Ils donnent, généralement, une juste idée de l'ampleur de la poitrine, des poumons qui sont renfermés dans celle-ci, en un mot de l'harmonie qui règne dans les organes de la respiration. Indépendamment de cette indication de l'ampleur de la poitrine, les naseaux bien ouverts ont chez le cheval une autre signification bien importante encore, qui résulte chez cet animal, *le seul*, dit M. Richard, *qui ne puisse pas respirer par la bouche, à cause d'une disposi-*

tion particulière du voile du palais et de l'épiglotte,
que les naseaux étant l'unique passage de l'air res-
piré, ces naseaux doivent être très-grands et dila-
tables.

Manière de visiter les naseaux. — Pour exercer
le maniement des naseaux, on se placera à la
droite du cheval, comme il a été dit pour le maniement de la bouche ; avec la main gauche on
contiendra la tête de l'animal, et, avec l'extrémité
du pouce et de l'index de la main droite introduits
successivement dans chaque naseau, on en dila-
tera l'ouverture, pour examiner avec une scrupu-
leuse attention la membrane qui revêt l'intérieur
des conduits aériens.

§ VI. EXPLORATION DE L'AUGE.

Après avoir exercé le maniement des naseaux
et sans changer de position, on devra visiter
l'auge, espace sous-maxillaire compris entre les
deux ganaches.

Ce maniement a pour but de s'assurer s'il
n'existe pas, dans cette région, des glandes engor-
gées ; on l'exécute avec la main gauche, et avec
la droite on contient le cheval, contrairement à ce
que nous avons prescrit pour l'exercice du précédent maniement.

§ VII. EXPLORATION DU GOSIER.

Maniement du gosier et de la trachée. — Abandonnant la base de la langue, on descendra à l'examen du gosier. La saillie que le larynx offre à la main doit être exempte d'empâtement. Il doit en être ainsi de la trachée, qui sera libre et mobile sous la pression des doigts.

On suppose que les organes de la respiration sont sains lorsque, en comprimant avec le pouce et l'index le premier cerceau qui unit la trachée au larynx, une toux grasse et réitérée se produit; si, au contraire, elle est sèche et opiniâtre, on en tire cette conséquence que les organes de la poitrine sont le siége d'une irritation vive, récente ou ancienne.

Pour arriver à la preuve évidente de l'existence de cette altération, on fera trotter vivement le cheval, dont la respiration pénible amènera certainement la toux. Dans ce temps-là, si on ausculte la poitrine, on reconnaîtra le trouble qui se produit dans la respiration ; mais cette épreuve comme celle de la percussion doivent être réservées à l'homme de l'art, seul compétent en pareil cas.

L'intervention d'un vétérinaire sera d'autant

plus obligatoire qu'il est toujours difficile de prononcer sur l'état d'une affection des organes de la respiration.

Ainsi doit-il en être de la pousse.

Examen du flanc du cheval. — En se plaçant à la droite du cheval et à quelque distance, pour peu qu'on ait d'expérience, on reconnaîtra les symptômes de cette affection aux désordres qui se produisent sur le flanc pendant la respiration, désordres rendus plus apparents après que le cheval a été mis à une allure vive ; alors la respiration est entrecoupée, elle s'opère en deux temps saccadés.

Quand ces phénomènes sont peu apparents, on dit vulgairement que le cheval a du *vent*, qu'il a un *grain*, et, lorsqu'ils sont très-développés, on dit qu'il est *poussif outré*.

Lever les pieds. — Après ces épreuves et avant d'en aborder d'autres, il est d'usage de faire lever les pieds du cheval, afin d'en apprécier la bonne ou mauvaise conformation d'abord, ensuite pour s'assurer de sa docilité à souffrir d'être ferré, car souvent il arrive que le cheval le plus doux ne veut pas s'y soumettre. Arrêtons-nous sur ce sujet ; nous y reviendrons quand nous ferons l'examen particulier des membres.

§ VIII. ON DÉPOUILLERA LE CHEVAL DES HARNAIS.

Nous reprenons :

Opposition du cheval. — Tel autre cheval, souffrant tous les attouchements, s'oppose à ce qu'on le *garnisse*, suivant l'expression des charretiers, ailleurs qu'à l'écurie et en présence du râtelier; il faut donc tenter cette épreuve.

Par un autre motif que nous expliquerons, on doit dépouiller de ses harnais le cheval qui en est revêtu et qui est exposé en vente, soit qu'on l'examine à l'écurie, soit sur le champ de foire, parce qu'il arrive, presque toujours, que ces *harnais* cachent des tares, des maladies cutanées, le *mal de taupe*, le *rouvieux*, le *mal de garrot*, etc.

Enlever les liens et les cordes. — On dépouillera également le cheval de tous les liens, de ces tresses en paille dont les marchands l'affublent, soit comme ornement, soit comme moyen de l'obliger à porter beau, en même temps qu'ils s'en servent pour marquer des tares ou des imperfections. C'est principalement en vue de dissimuler certaines altérations de la queue, que les marchands fixent à sa base des liens et des rubans.

C'est pourquoi il faut s'entourer de toutes ces précautions pour échapper à leurs supercheries. En même temps on devra s'assurer si les crins de la queue ne sont pas postiches, ou si elle-même n'est pas frappée d'immobilité; pour cela, il faudra s'assurer de la résistance qu'elle offre lorsqu'elle est soulevée. Si cette résistance est grande, on suppose que le cheval est vigoureux; si, au contraire, la queue est élevée et abaissée sans efforts, on peut affirmer qu'elle est atteinte d'immobilité, ce qui est une tare.

Mal de taupe. — Nous avons parlé du *mal de taupe*, du *rouvieux* et du *mal de garrot*; nous devrons revenir sur ces maladies, afin de donner sur elles quelques courtes explications.

1. Le mal de taupe est une tumeur phlegmoneuse qui a son siége à la nuque. Cette maladie, maladie particulière à l'espèce chevaline, peut être causée par toutes les lésions et les contusions portées à la nuque; elle réclame des soins assidus et intelligents, parce que, négligée, elle peut causer la destruction d'une partie du ligament cervical et la carie des vertèbres.

Caractère du rouvieux. — 2. Voici maintenant quelques traits des altérations qui se manifestent et qui caractérisent le rouvieux. Sauf de rares exceptions, ce mal se montre sur la partie supérieure de l'encolure. La peau de cette partie forme des duplicatures remplies, dans ce cas, de pustules qui creusent des sinus dans l'épaisseur du cuir, communiquant quelquefois entre eux, et formant alors un foyer commun dans chaque pli, foyer où se logent des vers. Il sort de ces plis un pus épais, corrosif, qui pénètre profondément, au point d'atteindre le ligament cervical et les cartilages des vertèbres.

Siége du rouvieux. — En disant que le rouvieux se concentrait sur la partie supérieure de l'encolure, nous nous sommes réservé de rares exceptions, parce qu'il arrive quelquefois que ce mal fait participer toute l'encolure à l'engorgement de la partie supérieure.

Chevaux qui en sont particulièrement atteints. — Les chevaux de trait, ceux dont la crinière et l'encolure sont épaisses, sont sujets à cette maladie.

L'animal qui en est infecté ne communique pas toujours à un autre cheval cette variété de gale, mais une autre, différente, selon les dispositions de celui qui est soumis à la contagion.

Règle générale, tout cheval est sujet à la gale,

mais à des degrés variables, particulièrement le cheval entier.

3. *Passons au mal de garrot.*

Causes du mal de garrot, son siége. — Cette affection, comme le mal de taupe, est une tumeur phlegmoneuse ; seulement cette tumeur est placée différemment, elle s'annonce d'abord par un léger gonflement accompagné de douleur et de chaleur, gonflement qui prend bientôt les proportions d'une tumeur étendue qui ne tarde pas à s'abcéder.

Cette affection, qui, en apparence, offre ordinairement peu de dangers, peut se compliquer de graves accidents, tels que fistules, altérations du ligament cervical, carie des vertèbres.

Causes déterminantes et prédisposantes. — Le frottement continuel de la selle ou de la sellette pesant sur le garrot est généralement la cause de cette maladie. Quelquefois les coups n'y sont pas étrangers. Dans tout état de cause, les chevaux bas du garrot y sont plus exposés, parce que cette disposition amène le glissement de la selle.

Pincement du rein. — Il est assez d'usage qu'en passant la main sur le rein on le pince fortement avec les deux premiers doigts et le pouce, afin d'obtenir une flexion brusque des lombes.

Pour exécuter ce maniement, on se sert de la main droite quand on est placé à la droite du cheval, et de la gauche lorsqu'on se trouve du côté opposé.

But de ce maniement. — Ce maniement a pour objet de s'assurer si le cheval n'est pas atteint des affections qui détruisent la sensibilité. Il a aussi pour effet de révéler au plus vite une maladie que nous devons signaler en passant, cette maladie vulgairement dite *tour de bateau* ou *effort de reins*.

La démarche du cheval atteint d'un tour de bateau est pénible : la croupe se berce d'un côté à l'autre, à chaque pas elle *flageole*; le rein est faible et douloureux, un mouvement précipité dans la progression amène la chute de l'animal. Un tel cheval est impropre à toute espèce de travail.

Il faut se défier, par ce motif, d'un cheval dont la croupe se berce soit au pas, soit au trot. Il faut aussi se défier de celui qui a des traces de feu employé comme moyen curatif sur les reins.

Si la sensibilité et la souplesse de rein reconnues par le *maniement* dont nous parlons indiquent la santé, elles indiquent souvent aussi des maladies, particulièrement un manque de forces dans cette région, *si la sensibilité est extrême.*

Inflexibilité ou *insensibilité.* — *L'inflexibilité* ou *l'insensibilité* du rein est également un symptôme de maladie, de celle qu'on attribue à l'ankylose partielle ou complète des vertèbres lombaires.

§ IX. EXAMEN DU CHEVAL HORS DE L'ÉCURIE.

Les examens préalables du cheval retenu à l'écurie étant terminés, on devra passer à ceux qui ont pour objet les aplombs, l'intégrité des membres et des allures. Ceux-ci ne pourront avoir lieu qu'autant que le cheval sera mis en mouvement; mais, avant de les aborder, nous devons toucher à quelques considérations générales se rapportant au cheval de trait envisagé au point de vue de la locomotion.

« *Le cheval monté ou attelé* est une machine vivante. Lorsqu'il est convenablement dressé, l'homme doit disposer de lui comme un mécanicien dispose d'une locomotive. » (Richard, *Traité de l'extérieur.*)

Cet appareil locomoteur, dont l'homme est le centre de volonté, se compose de trois ordres d'organes : les nerfs, les muscles et les os. Toute régularité et toute puissance de la locomotion dépendent des bonnes conditions de ces organes, qu'on aura soin de scruter avec attention. Dans cet examen, on remarquera combien la nature est prévoyante dans ses conceptions. Partout où il faut de grandes forces, on trouvera de grandes puissances ; mais encore faut-il que ces puissances soient exemptes d'empêchements.

« La nature coordonne, mais les alliances mal assorties ou mal entendues, les défauts originels déjà transmis et reproduits plus sensibles, les mauvaises conditions comme la localité, la mauvaise santé qui en est la conséquence, un travail trop hâtif ou un excès de travail, la mauvaise nourriture, les mauvais traitements viennent souvent détruire ses arrangements, ou du moins en paralyser les effets ; aussi, en arrivant à l'examen des membres, qui forment à la fois les essieux et les roues de cette locomotive vivante, doit-on redoubler d'attention. » (Richard, *Traité de l'extérieur.*)

§ X. EXAMEN DES MEMBRES.

On en visitera toutes les parties les unes après les autres, en commençant par les membres antérieurs.

Il faudra passer la main, la droite, si on est à la droite du cheval, sur les rayons à partir de l'épaule jusqu'au pied ; sur les articulations, pour s'assurer de leur netteté et pour découvrir les engorgements qui pourraient exister, ainsi que les tumeurs circonscrites, les plaies et les crevasses.

Examen des épaules et des membres antérieurs.— En partant de l'épaule pour parcourir tout le membre antérieur, on devra s'assurer si cette partie n'offre pas de traces de feu ou de séton ; si la pointe n'en est pas trop saillante ou déformée ; si l'avant-bras est bien musclé ; si le genou n'a pas été couronné ; s'il n'existe pas, dans son entourage, des osselets ou des vessigons.

Couler la main sur le tendon. — On fera ensuite couler la main sur le tendon pour apprécier s'il est bien détaché de l'os ; du tendon elle passera au canon pour découvrir l'existence des suros, et, s'il s'en trouve, leur situation ; enfin du canon au boulet, au paturon et à la couronne, pour y rechercher *les molettes, les crevasses, les blessures, les formes ;* en un mot, toutes les tares qui ont leur siége dans ces parties.

Examen des membres postérieurs. — Des membres antérieurs on passera aux postérieurs.

Cet examen est d'autant plus indispensable qu'au nombre des tares qui ont leur siége sur les membres antérieurs il s'en trouve qui affectent les membres postérieurs; de même aussi il en est qui sont particulières à ceux-ci. Parmi ces dernières, on comprend *la courbe, l'éparvin, la jarde ou le jardon, le capelet et le ressigon.*

Nous allons les passer en revue.

DES TARES. — Une des régions des membres postérieurs qui fixent tout d'abord les regards de l'explorateur, c'est le jarret.

Si cette articulation présente un volume plus considérable, si elle pèche dans ses aplombs, l'œil est désagréablement affecté.

Le jarret *clos* répond, presque toujours, au défaut de parallélisme des membres antérieurs, et, quand cette déviation est accompagnée d'une tare quelconque du jarret, le cheval peut être considéré, à bon droit, comme impropre à un service actif et de durée.

Les tares du jarret, dit M. le professeur Richard, *dépendent de l'altération partielle ou générale d'un ou de plusieurs de ses os ou des maladies de ses parties molles.*

Au nombre des affections qui ont leur siége dans le tissu osseux, on compte *la courbe, le jar-*

don et l'éparvin; on compte *le capelet et le ressi-gon* au nombre de celles qui ont le leur dans des tissus d'un autre ordre.

Nous avons dit que ces tares étaient particulières à cette articulation. Disons aussi que c'est probablement à cause de cela qu'elles ont été ainsi qualifiées, car des tissus identiques appartenant aux membres antérieurs n'en sont pas exempts; exemple, les *suros* et les *molettes.*

1. *La courbe* est due à un accroissement de volume de l'extrémité inférieure et interne de l'os de la jambe. On reconnaît aisément cette tare, quand elle est fortement accusée, en se plaçant à l'arrière du cheval. Si elle est récente ou peu saillante, pour la distinguer on devra comparer les deux jarrets.

L'éparvin a son siége au-dessous de la courbe; il est dû à une exostose qui s'est formée sur le point d'union du canon et la tête du péroné aux os tarsiens. Ces deux affections du tissu de l'os se forment et se développent sous les ligaments articulaires; ce qui fait que le jeu de ceux-ci est gêné, douloureux, et qu'il y a boiterie.

Cette boiterie est surtout remarquable, dans l'éparvin, à un mouvement saccadé, convulsif qui s'opère dans la flexion du membre. Ce mouvement a reçu, on ne sait trop pourquoi, le nom d'*éparvin sec.*

2. *La jarde* ou *le jardon* a son siége sur un point de l'articulation opposé à celui de l'éparvin ; ce point correspond à la tête du péroné externe. Cette altération de l'articulation donne au jarret une incurvation en arrière, au lieu de présenter une ligne droite qui partirait de sa pointe pour se continuer avec celle du canon. On remarque chez quelques chevaux cette conformation, sans qu'elle soit le résultat d'une altération de l'os, mais qui ne laisse pas que de faire suspecter sa force et sa puissance.

3. *Le capelet*, avons-nous dit, affecte d'autres tissus, et par cela même offre d'autres caractères de gravité. Quand le capelet n'est dû qu'à un épaississement de la peau et du tissu cellulaire sous-cutané qui recouvre la pointe du jarret, il ne présente, dans le principe, rien de dangereux, si ce n'est un aspect disgracieux.

Quand la maladie a son siége dans la capsule synoviale placée à la pointe du calcanéum, sur laquelle glissent les tendons de la corde du jarret pour se rendre au boulet, alors le capelet participe des caractères des affections de ces tissus, les *molettes* et le *vessigon*.

4. Le *ressigon*, dont nous venons de parler, est une des maladies les plus fréquentes de l'articulation du jarret. Il a son siége dans la gaine synoviale du tendon, qui s'infléchit sur la pointe du jarret. Il se révèle à la présence d'une tumeur molle, qui se développe à la face interne ou externe et souvent des deux côtés du jarret.

L'œil seul est parfois impuissant pour reconnaître cette affection, ainsi que les autres que nous avons énumérées; le secours du toucher est indispensable, ce qui constitue et justifie un maniement.

Application du maniement. — Pour exercer ce maniement, quelle que soit la main qu'on emploie de préférence, on devra toujours se placer à côté du cheval, afin d'échapper à une ruade ou à un coup de pied. On aura soin, dans ce cas, comme dans toute exploration manuelle, de prévenir le cheval de la voix. On passera la main correspondante au côté du cheval où on se place, sur la croupe d'abord, sur la jambe et enfin sur le jarret, s'arrêtant sur les parties qui appellent l'attention.

Sur la pointe du jarret, la main reconnaîtra le capelet de la peau à son aspect particulier, qui fait que la tumeur semble superposée. Celui qui a son siége dans la gaine synoviale offrira, indépendamment de ce caractère, une tuméfaction qui s'étendra, par sa base, à la peau de tout le sommet du jarret.

Sur les côtés du jarret, dans ces cavités qu'on nomme vulgairement les *creux* du jarret, la main s'arrêtera à la présence d'une ou de deux tumeurs molles, indolentes, cédant à la pression. Cette tumeur est le *ressigon* simple ou double.

A la face interne. — *La courbe* située plus bas, à la face interne et supérieure de l'articulation, offre, par le volume de l'éminence osseuse qui la constitue et qui la distingue de la précédente, un aspect et une densité qui doivent ôter toute crainte de méprise.

L'éparvin, appréciable au toucher, se révélera plus apparent quand le cheval se déplacera.

A la face externe. — *Le jardon* se reconnaîtra par les caractères que nous avons tracés, en comparant le lieu qu'il occupe avec celui du précédent.

Procédant, comme il a été dit en parlant des membres antérieurs, la main parcourra le canon, le tendon, le boulet, le paturon et la couronne. Enfin les pieds seront, à leur tour, soumis à une minutieuse investigation.

Quelques mots sur la conformation des pieds.

§ XI. ANALYSE DU PIED.

On est convenu d'appeler pied cette région qui termine l'extrémité inférieure d'un membre, dont l'enveloppe extérieure cornée prend le nom de sabot et reçoit le fer.

Le pied est le point sur lequel réagit tout effort musculaire, ce qui fait qu'il doit être pourvu de toutes les conditions exigées par ses fonctions.

En examinant attentivement le sabot du cheval, on remarque qu'il est composé de trois espèces de cornes distinctes, différant entre elles par la forme et la texture suivant les usages auxquels elles sont affectées.

Composition du pied. — Ces trois espèces de cornes se nomment *muraille, sole* et *fourchette.*

Chacune d'elles remplit un rôle spécial.

La *muraille*, le nom dit la chose, c'est-à-dire l'enveloppe extérieure proprement dite du pied, formée par la peau, est non-seulement la portion la plus étendue, mais encore celle dont les fonctions sont les plus importantes. Il faut qu'elle soit en même temps protectrice et fixative, à savoir assez épaisse pour protéger ce qu'elle renferme et assez ferme pour le contenir. Il faut encore qu'elle soit assez élastique pour permettre l'écartement des parties molles du pied au moment de l'appui, et opérer la retraite de cet écartement, lorsque l'appui cesse d'exister.

Cette enveloppe extérieure doit, autant que possible, être régulièrement inclinée de haut en bas, plutôt convexe que concave; son contour sera sans inégalité, sa surface unie, exempte de rugosités, de fissures plus ou moins étendues, de cercles, témoignages de fourbures que la fraude fait disparaître avec la râpe.

La partie de l'ongle qui adhère à la peau sera unie et régulière dans sa continuité; le bord sera exempt de toute altération. Dans la partie où elle se contourne pour former les talons, la muraille, s'amincissant, sera lisse et élastique, à cause du grand poids que, par sa position, elle doit supporter. Des talons bas et faibles compromettent toutes les parties du pied, parce qu'ils sont exposés à être contus et affectés de bleimes. De là des boiteries interminables.

La *sole* est encadrée par le bord inférieur de la muraille. C'est elle qui recouvre et protége toute la surface plantaire qui n'est pas occupée par la fourchette. De concert avec la muraille, elle soutient l'os du pied que le poids du corps pousse vers le sol. Pour soutenir ce poids elle est disposée en voûte. Comme la muraille, elle est élastique. Elle fléchit au moment de l'appui, puisqu'elle adhère à la muraille par ses bords et qu'elle se retraite comme elle lorsque l'appui n'existe plus, puisque, comme elle enfin et avec elle, elle doit former un ressort qui s'écarte et revient sur lui-même.

Le cintre de la voûte, dont nous avons parlé, doit être régulièrement, nettement et fortement prononcé. S'il en était autrement, la voûte serait exposée à porter sur le sol quand elle fléchit sous la pression de l'os au moment de l'appui, et la sole, ainsi déprimée, serait meurtrie par les pierres d'une route ou même par la terre durcie.

De la fourchette. — Pour compléter la revue de ces trois espèces de cornes, il nous reste à parler *de la fourchette*, de cette partie du pied placée comme un coin dans le V formé par la portion postérieure de la sole. Nous disons un coin, parce que, si la fourchette en a la forme, elle en a aussi les usages.

En effet, il arrive très-fréquemment que la fourchette, aplatie par le poids qu'elle supporte, s'élargisse quand elle pose sur un sol dur, forçant ainsi à s'écarter la région qu'elle occupe. Elle favorise ainsi, dans certaines occasions, l'élasticité du sabot. On voit donc que, quoique son action diffère de celle des autres parties du pied, elle n'en est pas moins importante.

Elle doit être nourrie et bien développée.—Il faut que la fourchette soit bien nourrie et bien développée, surtout à sa base; elle tient alors les talons écartés l'un de l'autre et leur laisse toute leur élasticité naturelle et nécessaire.

Si elle était maigre, resserrée et desséchée, non-seulement elle fonctionnerait mal, mais elle laisserait exposés à des affections plus ou moins graves les tissus qu'elle recouvre.

Avant d'abandonner le pied, disons encore un mot sur sa configuration générale et son appropriation.

Configuration générale du pied.—La nature du sol sur lequel est né et a été élevé un cheval a une grande action sur la configuration de certaines parties du corps, sur celle du pied en particulier. A noblesse d'origine égale, un cheval des montagnes aura toujours le sabot plus petit et plus dur qu'un cheval de la plaine. La Providence donne, aux animaux destinés à marcher sur un sol mouvant, des extrémités plus favorables à la marche. En effet, un pied plat et large s'enfonce moins dans un terrain qui cède, qu'un pied de petite dimension chargé du même poids.

Cette considération ne doit pas être négligée dans la visite d'un cheval, afin d'approprier le pied au sol. Pour le pied, comme pour toute autre partie du corps, il faut que sa conformation soit d'accord avec la fin proposée.

Nous terminerons ce qui se rapporte au pied par quelques remarques à faire sur la ferrure au moment de la vente d'un cheval.

Appropriation de la ferrure à l'état du pied. — Souvent les altérations du pied sont dues à la ferrure ; souvent aussi la ferrure est le seul moyen de corriger ces altérations ou des vices de conformation. Nous ne citerons que quelques exemples.

Le *pied plat* et le *pied comble* reçoivent une ferrure qui a plus de couverture et d'ajusture, en raison du degré de difformité.

Le *pied petit*, qui est l'opposé du grand pied, porte une ferrure légère, que l'on fait *garnir* autant qu'on le peut, afin de mettre le pied plus à l'aise.

Le *pied encastelé, le pied à talons serrés,* ne pouvant recevoir qu'un fer couvert approprié à de telles déformations, se révèle à la première inspection.

Le pied à talons faibles porte encore un fer à planche qui repose, comme dans le pied encastelé, sur la fourchette.

Le pied à talons bas, l'opposé du pied encastelé, reçoit le fer à crampons.

Il en est ainsi de plusieurs autres déformations ou altérations du pied, natives ou accidentelles, qui nécessitent une ferrure spéciale.

Quelle que soit la cause qui motive telle ou telle ferrure, l'explorateur doit en tenir compte; de même qu'il ne doit pas manquer d'examiner attentivement les quatre pieds, lorsqu'un ou plusieurs portent une ferrure usée quand les autres sont pourvus de fers neufs. Cette ferrure mal assortie est presque toujours l'excuse d'une boiterie.

Exploration du pied. — Mais l'examen du pied ne peut se faire qu'en mettant la surface plantaire à la portée de la main et de la vue, examen qui constitue un véritable maniement, qu'on exerce ainsi :

Avant de se livrer à cet examen, on doit s'assurer que le cheval est solidement attaché, par la longe, à un poteau ou au râtelier, si cette exploration a lieu à l'écurie, ou maintenu par un aide fort, qui le contient avec une ou les deux mains placées près de la tête, qu'il tient élevée, afin d'empêcher tout mouvement que voudrait faire le cheval, soit pour marcher, soit pour se défendre contre celui qui opère. Ces précautions ne doivent pas être négligées, parce qu'il y a beaucoup de chevaux qui mordent quand on veut leur lever les pieds des membres antérieurs.

Procéder avec douceur. — Dans cette circonstance comme dans toutes celles où l'on doit exercer un maniement, il faut procéder avec douceur, afin de capter la confiance du cheval. Pour cela, l'explorateur, en se plaçant à la droite, ayant le dos tourné du côté de la tête de l'animal, passe successivement la main correspondante sur l'encolure, sur l'épaule, sur l'avant-bras et le canon. Arrivé au paturon, il le saisit de toute l'étendue de la main, fait un effort soutenu pour obliger le cheval à lever le pied, effort qui est aidé par la pression de l'épaule de l'homme contre celle du cheval, dont le centre de gravité est ainsi déplacé. Pour peu qu'on persiste dans l'emploi de ces moyens, on ne tarde pas à obtenir ce qu'on demande à l'animal, ce qui dispense de heurter brusquement de la main, encore moins du pied, comme le font les charretiers, la face postérieure du boulet.

Après avoir visité le pied antérieur droit, on visite immédiatement le postérieur du même côté, puis celui qui lui est opposé, et enfin on achève cette revue par le pied antérieur gauche correspondant.

Poursuivant son opération, l'explorateur passe la main droite sur le dos, la croupe, la cuisse, la jambe, le jarret, le canon, et arrive au paturon, qu'il saisit également de toute l'étendue de la main, afin de déplacer le pied. Dès qu'il l'a élevé à une certaine hauteur, il passe son bras par-dessus le jarret, de manière à le contenir ainsi que le pied, qu'il appuie sur la face antérieure de la cuisse droite, qui est portée et tendue en avant de façon à opposer un arc-boutant à celui que forme la jambe gauche également tendue, mais dans une direction inverse.

Obligation d'opérer avec précaution. — On ne prend pas toujours toutes ces précautions pour visiter les pieds d'un cheval, ce qui est un tort; car, pour que cette exploration satisfasse celui qui la fait, il faut que la manœuvre soit en tout conforme à celle que les aides-maréchaux mettent en pratique pour tenir le pied auquel on veut fixer un fer.

Si le cheval oppose de la résistance à ce qu'on lui lève les pieds, cette résistance ne pourra être vaincue que par l'emploi de moyens auxiliaires qui ne constituent pas un *maniement* proprement dit, mais qui font partie des moyens de contention et de torture dont nous aurons occasion de parler. Ces moyens sont *le tord-nez*, *les morailles*, *les entraves et le travail* (1).

On a encore recours à ces agents de contention et de torture pour maîtriser le cheval *qui compte, qui se laisse tomber, qui baisse la hanche, qui se cabre, qui donne des coups de pied en vache.*

Il ne suffit pas d'avoir constaté, par les épreuves auxquelles le cheval a été soumis, la bonne conformation de toutes les parties de la machine animale, il reste encore à s'assurer que chacune d'elles en particulier et que toutes ensemble jouissent de cette liberté d'action qui garantit l'exercice complet et régulier des fonctions qui leur sont dévolues.

(1) L'usage du *tord-nez*, vulgairement dit *torche-nez*, ainsi que celui des *morailles*, est trop répandu pour qu'il soit besoin que nous reproduisions ici la description qui en est faite dans le *Manuel du vétérinaire* de Lafosse et dans le deuxième volume de la *Maison rustique du XIXe siècle*.

§ XII. EXAMEN DU CHEVAL EN MOUVEMENT.

On soumettra le cheval à des épreuves d'un autre ordre, épreuves décisives et complémentaires, dont quelques-unes s'appliquent au cheval léger ainsi qu'au cheval de trait, d'autres particulièrement à ce dernier.

Les premières consistent à faire marcher au pas ou au trot, sur une chaussée pavée, le cheval *tenu à bout de longe,* afin de voir s'il s'ébranle avec ardeur ou mollesse,

S'il n'est pas boiteux,

S'il n'est pas pris des épaules,

S'il ne se berce pas,

S'il ne bronche pas,

S'il ne bat pas à la main,

S'il n'est pas siffleur,

S'il n'a pas le tour de bateau ;

Enfin s'il déploie uniformément ses membres, ce qui s'annonce par des foulées régulières et cadencées.

Épreuves particulières au cheval de trait. — Les épreuves particulières au cheval de trait consistent à l'atteler à un véhicule à deux ou quatre roues, que l'on enraye, afin de pouvoir apprécier l'ardeur que le cheval mettra à le déplacer **et ses** efforts à le retenir à la descente.

Pourquoi le cheval doit être tenu à bout de longe. — Nous devons expliquer pourquoi le cheval qu'on essaye au pas ou au trot, sur une chaussée pavée, *doit être tenu à bout de longe :* la raison est que, si la main qui le tient était placée près de la tête du cheval, comme on le fait ordinairement, celui-ci ne jouirait pas de la liberté de ses mouvements ; *s'il est libre dans ses membres,* selon l'expression reçue, il ne pourrait pas déployer tous ses moyens. C'est pour cela que le marchand qui fait trotter un cheval boiteux, ou tout autre, dont les aplombs sont faussés, a grand soin de se tenir du côté du membre taré, de placer la main très-près de la tête, afin de pouvoir soutenir le cheval, et par ce moyen affaiblir la boiterie, ne pouvant la faire disparaitre ou empêcher le cheval de broncher.

§ XIII. MESURAGE DU CHEVAL.

En parlant de la taille du cheval, nous avons dit que nous reviendrions sur ce sujet après que nous aurions terminé la revue des épreuves qui devaient, les premières, appeler l'attention de l'explorateur. Maintenant nous allons aborder celle du mesurage, que nous considérons, dans cette circonstance, comme le complément des maniements de cet ordre qu'on exerce sur le cheval de trait.

Cependant nous ferons remarquer que, l'obtention de la taille n'étant pas toujours le seul but que l'on se propose lorsqu'on mesure un cheval, que souvent c'est pour connaître les dimensions des principales régions du corps, soit qu'on ait en vue un appareillement, un signalement ou que l'on veuille garder le souvenir des proportions de ces mêmes régions, nous opérerons dans ce sens, abordant la taille la première et successivement toutes les dimensions de certaines parties du corps de l'animal.

Le mesurage du cheval peut être exécuté à l'aide de différents instruments, tels que la potence (pl. 1, fig. 1), l'hippomètre et le ruban de Dombasle, ou tout autre instrument analogue, à divisions métriques.

Le premier de ces instruments est composé de deux pièces de bois ou de fer, rondes ou carrées, de longueur inégale. La plus grande pièce, celle qui est reçue dans la branche mobile, mesurera 2 mètres, et sera graduée en mètres et en centimètres dans toute son étendue. La pièce mobile,

Hippomètre et bovimètre.

Fig. 1re.

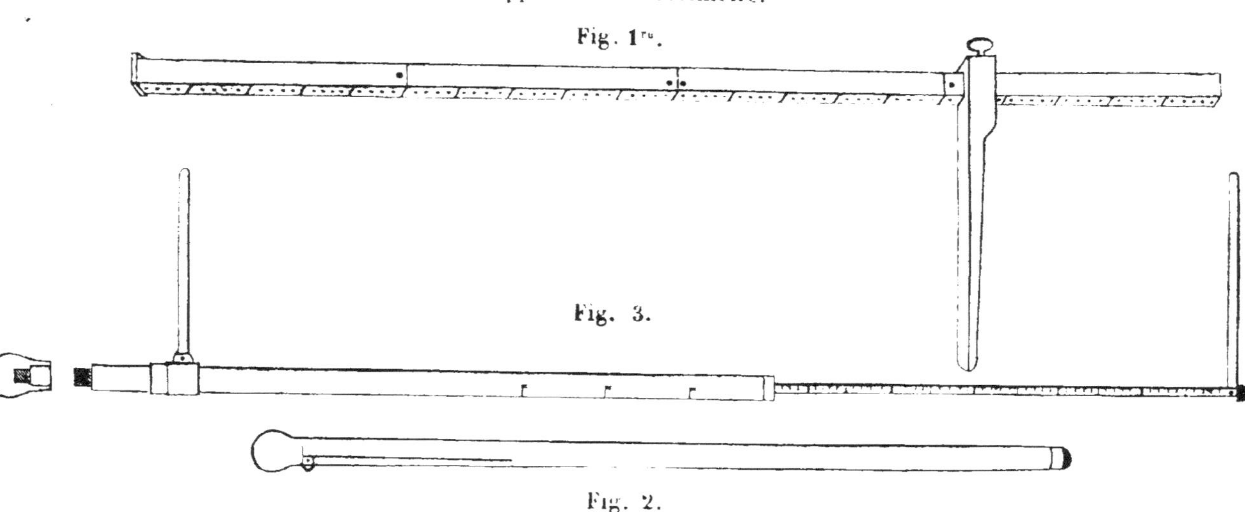

Fig. 3.

Fig. 2.

qui n'aura que 0^m,50 de longueur, sera percée d'une ouverture suffisante pour recevoir la tige principale et pouvoir glisser librement sur celle-ci (pl. 1, fig. 1).

L'hippomètre, ainsi nommé à cause de son appropriation au mesurage du cheval, est aussi une potence, sous la forme d'une canne, composée d'une tige principale ronde de 1 mètre de longueur, creusée intérieurement comme un canon de fusil (fig. 2). Dans cette tige creuse est logée une autre tige d'égale longueur qu'on peut retirer, à volonté, de son fourreau ; ce qui permet d'ajouter, au besoin, 1 mètre de longueur à la tige extérieure ou principale.

La pièce intérieure porte elle-même une branche, longue de 0^m,50, qui s'articule avec elle comme le ferait une lame de couteau avec son manche, et qui, étant ouverte, formera un angle droit avec la tige intérieure. Celle-ci est graduée en mètres et en centimètres dans toute son étendue. En glissant dans son étui, elle permet d'élever ou d'abaisser la branche articulée à la hauteur du garrot ou de la croupe, et de déterminer la taille du cheval.

Cet instrument est employé également sur le bœuf, et à cet effet il a été modifié. Il a reçu une deuxième branche, mobile à volonté sur la tige principale, pouvant se rapprocher de la branche qui est fixée sur la tige intérieure. Cette deuxième branche pourra aussi se loger dans une rainure creusée dans la tige principale, de la même manière que l'autre branche l'est dans la tige intérieure. On a donné à cet instrument (fig. 3), à cause de son appropriation spéciale *au bœuf*, le nom de *bovimètre*.

Voici de quelle manière on devra mesurer un cheval :

On placera le cheval sur un sol uni et horizontal, ayant soin que les membres soient parallèles entre eux, les antérieurs ainsi que les postérieurs.

La tête du cheval devra être maintenue dans une attitude aisée, être ni élevée ni abaissée vers la terre.

A cet effet, un aide exercé et intelligent se placera en face de la bête, tenant de chaque main une branche du bridon au point d'union avec le mors.

L'opérateur, portant dans sa main droite, si c'est vers la droite du cheval qu'il se dirige, la tige de la potence ou celle de l'hippomètre, la présentera parallèlement au membre antérieur, près duquel il la tiendra appuyée verticalement,

ayant soin que l'extrémité inférieure repose sur le
sol. Avec la main restée libre, il abaissera sur le

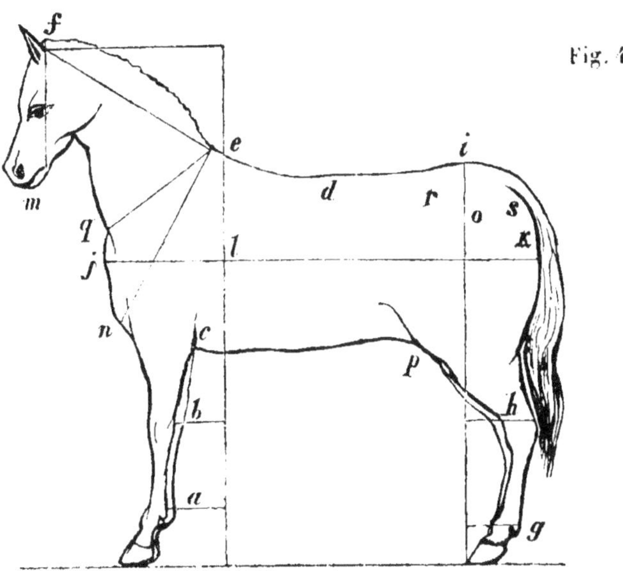

garrot, au point *e* (fig. 4), la branche mobile,
qu'il fixera sur la tige de l'instrument après
s'être assuré qu'elle porte immédiatement sur le
point assigné.

L'espace compris entre l'extrémité inférieure
de la tige et la pièce mobile donnera la taille au
garrot.

Passant ensuite de cette région à la croupe,
l'opérateur, sans abandonner le côté du cheval
qu'il occupait déjà, portera la tige de l'instrument
parallèlement à la face externe du membre pos-

térieur, **un peu en avant du grasset**, fera reposer sur le sol l'extrémité inférieure de la tige, tandis qu'avec la main droite il abaissera sur la croupe, au point i, la branche mobile et la fixera sur la tige. L'espace compris entre l'extrémité inférieure de celle-ci et la branche mobile mesurera la hauteur du cheval à la croupe.

Pour obtenir l'étendue des rayons des membres antérieurs de a à b et de b à c, on placera l'hippomètre de la manière qu'on l'a fait pour obtenir la taille au garrot ; seulement on abaissera successivement la branche mobile à la hauteur partielle des régions de c à b, de b à a.

Après avoir opéré sur les membres antérieurs, on passera aux postérieurs, et on agira sur eux de la même manière, en procédant de k en p, de p en h et de h en g.

Ces dimensions seraient obtenues plus exactement avec le cordon de Dombasle ou le bovimètre, par exemple, en raison de la mobilité des deux branches, qui, de la sorte, peuvent être rapprochées à volonté.

Diamètres de la poitrine. — Or, avec ce dernier instrument, on mesurera les diamètres de la poitrine. On pourrait bien le faire avec l'hippomètre, mais on serait obligé de remplacer la

branche dont il est privé par un morceau de bois de même longueur, qui serait, pendant l'opération, tenu appliqué par un aide sur l'instrument.

Vertical. — Pour obtenir l'étendue du diamètre vertical, on placera une des deux branches un peu en arrière du point g reposant sur la face inférieure de la poitrine ; l'autre le sera sur le point e. L'écartement résultant des deux branches donnera le produit de ce diamètre.

Transversal. — Le diamètre transversal sera mesuré ainsi :

On placera les deux branches de l'instrument sur les côtés droit et gauche de la poitrine, de l en l, un peu en arrière du bord postérieur du scapulum. L'écartement des deux branches fera connaître l'étendue de ce diamètre.

Oblique. — Passant ensuite au diamètre oblique de la poitrine, l'opérateur, se plaçant en face de l'épaule gauche du cheval, fixera les branches de l'instrument, l'une au point e et l'autre au point n, qui correspond à l'extrémité antérieure et inférieure du sternum.

Encolure. — Sans changer de position, on prendra le diamètre vertical de l'encolure mesurée à sa base, à partir du bord antérieur du garrot en e au point q.

Longueur de l'épaule à l'angle ischial. — On mesurera l'étendue qui existe entre la pointe de l'épaule au point *j*, répondant à l'articulation scapulo-humérale et le point *k*, qui répond à l'extrémité postérieure de la fesse. Pour cela, l'opérateur devra se faire assister d'un aide qui maintiendra une branche de l'instrument appliquée sur l'extrémité postérieure de la fesse, tandis que lui-même fixera l'autre branche sur l'articulation.

Croupe, sa longueur. — Immédiatement après cette épreuve, on mesurera la longueur de la croupe prise du point *r* au point *s*. Pour cela, on placera une des branches sur la face antérieure de la hanche et l'autre sur la face postérieure de l'angle ischial, qui est le point extrême de la croupe.

L'éloignement des branches fera connaître l'étendue de cette région.

Il reste à prendre la largeur de la croupe. Voici de quelle manière on devra le faire :

Largeur de la croupe. — L'opérateur, passant à l'arrière du cheval ou restant à côté, si cette position lui plait davantage, présentera l'instrument sur la croupe, de telle sorte que, la tige y reposant transversalement, les deux branches seront mises en contact avec la face externe des hanches et maintenues à ce point, qui en fixera l'écartement, autrement dit la largeur de la croupe.

La chaîne et le bâton à fouet. — Dans le commerce, on emploie habituellement la chaîne ou le bâton armé d'un fouet garni de nœuds espacés à des distances qui se rapportent à une taille déterminée, à celle du cheval de cavalerie légère, d'artillerie ou de tout autre service.

La chaîne, longue de 2 mètres, est également graduée comme le fouet.

Défectueux l'un et l'autre, ces instruments ne donnent que des résultats imparfaits, parce qu'en suivant la courbure que présentent l'épaule et le garrot ils développent une étendue qui n'est pas en rapport réel avec la taille du cheval. On ne doit donc pas y avoir confiance, et par ce motif ne pas s'en servir.

RÉSUMÉ. — En terminant ce qui se rapporte à ces maniements, nous dirons qu'on ne saurait trop prendre de précautions pour ne pas effrayer le cheval et lui causer de la douleur; car, s'il manifeste de la répugnance à se laisser aborder et toucher, c'est parce qu'il a été soumis à des maniements qui ont causé de la douleur, ou parce qu'il a été maltraité et *brutalisé,* qu'il en garde le souvenir.

On devra donc épuiser toutes les voies de douceur et de persuasion avant de recourir à celles de la contrainte. En pareil cas, il vaudrait mieux renoncer à de semblables moyens, surtout si on doit agir sur un cheval jeune, à moins que ces épreuves n'aient un caractère juridique.

Nous croyons avoir tout dit sur cet ordre d'épreuves et de maniements qu'on exerce sur le cheval de trait ; il nous reste à parler maintenant de cet autre ordre d'épreuves, des agents de contention et de gouverne qu'on applique à l'espèce chevaline en général.

CHAPITRE II.

AGENTS DE CONTENTION ET DE GOUVERNE APPLIQUÉS A L'ESPÈCE CHEVALINE.

Considérations générales. — Moyens de contention employés sur le cheval, l'âne et le mulet, pendant qu'ils sont à l'écurie. — Quand ils sont en mouvement et au pâturage. — Sur l'étalon dans la monte en main. — Sur la jument dans la même circonstance.

---

§ I. CONSIDÉRATIONS GÉNÉRALES.

Après les maniements du cheval dont il a été parlé, nous placerons les agents de contention et de gouverne qu'on met en œuvre dans un si grand nombre de cas, et dont, généralement, on se préoccupe peu, comme étant choses faciles et à la portée de tout le monde. Cependant il n'en est pas ainsi, car il arrive souvent que le plus habile est fort embarrassé. *Il est plus d'un cultivateur*, dit avec raison M. le professeur Londet, *qui aurait 600 fr. de plus dans sa bourse, s'il avait mieux su comment un cheval doit être attaché à l'écurie pour ne pas se briser la jambe ; tel autre aurait un bœuf de plus, s'il avait su pratiquer la ponction du rumen* (1).

Nous envisagerons ces agents au double point de vue de contenir et de diriger les mouvements de l'animal, et au besoin de réprimer ses mauvais penchants ; ces moyens devront varier, indispensablement, selon les circonstances où sera placé le sujet sur lequel on agira.

Ainsi, à l'écurie, le cheval, l'âne et le mulet sont attachés tantôt avec une, tantôt avec deux longes, lesquelles sont faites de différentes matières, comme nous le dirons. D'une part, ces longes sont fixées à un licou ou à un collier que porte le cheval, de l'autre à la mangeoire, quelquefois au râtelier ; mais alors la longe est courte, et elle est dite *longe de jour*. Cette longe n'est pas employée sur le cheval de l'agriculteur : si on l'attache au râtelier, ce n'est qu'accidentellement, et encore est-ce avec la longe ordinaire.

Lorsque le cheval est en mouvement, qu'il soit tenu en main, monté isolément en accouple ou attelé, on se sert de la longe, des rênes, de la bride, des guides ou des cordeaux. Dans ces différentes circonstances, ces agents ont une double action, celle de contenir et de diriger.

(1) *Recueil encyclopédique d'agriculture*, 1ᵉʳ janvier 1851.

Sur le cheval entier, employé comme étalon, on se sert d'un instrument plus énergique, qui remplit, tout à la fois, la double fonction de contenir et de réprimer les mouvements désordonnés de l'étalon dans certaines circonstances, c'est le *caveçon*.

Au pâturage on emploie l'entrave faite en fer, en corde de chanvre ou de bois ; en Normandie, le piquet.

Nous allons examiner sommairement ces différents agents de contention sur le cheval d'abord, sur l'âne et le mulet ; ensuite sur l'espèce bovine.

§ II. AGENTS DE CONTENTION APPLIQUÉS AU CHEVAL QUI EST A L'ÉCURIE.

Le cheval de l'agriculteur, le cheval de gros trait enfin, ne peut rester, sans dangers, seul ou en compagnie à l'écurie sans y être solidement et convenablement attaché. Seul, il peut, en se roulant, endommager les harnais, dont on le laisse souvent revêtu entre deux attelées, et cela au détriment de sa santé. En compagnie de plusieurs autres, il y a péril pour celui qui n'est pas attaché, comme pour ceux qui le sont, à cause des rixes qui s'engagent les uns entre les autres.

1. *Du licou, du collier et de la longe.*

Nous avons dit que c'est au moyen d'une ou de deux longes, fixées à un licou ou à un collier, que l'on attache un cheval. La réunion de ces pièces forme un tout qui ne permet pas qu'une seule en soit retranchée, sans que l'action des autres reste sans effet.

Le licou est usité de préférence au collier, parce qu'il limite davantage les mouvements de l'animal. Il est fait de différentes matières : les uns sont en tissu de chanvre, dit *sangle* ; d'autres en chaînettes de fer ; le plus ordinairement il est en cuir, noir ou blanc ; ce dernier est dit *écru* ou de *Hongrie*. Il est plus solide, moins coûteux que le noir, et, conséquemment, préférable à tout autre.

Le licou de sangle est adopté lorsqu'on met un cheval en vente, parce qu'on livre le licou et la longe avec le cheval ; hors ce cas-là, on ne s'en sert pas à cause du peu de solidité qu'offre cet appareil.

Le licou en chaînettes de fer offre, en apparence, de la solidité et de l'économie ; cependant il n'en est pas ainsi : le moindre effort, lorsque l'étamage, dont les chaînettes sont ordinairement recouvertes, a disparu et a été remplacé par une couche de rouille, les fait rompre. C'est pour cela que nous ne conseillons pas ce licou.

Le licou en cuir écru bien choisi, quoique d'un prix plus élevé que celui des deux autres, mais moindre que celui du licou en cuir noir de Pont-Audemer, par exemple, est bien préférable, s'il est fait dans les conditions suivantes :

Toutes les pièces doivent en être fortes et être assemblées entre elles à l'aide de lanières de cuir, sans boucles ni anneaux de fer ou de cuivre, excepté, toutefois, celui auquel est fixée la longe, comme nous le dirons.

On peut assembler solidement entre elles les pièces du licou, au moyen de coutures faites avec des lanières de cuir mince préférablement à du fil de chanvre enduit de poix noire. Cette espèce de couture, qu'on désigne vulgairement sous le nom de *brédissure*, est solide; mais elle l'est moins que le bouton à rivure en fer ou en cuivre, qui permet entre les pièces assemblées un mouvement de glissement, qui amoindrit le tiraillement que chaque pièce supporte dans certains efforts que fait le cheval.

Le licou du cheval de l'agriculteur, comme toutes les pièces du harnachement, doit être solide, mais simple, pour qu'il puisse être réparé, au besoin, par le charretier ; ce qui aurait lieu difficilement, s'il avait des boucles en fer, qui nécessitent des coutures. Il n'en est pas de même des anneaux, qu'on assujettit sans couture et sans l'intervention d'un bourrelier.

Nous avons dit, en commençant, qu'on attache un cheval à l'écurie avec une ou deux longes ; ordinairement celui de l'agriculteur l'est avec une seule qui est fixée à l'anneau unique qui tient à la partie postérieure de la muserolle.

Disons un mot sur la confection des diverses espèces de longes.

Elles sont faites de différentes matières : tantôt de chanvre, d'autres fois de chanvre et de crin de cheval, tantôt c'est une chaine en fer ; le plus ordinairement la longe est faite en cuir écru.

Examinons séparément ces longes et la manière de les employer.

La longe de corde a 2 mètres de longueur ; elle est formée de quatre branches, dont chacune l'est, séparément, d'un nombre égal de branches de même matière.

La longe de chanvre et de crin a la même longueur que la précédente ; elle est faite de la même manière, et, comme elle, elle porte, à une de ses extrémités, une anse solide qui sert à la fixer à l'anneau du licou par un nœud coulant, et qui permet de l'ôter instantanément.

La longe en cuir est une lanière de 3 centimètres environ de largeur et de 2^m,30 de longueur, qui est fendue à une de ses extrémités, la plus large, pour recevoir l'anneau en fer, au moyen duquel on réunit la longe, sous forme d'un nœud coulant, à l'anneau du licou. Ce moyen d'union est à la fois le plus simple et le plus solide, puisqu'il permet de la séparer du licou, comme celle de corde, sans la couper, ce que font trop souvent les charretiers paresseux.

La longe de fer est peu usitée, si ce n'est le cas où le cheval coupe ou mange celle qui est faite en toute autre matière. Non-seulement elle présente peu de solidité, parce qu'il arrive souvent qu'un effort brusque la rompt, mais elle est peu facile à manier dans certaines circonstances, par exemple, dans l'accouple et dans l'attache au palonnier de la herse.

Quelle que soit la matière dont la longe est faite, il importe que celle-ci soit solidement et convenablement fixée au licou et à la mangeoire, afin que le cheval ne puisse pas se détacher volontairement, et puisse l'être promptement par le charretier, quand il y a urgence.

Pour remplir ce double but, la longe étant fixée, comme il a été dit, au licou, son extrémité inférieure devra être passée dans une boucle de fer à la face extérieure de la mangeoire, et ensuite dans l'ouverture du billot, qui est, comme on le sait, une pièce de bois ronde ou elliptique de 12 sur 8 centimètres de diamètre. L'extrémité libre sera ensuite nouée par un double tour croisé et passé autour des plis multipliés de l'extrémité excédante de la longe. Mais, avant de faire ce nœud, il faudra régler la portion qui devra être laissée entre le licou et le billot. Cette portion sera de 1 mètre environ de longueur, selon la hauteur de la mangeoire et la taille du cheval, de telle sorte que celui-ci puisse se coucher sans être tiraillé, et de même qu'il puisse atteindre librement le foin qui est déposé dans le râtelier. On aura soin d'observer que le billot soit assez lourd pour tenir la longe tendue vers le sol; sans cela, il serait sans effet.

Ordinairement les charretiers ôtent les harnais aux chevaux une fois rentrés à l'écurie, où ils les déposent, lorsqu'il n'y a pas un lieu spécial pour les recevoir en dehors de l'écurie, et où on puisse les faire sécher lorsqu'ils sont imprégnés de sueur ou de pluie.

Quel que soit le lieu où les harnais seront déposés, dehors ou dans l'écurie, les charretiers devront attacher les chevaux avant de les *dégarnir*, afin d'empêcher qu'ils ne se ruent les uns sur les autres et ne se battent.

Pour le même motif, les charretiers devront brider les chevaux avant de les détacher, et sous aucun prétexte ils ne devront les laisser en liberté, soit à la mangeoire, soit dans toute autre partie de l'écurie.

Afin d'éviter les accidents, les charretiers devront toujours sortir de l'écurie les chevaux étant accouplés. Pour cela, ils se serviront de la longe du cheval de cheville, qu'ils passeront dans l'anneau du bracelet du cheval de limon, et l'y assujettiront au moyen d'un nœud coulant en forme de boucle. Si les chevaux sont disposés pour un autre service, pour la charrue ou la herse, on passera la longe du cheval de droite dans l'anneau du trait de ce côté de l'autre cheval, et on l'assujettira de la manière qui est prescrite ci-dessus ; seulement on aura, dans les deux cas, l'attention de laisser assez de longueur à la longe pour permettre au cheval de droite, que le gauche soit tenu en main ou monté, de suivre celui-ci à distance convenable, afin d'empêcher qu'il ne lui donne des atteintes.

Nous ne parlerons pas des modifications qu'on a apportées au licou, afin de s'opposer à ce que certains chevaux qui *se délicotent* se détachent, en même temps qu'on a voulu échapper à l'obligation d'employer le collier, qui a pour effet fâcheux de déformer l'encolure. Nous nous bornerons à dire que l'agriculteur usant de moyens simples et économiques doit, dans le cas où le licou est impuissant, recourir à ceux qui sont à sa disposition ; or, comme le collier est un des premiers à s'offrir à sa pensée, c'est celui qu'il doit adopter de préférence, nonobstant les altérations que la crinière et l'encolure du cheval auront à éprouver.

2. *Du collier*.

Le collier est fait en cuir de même qualité que celui qu'on emploie pour le licou. Son étendue est proportionnée à la circonférence de l'extrémité antérieure de l'encolure ; sa largeur est de 4 à 5 centimètres. Il est fait ordinairement de deux épaisseurs de cuir cousues avec des lanières d'un cuir plus mince.

A une extrémité il porte une boucle en fer ou en laiton, qui reçoit l'autre extrémité, qui est percée de trous où on engage l'ardillon de la boucle. A quelque distance de celle-ci, est un passant dans lequel est reçue et assujettie l'extrémité libre du collier.

Indépendamment *de la boucle*, le collier porte un anneau en fer ou en laiton, auquel est fixée la longe de la même manière qu'elle l'est au licou ; celle-ci l'est ensuite à la mangeoire, ainsi qu'il a été dit précédemment.

§ III. AGENTS DE CONTENTION ET DE DIRECTION APPLIQUÉS AU CHEVAL QUI EST EN MARCHE OU EN MOUVEMENT.

Les moyens dont on dispose en pareil cas sont *la bride, les guides ou les cordeaux et la longe*.

1. *La bride* est formée de deux parties distinctes : *la monture*, qui entoure la tête ; le *mors*, qui est supporté par la première, et auquel s'adaptent les rênes, les guides ou les cordeaux, comme nous le dirons.

Sans entrer dans la description des parties qui constituent la monture de la bride, nous ferons remarquer que celle du cheval de limon est plus fortement établie, dans toutes ses parties, que ne l'est la bride du harnachement du cheval de charrue, de même que le mors du cheval de limon doit, dans certains cas, différer de celui-ci.

Ainsi le mors, qui doit être tout à la fois un instrument de gouverne et de contention, sera fait de manière à exercer ces deux actions. Elles le seront sûrement avec un canon cylindrique, une liberté de langue mesurée sur le volume de cet organe et avec des branches droites. « Si les branches formaient un bras de levier trop puissant, il pourrait devenir un instrument fatal entre les mains des charretiers qui ne sauraient en calculer les effets, et courraient les chances de briser les barres de leurs animaux dans les mouvements saccadés et brusques qu'ils impriment souvent à leurs guides. Le cheval de trait sera toujours bien embouché, lorsque les canons feront leur appui sur les barres sans remonter trop haut, sans descendre trop bas (1). » Le mors du cheval de cheville, même celui du cheval de volée pourra ne pas avoir de branches, si ce dernier obéit docilement à la voix de son conducteur et s'il est bien dressé. Il suffira que le mors de ce cheval porte un anneau en fer à chaque extrémité, lequel servira à la fixer à la bride, et en

____

(1) *Maison rustique du XIXe siècle*, tome II, page 135.

même temps de point d'appui aux rênes et aux guides.

2. *Les guides* sont en cuir ou en cordes de chanvre. Elles peuvent être simples ou doubles : simples, lorsqu'il n'y a qu'une seule branche fixée à chaque extrémité du mors; doubles, lorsque les branches ont une longueur égale, et que les deux s'adaptent, de chaque côté, à deux points différents du mors. Une de ces guides est dite de *sûreté*. Elles sont exclusivement réservées pour l'attelage d'un seul cheval en limon ou de deux en accouple.

Lorsqu'il y a plusieurs chevaux attelés à la file l'un de l'autre, on est dans l'usage de n'employer qu'une guide, qui est fixée à l'extrémité gauche du mors du dernier cheval, et qui reçoit autant de guides particulières qu'il y a de chevaux, indépendamment du limonier. Ainsi, si l'attelage est de cinq chevaux, la guide aura trois branches, qui viendront, après avoir été passées dans un anneau appendu à l'oreille de l'attelle du collier de chaque cheval, se joindre successivement à la tige principale qui est fixée à l'anneau de l'extrémité gauche du mors du cheval de volée, et de là se réuniront en commun à une autre tige qui est ajustée à demeure au mors du limonier.

Les guides en cordes, dites *cordeaux,* sont faites en chanvre de premier choix ; ordinairement l'attelage de l'agriculteur n'en a pas d'autres.

Celles en cuir sont formées de deux lanières de 3 centimètres de largeur.

Les premières s'adaptent au mors au moyen d'un nœud coulant qui est fait sur l'anneau ou sur la branche du mors.

Les guides en cuir portent, à chaque extrémité libre, une boucle munie de son ardillon et d'un passant, ou simplement un bouton en cuir monté sur une tige de même matière, qui est reçue dans une fente pratiquée à la guide, après que la tige et le bouton ont été passés dans l'anneau ou la branche du mors.

3. *Les rênes* sont formées de deux lanières de cuir de 3 à 4 centimètres de largeur ; elles sont fixées, par leur extrémité inférieure, aux anneaux du canon du mors, et, par la supérieure, entre elles, après avoir été passées dans un anneau qui est fixé au devant de la tête du collier. Les rênes ont pour destination spéciale de tenir relevée la tête du cheval.

Indépendamment des guides, certains charretiers se servent de la longe comme de celles-ci, lorsque le cheval doit être tenu en main : pour cela, ils passent la longe dans l'anneau de la branche du mors du côté gauche, qui est celui où ils se placent habituellement; ce qui leur permet, en tirant la longe, de maîtriser le cheval et d'en ralentir l'allure.

Ce moyen est défectueux en ce que le charretier est trop éloigné du cheval, ce qui s'oppose à ce qu'il puisse en diriger la marche et qu'il puisse empêcher que le véhicule ne se heurte contre un autre ou ne prenne une fausse voie. Il est préférable de saisir l'une ou les deux branches des guides près de leur union avec le mors. De cette manière, le charretier et le cheval ne font qu'un; la volonté de l'un est exécutée par l'autre, sans résistance.

Nous dirons, en terminant, que, hors les cas où on utilise la longe du cheval, un charretier prévoyant doit la tenir toujours attachée à l'oreille de l'attelle, ou la suspendre au licou après l'avoir pliée. Cette précaution doit être prise en vue d'éviter que le cheval ne marche dessus, la coupe, s'y laisse prendre et s'entrave.

§ IV. AGENTS DE CONTENTION APPLIQUÉS AU CHEVAL QUI EST AU PATURAGE.

On emploie, en pareil cas, plusieurs moyens,

dont un consiste à lier deux des membres du cheval. Pour cela, on se sert d'instruments de fer, de cordes de chanvre ou de bois qu'on nomme *entraves*.

Indépendamment des altérations que ces machines occasionnent aux membres du cheval, elles faussent ses allures en le forçant à marcher l'amble, ainsi que cela a lieu en Bretagne et dans quelques contrées de la Normandie.

Dans les départements du centre, on se sert d'entraves de fer ou de cordes, qu'on applique aux bipèdes antérieurs et qu'on fait reposer sur les paturons. Ces entraves ont pour effet fâcheux de rapprocher les membres antérieurs des postérieurs, et de faire que le cheval est *faussé dans ses aplombs*.

L'entrave en fer excorie la peau du paturon et souvent altère la couronne ; celle en cordes de chanvre produit le même effet, et en outre exerce une compression douloureuse lorsqu'elle est mouillée.

En Bretagne, *en Normandie*, généralement dans l'ouest, on se sert d'entraves avec des branches de chêne ou de châtaignier cordées et ployées en anneaux articulés entre eux, qu'on adapte au bipède antérieur droit et au bipède postérieur du même côté. Ces entraves ont pour effet, comme nous l'avons dit, de faire contracter au cheval l'allure de l'amble.

C'est à cause des désordres qu'occasionnent les entraves qu'on doit les repousser, et, sous aucun prétexte, les employer sur des chevaux, mules et mulets qui ont de la valeur. L'agent le plus judicieux est celui du piquet, qui est employé sur le cheval comme sur l'espèce bovine en Normandie, ainsi que nous le dirons (1).

§ V. AGENTS DE CONTENTION APPLIQUÉS A L'ÉTALON DANS LA MONTE EN MAIN.

Le *careçon* est l'instrument de contention le plus puissant qui soit usité dans cette circonstance. Sa confection et la manière dont il est uni aux montants de la bride en font la solidité d'une part, et de l'autre en assurent l'action.

Il est rare que l'agriculteur qui n'est pas éleveur de chevaux, ou qui n'a pas un étalon qu'il loue, emploie un agent de contention et de répression aussi puissant. Cependant, pour celui qui serait dans l'obligation d'en faire usage, par exemple dans le cas d'accouplement, nous reproduisons *le procédé de la monte en main*, extrait

(1) Voir chapitre IV. § V, 2°,

de la troisième édition du *Cours de multiplication des animaux domestiques* de Grognier, publié par M. le professeur Magne.

« *Voici la manœuvre* de la monte en main, telle qu'on la pratiquait à l'école vétérinaire de Lyon, quand elle avait un petit haras. Dans cette manœuvre sont exposés les moyens de contention appliqués à la jument et à l'étalon.

« On mettait sur le cou de la jument une bricole; on lui plaçait, aux paturons postérieurs, des entraves d'où partaient des longes qui, se croisant sous le ventre, venaient se fixer à deux anneaux dont la bricole était garnie.

« Ainsi garrottée et tenue en main, si la jument s'agitait trop, si elle cherchait à ruer, on lui mettait les morailles ou le torche-nez, et un homme lui tenait la tête haute.

« *On lui amenait* l'étalon, maîtrisé par un cave-çon ou un licou à deux longes, que deux hommes tenaient, l'un de chaque côté.

« L'étalon était-il fougueux, on lui mettait les lunettes.

« On l'approchait au petit pas de la jument, on l'empêchait de la monter avant qu'il fût bien en état; on lâchait alors la longe de chaque côté; un des aides dirigeait le membre dans la vulve,

» après avoir écarté la queue de la jument, un seul
» crin pouvant, en effet, suffire non-seulement
» pour gêner l'introduction, mais encore pour
» causer des blessures graves.

« *L'accouplement* étant effectué, on ôtait les lu-
» nettes et le torche-nez. On connaissait que l'acte
» était consommé à un frémissement de la queue
» du mâle et à son air d'abattement; on faisait
» alors avancer la jument d'un pas; l'étalon des-
» cendait tranquillement, et on le reconduisait à
» l'écurie.

« Dans quelques haras où la monte est en main,
on place la jument entre deux poteaux semblables à ceux des manéges; on l'y fixe, à la hauteur de la tête, par les longes de son licou. »

Tout ce qui a été dit sur les différents moyens
de contention appliqués au cheval de trait et à
l'étalon doit l'être à l'âne et au mulet placés dans
les mêmes conditions; nous ne poursuivrons donc
pas plus loin cette étude.

CHAPITRE III.

DU BOEUF DE TRAIT DIT AUSSI DE SERVICE.

Considérations générales.-- Manière d'aborder, en foire, une paire de bœufs. — Étude de l'âge à l'aide des dents incisives et des cornes frontales. — Examen du bœuf de trait au repos et en mouvement.

§ I. CONSIDÉRATIONS GÉNÉRALES.

On entend généralement par bœuf de trait le bœuf qui est âgé de trois à sept ans, celui qui a acquis assez de taille et de force pour pouvoir être attelé à la charrue ou à un véhicule quelconque.

Avant l'âge de trois ans, le bœuf rend peu de services ; ce n'est que de quatre à sept, quelquefois jusqu'à neuf, que ces services sont réels et productifs. Ces services seront d'autant meilleurs et de plus longue durée que le travail ne sera pas excessif, qu'il sera judicieusement réparti entre les repas et le temps du repos, que la conformation de l'animal sera meilleure (1).

(1) Le bœuf de travail doit avoir la tête moins légère que le bœuf d'engrais, les cornes un peu grosses et solidement atta-

Dans ce cas, non-seulement le travail sera fructueux pour le possesseur du bœuf, mais celui-ci remboursera toujours le capital engagé qu'il doit représenter à la première réquisition ; il arrivera même que ce remboursement se fera avec bénéfice.

Un bœuf peut donc être bœuf de trait aussi longtemps que ses forces et son organisme suffiront aux exigences d'un travail régulier.

Les services doivent être limités. — Cependant la prudence veut que la durée de ces services soit limitée, surtout quand l'engraissement doit succéder au travail ; alors l'engraissement se fera dans de meilleures conditions, en moins de temps et, par suite, à moins de frais.

Bœufs de nature et bœufs de haut cru. — Tous les bœufs n'ont pas la même aptitude au travail,

chées, le cou trapu, la charpente forte, le garrot élevé comme celui du cheval, les épaules aplaties, la poitrine profonde et s'élargissant vers le bas, la croupe peu charnue, les jarrets et les avant-bras larges, les jambes plates et les pieds durs. Il faut que sa taille soit un peu élevée, afin qu'il ait le pas plus long.

Un bœuf ainsi conformé traînera de plus lourds fardeaux qu'un cheval, et il sera dur à la fatigue. On pourra le faire travailler tous les jours, depuis l'âge de quatre à cinq ans jusqu'à dix, et même au delà, sans crainte de le lasser ou de le rendre malade.

(Cours d'agriculture théorique et pratique, par
Em. Jamet, page 307.)

parce qu'ils ne possèdent pas tous, au même degré, l'énergie et la force. C'est, sans doute, pour cela que Démarest père les a distingués *en bœufs de haut cru* et *en bœufs de nature*, pour différencier le bœuf né dans les pays montagneux de celui des vallées et des plaines, qui a plus d'aptitude à l'engraissement qu'au travail.

Cette classification est arbitraire et ne précise rien. En effet, quel bœuf est plus apte au travail que le salers, et quel autre donne, à l'abattoir, un meilleur rendement?

Le bœuf manceau, cotentin ou charolais n'est-il pas également bœuf de trait avant d'être bœuf d'engrais? Pourquoi le bœuf de Durham lui-même ne le serait-il pas? Le jour où on exigera de lui un travail modéré, soutenu par une alimentation convenable et régulière, proportionnée à l'importance et à la durée de ce travail, il prendra place, au joug, à côté du bœuf de Salers et du manceau.

Durée des services d'un bœuf de trait. — Nous avons dit, plus haut, qu'un bœuf pouvait travailler aussi longtemps que ses forces et son organisme suffisaient aux exigences d'un travail *régulier*; pour cela, il importe qu'il soit doué d'une bonne conformation, comme garantie d'une bonne santé et d'une longue existence.

Avant de décrire les épreuves et les maniements à l'aide desquels on reconnaîtra ces précieuses qualités, nous devons parler de certains
usages adoptés dans le commerce des bestiaux, et
de la manière d'exposer en vente, suivant l'âge
et la condition : le bœuf de trait et le bœuf de
boucherie, le bœuf de l'éleveur et le bœuf du
marchand. Ces usages ont toujours de l'importance aux yeux du vendeur ; c'est pourquoi l'a-
cheteur ne doit pas les ignorer.

1. *Foires et marchés.*

Généralement, c'est aux foires ou à certains
marchés désignés, à cet effet, dans les localités
qu'on vend le bétail de tout âge, mâle et femelle,
gras ou maigre. Cependant, dans certaines contrées, on vend le bétail à l'étable, ce qui est préféré assez généralement en Suisse. On le vend
aussi au poids de la pièce, en Normandie, par
exemple, où on marchande les génisses à 45 et
50 centimes le 1/2 kilogramme du poids vif.

Manière d'exposer les bœufs en foire. — On expose, en foire, le bétail de plusieurs manières.
L'éleveur ainsi que l'engraisseur présentent leurs
bœufs réunis par *couple* ou *paire,* à l'aide d'un
joug, ou d'une barre de bois de 1^m,30 de lon-

gueur, percée de trous où passent les lanières de cuir ou les cordes de chanvre qui servent à fixer le joug ou la barre sur la tête du bœuf.

Ce moyen de contention est, sans contredit, le plus efficace pour maîtriser le bœuf ardent ou celui qui a eu un long repos à l'étable ; mais il a pour effet de fatiguer considérablement l'animal. C'est pourquoi le marchand qui a une bande de bœufs à conduire à la foire ne se sert pas du joug ; il n'emploie pas les mêmes moyens. En voyage, il laisse marcher ses bœufs en liberté ; en foire, il les réunit par *couple* ou *paire,* au moyen d'une corde de 2 à 3 mètres de longueur, qu'il passe autour du cou de chaque bœuf, et qu'il croise ensuite entre les deux avant de la nouer.

Les couples étant faites, les bœufs bien ou mal appareillés suivant la taille, rarement selon l'âge et la force, sont placés le long d'une muraille, si cela se peut, ayant la tête tournée de ce côté, ce qui fait qu'il n'y a que la partie postérieure du corps, la croupe seule qui puisse être abordée.

Bœufs de bande. — D'autres fois, sans être réunis par un double collier de corde, les bœufs du marchand sont attachés à une autre forte corde tendue et fixée, par ses extrémités, à deux pieux enfoncés solidement en terre. Ordinairement ces bœufs sont ainsi placés dans un lieu isolé, ce qui fait qu'ils sont accessibles de tous les côtés, et qu'ils peuvent être visités dans toutes les parties commodément et sûrement. Ces bœufs sont dits *bœufs de marchands*, *bœufs de bandes*. On dit encore, pour désigner des bœufs qui sont attachés de la sorte, une *cordelée de bœufs*.

Maintenant, disons comment on abordera une paire de bœufs que l'on veut examiner, quelle qu'en soit la *qualité*, comme disent les marchands, quelle que soit la place qu'elle occupe sur le champ de foire ou sur le marché.

§ II. MANIÈRE D'ABORDER UNE PAIRE DE BOEUFS.

Nous ferons remarquer, comme condition de succès, que, à la manière dont l'acheteur se présentera, le marchand habile dans son métier verra bientôt à qui il a affaire, si c'est à un maître ou à un apprenti, s'il doit abaisser ou élever ses prétentions ; c'est pour cela qu'il faut agir avec confiance, mais avec circonspection en même temps.

Avant tout examen manuel, il en est un préalable qui sollicite, qui presse l'acheteur ou qui l'éloigne ; c'est cet examen, que nous appellerons examen d'ensemble, qu'il ne faut pas oublier.

A cet effet, on se placera, autant que la position des bœufs le permettra, de manière à pouvoir embrasser d'un coup d'œil la couple dans son *ensemble*.

De l'appareillage. — Dans cette revue, la première impression qui se produit porte surtout sur l'appareillage, sur la taille, l'ampleur du corps et la direction des cornes, direction qui, comme nous le dirons plus tard, influe sur la valeur du bœuf qui doit être attelé au joug.

Qui dit appareillage dit parité de taille, de volume du corps, de couleur de la robe, dit surtout parité d'âge et de force entre les deux bœufs accouplés, conditions indispensables sans lesquelles la beauté, la bonté du service et sa durée, la santé et la conservation de l'attelage ne sauraient exister.

En effet, comment *un bœuf plus jeune* que son compagnon d'attelage, ayant moins de taille, un corps moins ample, des membres nécessairement moins robustes, prétendrait-il rendre d'aussi bons services, avoir, en travaillant, une aussi bonne santé, autant d'embonpoint et fournir une aussi longue carrière? Cela n'est pas supposable, parce que rien ne peut le justifier.

Il y a plus encore : le bœuf le plus jeune d'une couple eût-il autant de taille, fût-il, en apparence, aussi fort que son *consort*, l'appareillage serait incomplet, parce que le bœuf plus âgé sera plus *fait* au travail, en supportera mieux la fatigue et, par cette raison, maîtrisera son compagnon, dont il arrêtera l'accroissement.

L'appareillage en taille et en force est difficile. — Il est difficile d'appareiller deux bœufs en taille et en force, à moins d'en essayer un grand nombre, ce qui serait très-dispendieux pour celui qui n'a besoin que d'une ou de deux paires ; mais cela est praticable pour le marchand qui dispose d'un grand nombre d'animaux de la même race.

L'appareillage par la couleur de la robe a encore sa valeur, valeur qu'il ne faut pas exagérer, mais aussi qu'il ne faut pas dédaigner. Chaque pays d'élevage affectionne un pelage à l'exclusion de tout autre, qui rappelle des qualités vraies ou imaginaires, qui reproduit des caractères typiques. Ainsi, pour l'éleveur du Cantal, le bœuf de Salers ne serait pas de pure race, s'il portait une petite tache blanche sur sa robe rouge.

Le bœuf charolais serait considéré comme le

produit d'une mésalliance, si sa robe blanche, au fond rosé tendre ou blanc mat, était légèrement nuancée d'une autre teinte ou maculée dans les parties dénudées de poils.

Le bœuf des montagnes du Mézin, du Forez ou du Morvan, qui échangerait sa robe pie rouge à manteau blanc contre le pic noir ou la robe unicolore, quelle qu'en fût la teinte, n'appartiendrait plus à la race de ces contrées.

La robe peut être, comme on le voit, l'expression typique d'une race, elle peut même révéler à l'œil des vices ou des qualités; mais seul, l'œil le plus exercé reste impuissant dans certains cas. Ainsi, comment reconnaitra-t-on, sans le concours du toucher, organe spécial du maniement, si le poil de telle robe est fin ou grossier, si la peau est fine ou épaisse?

Le maniement sera donc l'épreuve obligée, nécessaire, décisive, qui viendra confirmer toutes les autres, et sera exercé diversement selon les circonstances. Par exemple, le bœuf de trait devra être abordé et *manié* tout autrement que le bœuf de boucherie: dans l'un, le maniement constatera l'âge, les conditions présentes de l'organisme, l'aptitude au travail et plus tard à l'engraissement; dans l'autre, le maniement révélera

un fait acquis, l'engraissement à un degré plus
ou moins développé.

MANIÈRE D'EXERCER LE MANIEMENT DU BOEUF
DE TRAIT. — Le maniement du bœuf de trait est
ordinairement exercé ainsi :

La première pensée qui saisit celui qui aborde
une paire de bœufs est de pincer la peau de la
poitrine, pour en reconnaître *l'état*. Cette épreuve
est incomplète, elle ne donne qu'une idée imparfaite de ce qu'on veut savoir, indépendamment de
ce qu'on s'expose à recevoir un coup de pied du
bœuf qui est *pincé* sans avoir été prévenu.

Précautions préalables à prendre. — L'explorateur devra donc, avant de procéder de la sorte,
se placer à la hauteur de l'épaule droite, s'il
opère sur le bœuf qui est à droite sous le joug,
et promener la face palmaire de la main correspondante, sur toute la surface du garrot, du dos,
de l'épaule, de la poitrine, des lombes, des hanches et de la croupe ; il pourra, de cette manière,
apprécier le véritable état du poil et de la peau.
Ce maniement a encore pour effet de donner de
la confiance à l'animal, en produisant une sensation agréable sur tout le corps.

Avec le pouce et l'indicateur. — Dans cette position, l'explorateur saisira avec le pouce et l'in-

dicateur de la main droite la peau de la région de la poitrine qui correspond au maniement du *contre-cœur*, en arrière du bord postérieur du scapulum; il l'isolera en la tirant doucement à lui, il la pressera en la faisant glisser entre les doigts, sans causer, autant qu'il pourra, de la douleur à l'animal.

Répéter le maniement. — Il répétera le maniement de la même manière, avec la même main, sur d'autres points de la poitrine qui sont à sa portée, principalement au bord antérieur du scapulum, où elle est plus mince que partout ailleurs. Mais il se servira de la main gauche pour pincer la peau de la côte qui avoisine le flanc, ce qu'il ne pourrait faire avec la droite sans être obligé de prendre une posture gênée et incommode, et s'exposer, peut-être, à recevoir un coup de pied du bœuf en se rapprochant trop de lui.

Le bœuf qui est bien portant, qui est en chair, *a un poil vif et luisant*, une peau souple qui se laisse aisément détacher des tissus sous-jacents; *il a de la main*. Il n'en est pas ainsi du bœuf maigre ou qui est malade; le poil est terne, la peau est sèche *et attachée aux os*, comme on le dit vulgairement.

Maniement exercé sur le bœuf maigre. — Dans cette condition du bœuf, le maniement ne peut être pratiqué de la même manière, parce qu'il donnerait des résultats inexacts. En effet, comment apprécier l'épaisseur de la peau qui ne peut être isolée et qui ne serait pincée que sur une petite surface à l'aide de deux doigts? Il faut donc recourir à un autre procédé.

Autre maniement. — Cet autre maniement consiste à saisir, avec la face palmaire et les quatre doigts réunis de la main gauche, la peau qui recouvre les côtes, la côte asternale surtout, parce que là la peau est moins adhérente qu'ailleurs. La peau ainsi saisie est plissée et pressée sur elle-même, de manière à pouvoir en apprécier l'épaisseur et l'élasticité.

Sur d'autres surfaces. — Il est rare que l'on exerce ce maniement sur d'autres surfaces, si les résultats obtenus confirment ceux que présente l'aspect extérieur de l'animal. On s'en tiendra donc à ce maniement unique, qui suffira en pareil cas.

Examen des cornes. — Cet examen achevé, on passera à celui des cornes, dont l'implantation et la direction appellent une sérieuse attention de la part de celui qui fait travailler ses bœufs au joug.

Comme toutes les races de l'espèce bovine n'ont pas les cornes d'égale longueur, de même aussi elles ne les ont pas implantées de la même manière; d'où il résulte nécessairement des difficultés et souvent des empêchements insurmontables pour l'attelage au joug.

Bœuf bien corné. — On dit qu'un bœuf est bien corné quand il a des cornes longues, grosses et bien étalées; mais on ne dit pas tout, on oublie l'essentiel, on ne tient pas compte de l'implantation des cornes au crâne et de la direction qu'elles prennent en s'en éloignant.

Cornes bien faites. — On devrait dire qu'un bœuf a des cornes bien faites, quand l'implantation en est horizontale sans déviation aucune, que l'extrémité libre se contourne régulièrement d'arrière en avant et de bas en haut.

Cette disposition sera d'autant plus parfaite que l'horizontalité des deux cylindres cornés sera plus uniforme, ce qui fera que l'union au joug en sera plus intime et offrira une plus grande solidité aux liens.

L'âge change la direction des cornes. — Les cornes frontales de toutes les races de l'espèce bovine se déforment avec l'âge, et perdent la régularité qu'elles avaient dans la jeunesse. Ces changements sont surtout plus sensibles dans les races du Bocage de la Vendée, du Morbihan à robe pie noir, dont les cornes, très-longues, très-grosses, sont ordinairement implantées au sommet de la tête, sont divergentes, à partir de la base à l'extrémité libre, et souvent sont inclinées d'avant en arrière.

Les races suisses. — On remarque les mêmes résultats sur les bœufs de plusieurs races de la Suisse, qui ont les cornes courtes, implantées obliquement en bas, et dirigées souvent d'avant en arrière. Ces bœufs sont dits *mal cornés* et pour ce motif sont dédaignés par le cultivateur qui attelle ses bœufs au joug.

Incurvation d'arrière en avant. — Il y a encore l'incurvation des cornes d'arrière en avant qui s'accroît avec l'âge, incurvation qui fait que souvent l'extrémité d'une corne seule porte sur le bout du timon, s'oppose à ce que le bœuf soit solidement fixé au joug, et par conséquent exposé à avoir la corne luxée, comme on le voit arriver fréquemment dans un cahot de la voiture. Pour remédier à cette disposition vicieuse de la corne, on est obligé d'en rogner l'extrémité.

Cette incurvation des cornes en *croissant* se fait remarquer particulièrement dans les races age-

naise et *garonnaise ;* elle est une des imperfections qu'il importe le plus de corriger (1).

Désunion de la corne. — Après avoir signalé les vices de conformation et de direction des cornes du bœuf de trait, vices qui le déprécient, nous devons appeler l'attention de l'agriculteur sur une altération qui peut passer inaperçue et contre laquelle, généralement, on ne cherche pas à se prémunir (2). Cette altération résulte de la désunion de la substance cornée d'avec le tissu cellulo-vasculaire qui la fait adhérer au pivot osseux qui lui sert de support, sans pour cela qu'il y ait déchirure de la peau à la base de la corne. Cette circonstance en impose nécessairement à l'œil, si on n'a pas recours à une exploration spéciale, qui est d'autant plus indispensable qu'au bout de quinze à vingt jours le bœuf peut être mis au joug, sans, toutefois, pouvoir travailler. Voici de quelle manière on devra explorer les cornes frontales des

(1) Les éleveurs de la Vendée et de la Loire-Inférieure corrigent ces vices de direction des cornes au moyen d'une armature en fer appliquée aux cornes. (Voir planche 2, fig. 5.)

(2) Cette affection, que Lafore met au nombre de celles du système capillaire sous-corné, affection qu'il désigne sous le nom *d'étonnement de la corne,* est ainsi qualifiée par analogie *avec l'étonnement du sabot du cheval, qui est dû à une affection des ramifications vasculaires qui existent entre la gaine cornée et l'apophyse frontale. Cette affection,* ajoute Lafore, *qui détermine*

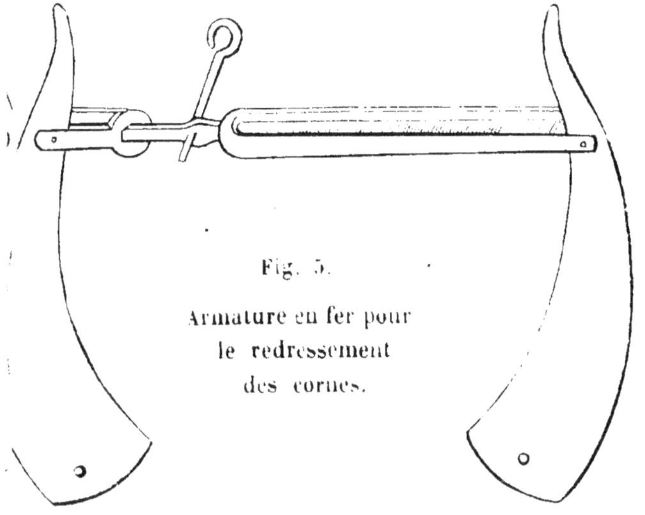

Fig. 5.

Armature en fer pour
le redressement
des cornes.

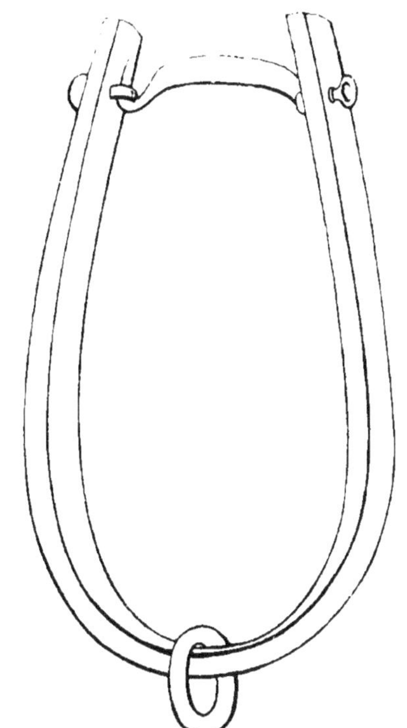

Fig. 6.

Collier

bœufs que l'on veut acheter, alors même qu'ils sont présentés en foire sous le joug.

L'explorateur se placera en face du bœuf, dont il veut visiter les cornes ; il les saisira avec les deux mains, et les secouera alternativement et rapidement. Si les mains ne signalent pas un ballottement de l'une ou l'autre corne, si l'animal ne manifeste pas de la douleur et de la répugnance à laisser répéter l'épreuve, on pourra supposer que les cornes n'ont souffert aucune atteinte.

Pour agir efficacement, il faudra nécessairement délier les bœufs, parce qu'on devra recourir à une épreuve plus concluante que celle-ci, laquelle consiste à percuter les cornes l'une après l'autre, en commençant à la pointe et en avançant vers la base. Cette percussion se fera à l'aide d'un morceau de fer ou d'une clef. Là où l'adhérence de la substance cornée ne serait pas intime

le plus souvent la chute de la gaine cornée, laissant le cornillon à nu, consiste en un véritable état apoplectique du tissu cellulo-vasculaire sous-corné. Nous n'avons jamais vu que cet état apoplectique ait précédé le décollement de la corne ; nous l'avons toujours vu être causé par le choc d'un corps dur. Chez la vache, le décollement de la substance cornée est plus fréquent que chez le bœuf, et presque toujours la chute en est la suite. Nous avons été en position d'observer ce décollement sur deux bœufs, par suite de chocs violents : la consolidation s'en fit au bout de six semaines ; quinze jours plus tard, l'un d'eux travaillait au joug.

ou ne s'étendrait pas à toute l'étendue de sa surface, un son particulier, semblable à celui que rend un corps creux, accuserait cette désagrégation. Dans le cas, au contraire, où l'union entre l'enveloppe cornée et le tissu cellulo-vasculaire serait complète, la sonorité produite par le choc serait nette et toute différente de la première.

L'insistance que nous mettons à ce que cette exploration soit faite avec soin est d'autant mieux fondée, qu'il arrive souvent que l'adhérence entre les surfaces est partielle, partant sans solidité. Dans ce cas, la portion de corne restée isolée n'offre au joug qu'un faible point d'appui, toujours prêt à céder au moindre choc.

Pour peu que cette épreuve laisse du doute dans l'esprit, on devra refuser un tel bœuf, à moins qu'on ne veuille se servir d'un collier à la place du joug.

Opportunité du collier. — Nous ne discuterons pas ici l'opportunité de l'emploi du collier considérée à ce point de vue économique, nous nous écarterions du plan que nous nous sommes tracé; cependant nous signalerons une erreur généralement répandue parmi ceux qui font travailler les bœufs au joug. Ils croient que le bœuf a toute sa force dans la tête, et que cette force est d'autant plus grande que les cornes sont plus grosses et plus longues. Cette idée fausse exclut d'un service actif beaucoup de bœufs jeunes qui ont les cornes courtes et fines, qui néanmoins ne manquent pas de force et d'énergie, et qui, étant attelés au collier, rendraient longtemps d'excellents services.

Les épreuves auxquelles sont soumises les cornes frontales nous amènent à parler des recherches, dont la peau du crâne qui touche de près aux cornes doit être également l'objet.

Lésions de la peau. — Il arrive fréquemment que la peau qui est unie à la couronne de la corne et qui la régénère est excoriée par la pression du joug par suite d'un travail prolongé, ce qui cause de la douleur au bœuf et le condamne à un repos plus ou moins long.

D'autres lésions de la peau résultent également de la pression du joug sur la nuque; cette altération de la peau prend l'aspect d'une tumeur qui a de l'analogie avec celle qui affecte cette région du cheval, tumeur dite *mal de taupe*. D'autres fois la peau n'offre que de l'induration sans excoriation.

Motifs qui obligent d'ôter le joug. — Il sera donc prudent d'agir pour les bœufs présentés en foire sous le joug, comme nous l'avons prescrit pour le cheval qui est revêtu de ses harnais ; on devra enlever le joug des bœufs, afin de s'assurer qu'il ne cache pas des tares.

Après avoir épuisé cette série de maniements, l'explorateur devra immédiatement constater l'âge, qui doit être pour lui le sujet d'une sérieuse attention.

§ III. ÉTUDE DE L'AGE A L'INSPECTION DES DENTS.

Étude de l'âge à l'inspection des dents. — Avant de passer à cette épreuve, nous dirons un mot sur l'organisme de l'appareil dentaire du bœuf, si différent de celui du cheval, dans lequel, néanmoins, nous devons trouver des renseignements précis.

L'appareil dentaire du bœuf se compose, comme celui de tous les ruminants, de deux sortes de dents, *les incisives* et *les molaires*. Leur nombre varie de trente-deux à trente-six, parce qu'on rencontre souvent quatre molaires supplémentaires.

Les incisives seules sont consultées. — *Les incisives*, au nombre de huit, les seules que l'on consulte pour l'appréciation de l'âge d'une bête, sont disposées sur une ligne demi-circulaire qui forme l'arcade dentaire du maxillaire postérieur ; elles sont remplacées à la mâchoire antérieure par un bourrelet *fibro-cartilagineux*.

Les deux mâchoires, l'antérieure et la postérieure, sont dépourvues de crochets.

On subdivise les incisives en pinces, en *premières* et *deuxièmes mitoyennes* et en *coins*.

Chaque espèce est disposée par *paire*.

Les *pinces* occupent le centre de l'arc dentaire. Les *premières mitoyennes* viennent ensuite, une de chaque côté des pinces; après les premières mitoyennes, les deuxièmes dans le même ordre; enfin *les coins* ferment le demi-cercle incisif.

En quoi l'appareil dentaire du bœuf diffère de celui du cheval. — Ainsi qu'on vient de le voir, l'appareil dentaire du bœuf diffère, par le nombre, de celui du cheval. Voyons en quoi il en diffère encore par la forme et la longueur des pièces qui le composent.

Les incisives du bœuf, comme celles du cheval, présentent deux parties : l'une, qui est apparente, forme le corps de la dent; l'autre, qui est logée dans l'alvéole, qui n'est pas apparente, est la racine.

La partie libre, ou le corps de la dent, a été comparée à une palette aplatie d'avant en arrière, plus large près du bord tranchant qu'au collet, et incurvée de dedans en dehors. Le corps des incisives présente trois surfaces qui appellent l'attention :

1° L'une, qui est le bord *tranchant* ;

2° La seconde, qui forme la face antérieure de la dent ;

3° La troisième, qui forme la postérieure ou *l'avale*, dite encore *le biseau*.

Le bord tranchant est la partie qui s'use. — Le bord *tranchant* de la dent en est aussi le sommet ; il en est aussi la portion qui s'use la première, à cause de son usage, qui est de trancher l'herbe.

La face antérieure, qui est blanche, légèrement striée transversalement, au lieu d'être cannelée selon sa longueur comme la dent du cheval, est convexe transversalement.

La face postérieure ou *l'avale*, qu'on a improprement comparée au *cornet dentaire extérieur* du cheval, est taillée en biseau d'avant en arrière et de haut en bas. Cette surface présente, dans son étendue, deux excavations résultant d'une éminence centrale qui les sépare. Cette surface forme, en quelque sorte, la table dentaire des incisives du bœuf, dont l'usure et l'aplanissement, ainsi que celui du bord tranchant, constituent *le rasement*, dont nous parlerons.

La racine, partie des dents incisives qui n'est pas apparente, est cylindroïde et creuse. Moins longue que celle de la dent du cheval, elle est également moins solidement assujettie dans l'alvéole. Comme elle un jour, elle apparaîtra à l'extérieur; comme elle aussi, elle marquera les progrès de l'âge.

On peut diviser en *deux époques* parfaitement distinctes l'étude de l'âge du bœuf.

La première comprend l'intervalle qui s'étend de la naissance du veau à la chute des *dents de lait*.

La deuxième s'annonce par la disparition successive des *dents caduques* et par leur remplacement, selon l'ordre de leur sortie, par d'autres dents dites *persistantes* parce que celles-ci doivent exister aussi longtemps que le sujet.

La première *époque* présente deux *périodes*.

Première période. Elle embrasse les six premiers mois qui suivent la naissance. Elle est caractérisée par le développement complet des incisives. Durant cette période ces dents conservent leur fraîcheur, et ne subissent aucune altération.

Deuxième période. Elle commence à six mois et finit à dix-huit. Elle est caractérisée par le rasement successif des *quatre paires d'incisives* dans l'ordre où elles sont sorties.

A dix mois, les *pinces* sont rasées ;

A douze mois, les premières *mitoyennes* ;

A quinze mois, les deuxièmes *mitoyennes* ;

A dix-huit mois, les *coins*.

Cette usure est assez régulière sur les jeunes bêtes élevées à l'étable ; mais il n'en est pas de même sur celles qui pâturent ; il arrive même que toutes les incisives sont usées jusqu'au collet, quand se fait leur remplacement.

Rigot, Girard père et fils ont commis une erreur, quand ils ont dit que, du vingtième au vingt-cinquième jour après le part à terme, le veau achevait de mettre les dents de lait. Pétry de Liége est dans le vrai ; le veau qui naît à terme porte toutes les incisives (1).

(1) Voici ce qui se passe et ce que nous avons observé sur un grand nombre de sujets de races diverses, françaises et étrangères :

1° Sur un veau de la race de Durham, né avant terme, le deux cent douzième jour de la gestation, les *deux pinces* étaient sorties ; les *premières mitoyennes* étaient sur le point de sortir également.

2° Sur un autre veau de même race, né le deux cent trentième jour, les *pinces* et les *premières mitoyennes* étaient sorties. Les *deuxièmes mitoyennes* étaient prêtes à apparaître. Le premier veau pesait 7k,500 ; le deuxième, 9 kilogrammes.

3° Des veaux de races françaises, de 14 à 16 kilogrammes, dont

La *deuxième époque* qui succède immédiatement à la première peut être divisée en *trois périodes*.

Première période. Elle commence à dix-huit mois et finit à cinq ans.

1° Apparition des pinces de remplacement de dix-huit mois à deux ans. On dit alors que l'animal a mis deux *pelles*. La protusion s'en fait d'une manière irrégulière, en se chevauchant ; mais elles finissent par se placer régulièrement.

2° Sortie des premières mitoyennes de deux ans et demi à trois ans.

3° Sortie des deuxièmes mitoyennes de trois à quatre ans.

4° Enfin sortie des coins de quatre à cinq ans.

On dit alors que l'animal *a tout mis*, *qu'il a monté toutes ses dents*.

Règle générale : entre la chute de la dent de lait et la sortie de la dent de remplacement il y a six mois d'intervalle, et, de ce terme au dé-

un né le deux cent quarantième jour et l'autre le deux cent quarante-septième jour de la gestation, *portaient six incisives ;* les coins étaient prêts à paraître. Celui qui était né le deux cent quarante-sixième jour en portait huit, vingt-quatre jours après sa naissance, époque qui correspondait au terme normal de la gestation. Alors le veau pesait 32 kilogrammes.

4° Un veau né le deux cent trente-septième jour, pesant 14 kilogrammes, peut vivre, s'il est allaité par la mère et tenu chaudement les premiers jours qui suivent la naissance.

veloppement complet de celle-ci, six autres mois; ensemble douze mois.

Deuxième période. Cette période est caractérisée par l'usure successive des incisives persistantes, à partir des pinces jusqu'aux coins. Cette usure commence à cinq ans et finit à neuf; ainsi il y aura :

1° Rasement des pinces à *six ans ;* alors la bouche est *au rond*, parce que toutes *les incisives* ont la même longueur.

2° Rasement des premières *mitoyennes* à *sept ans;* les pinces plus courtes que celles-ci de 2 millimètres.

3° Rasement des deuxièmes *mitoyennes* à *huit ans;* premières mitoyennes plus basses de 1 millimètre.

4° Rasement *des coins à neuf ans*, précédé, assez ordinairement, chez les bêtes qui ne pâturent pas, de l'usure, en gouttière, de l'avale des pinces et des mitoyennes, moulée sur le bourrelet de la mâchoire antérieure.

Troisième période. Cette dernière période, qui commence à dix ans et finit avec la vie, est caractérisée par la déformation des incisives et l'apparition de l'étoile dentaire. Elle s'annonce ainsi :

1° A dix ans, rasement complet de l'arcade

incisive, forme carrée de l'étoile dentaire entourée d'une bordure blanche.

2° De onze à douze ans, l'étoile dentaire règne sur toutes les incisives qui sont plus éloignées entre elles.

3° De douze à quatorze ans, l'étoile dentaire devient ronde.

4° De quatorze à dix-sept ans, la table dentaire se rapproche de la forme triangulaire. Mais, dans les bêtes qui pâturent sur des terrains pierreux ou couverts de bruyères, la déformation est plus prononcée, la table dentaire est arrondie, les incisives ne présentent qu'une série de chevilles osseuses placées à distance sur une ligne demi-circulaire.

Toutes les différences qu'on remarque dans l'usure de l'arcade incisive ne sont pas toujours dues aux causes énoncées; elles proviennent quelquefois de la conformation des mâchoires et, par conséquent, de la manière dont elles sont en rapport entre elles. Ainsi, lorsque l'inférieure est plus longue que la supérieure, l'arcade incisive fait saillie en dehors; dans ce cas, le bourrelet porte en arrière des incisives, qui s'usent plutôt dans cette partie, tandis que le bord tranchant reste presque intact.

Le contraire arrive, lorsque l'implantation des incisives dans l'arcade alvéolaire se rapproche de la ligne perpendiculaire, ou lorsque le maxillaire antérieur est plus long que le postérieur; dans ce cas, c'est le bord libre qui frotte et qui s'use le premier.

L'usure de l'arcade incisive se fait obliquement, en commençant par un des coins et la deuxième mitoyenne, lorsque, par l'absence de plusieurs molaires d'une arcade dentaire d'un maxillaire, les deux mâchoires sont entre elles irrégulièrement en contact.

Dans ce cas encore, comme dans le premier, le bord tranchant d'une partie des incisives reste intact, ce qui fait naître du doute dans l'esprit de l'explorateur sur l'âge réel de la bête.

Avant de clore ce sujet, nous devons faire remarquer que le remplacement des incisives caduques n'a pas toujours lieu au même âge dans toutes les races de l'espèce bovine ; il se fait plutôt chez celles qui sont précoces : ainsi la race de Durham, qui jouit de cette faculté au plus haut degré, change ses dents de lait longtemps avant toutes les autres. On a pu juger, par les deux faits cités à l'occasion des veaux de deux cent douze et deux cent trente jours de

conception qui portaient les pinces, de la pré-
cocité de cette race. Nous pourrions en citer
beaucoup d'autres qui n'ajouteraient rien à ce
fait acquis aujourd'hui à la science. En voici un
qui est peut-être peu connu, quoique très-re-
marquable et qu'il soit inséré dans le recueil de
médecine vétérinaire du mois de novembre 1846;
il est relaté dans la lettre que le secrétaire de la
Société d'agriculture de Saint-Omer écrivait à
M. Renaud, directeur de l'école impériale vétérinaire d'Alfort.

Saint-Omer, 25 août 1846.

« Monsieur le directeur,

« Un taureau de race de Durham, du nom
« d'Antinoüs, acheté le 15 avril 1846, à la va-
« cherie du Pin, pour le compte du département
« du Pas-de-Calais, par les soins de M. Léon
« d'Herlincourt, membre du conseil général, fut
« dirigé d'Arras sur Saint-Omer, dans les pre-
« miers jours de juin pour y être vendu aux en-
« chères publiques.

« Le 6 dudit mois, en effet, l'animal fut mis
« en adjudication, dans la cour de la sous-pré-
« fecture, en présence d'un grand nombre de cul-
« tivateurs qui s'empressèrent de rendre justice
« à ses belles formes, à la convenance de sa robe

12

« baie (nuance recherchée par les éleveurs du
« pays), mais qui refusèrent tous de s'en rendre
« adjudicataires, attendu qu'Antinoüs, indiqué
« dans le cahier des charges comme n'ayant *que*
« *deux ans*, en montrait, au contraire, *quatre et*
« *au delà par l'inspection de ses dents.*

« Plusieurs vétérinaires, anciens élèves d'Al-
« fort, vinrent corroborer cette opinion, en dé-
« clarant que le taureau *avait toutes ses dents d'a-*
« *dulte ou de remplacement.* »

*On évitera toute erreur, toute méprise en tenant
compte des circonstances dans lesquelles a vécu l'a-
nimal.* Au besoin, on aura recours à un auxiliaire
assez puissant, que procure l'inspection des cornes
frontales, par les transformations qu'elles éprouvent à différentes époques de la vie du sujet.

*Maniement usité pour visiter la bouche d'un
bœuf.* — Mais, auparavant, nous devons dire de
quelle manière on visitera la bouche d'un bœuf
ou d'une vache pour en connaître l'âge, ce qui
constitue un véritable maniement. Ce maniement
sera exécuté ainsi :

L'explorateur devra se placer au côté de l'animal à sa convenance, ce qui lui permettra de saisir commodément la cloison nasale. Si c'est à
droite qu'il se place, il se servira de la main

droite, la gauche restant appuyée sur la corne
droite pour contenir l'animal, et réciproquement.
Il introduira donc le pouce et deux autres doigts
de la main qui est libre, dans les naseaux du
bœuf, en saisira la cloison, et par ce moyen élè-
vera assez haut l'extrémité des mâchoires, pour
pouvoir prendre, sans être gêné, avec l'autre
main qui devient disponible, l'extrémité du maxillaire inférieur. En même temps il engagera entre
les lèvres, à droite, l'extrémité du pouce, du côté
opposé les quatre autres doigts, et par une pression soutenue de haut en bas il contraindra la
bête à ouvrir la bouche ; par ce moyen, l'arcade
incisive sera mise à nu.

Le même procédé devra être employé dans le
cas où l'on aurait à visiter l'intérieur de la bouche.

Ce maniement n'est pas difficile, il exige plus
d'adresse que de force ; cependant il est des cas
où un homme seul est impuissant à saisir les
naseaux et à contenir le bœuf qui est sous le
joug, pour peu que celui-ci fasse de la résistance pour échapper à la main qui le poursuit.
Pour s'y soustraire, il abaisse la tête jusqu'à terre,
en obligeant son compagnon à en faire autant ;
ce qui ajoute un nouvel obstacle à surmonter. Un
aide, dans ce cas, est indispensable.

Intervention d'un aide. — Pour que ce concours soit efficace, l'aide devra se placer entre les deux bœufs, de manière à agir avec les deux mains appuyées sur la pièce de fer ou de bois qui surmonte le corps du *joug de Bretagne,* comme le ferait un puissant levier qui opérerait un mouvement de bascule de haut en bas, et obligerait la couple à lever la tête. Rendus plus accessibles, les naseaux seront saisis facilement. En Auvergne, c'est un bâton que l'on passe dans l'armature en fer qui sert à fixer le joug au timon du char.

On se dispensera de recourir à ces expédients en prenant, avec un bâton ou tout autre instrument, de la bouse un peu liquide qu'on déposera sur le mufle du bœuf. La présence de cette matière, par le dégoût qu'elle lui cause, l'obligera à relever la lèvre supérieure, à ouvrir la bouche et à mettre à nu l'arcade dentaire.

§ IV. ÉTUDE DE L'AGE A L'AIDE DES CORNES FRONTALES.

Nous avons dit qu'on pouvait trouver dans les cornes frontales un auxiliaire qui facilitait l'étude de l'âge du bœuf. Pour rendre sensible ce qu'on remarque dans les cornes, il est indispensable de faire connaitre ici les changements qu'éprouve la substance cornée aux différentes époques de la vie.

Peu de jours après la naissance du veau *à terme,* on sent au toucher la première pousse des cornes, qui apparait sous la forme d'un gros mamelon.

Huit ou dix jours plus tard, ce mamelon est déjà proéminent, et annonce, par sa teinte, la couleur qu'aura la corne.

Du vingtième au trentième jour, le *cornillon* est dépouillé de la peau qui le recouvrait. Il est flexible et lisse à la pointe; il peut aisément être ployé en avant ou en arrière, et même être détaché de sa base osseuse.

A cinq ou six mois, le cornillon s'est allongé selon que le comporte la race à laquelle appartient le sujet et si aucun obstacle ne s'est opposé à son développement.

Alors il se forme à la base un premier cercle linéaire.

A un an, un autre cercle linéaire se forme également à la base de ce second prolongement; seulement il est plus éloigné du précédent que celui-ci ne l'est de la pointe.

De dix-huit mois à deux ans, un troisième cercle

linéaire qui s'est formé apparaît à son tour ; alors la corne a acquis, dans certaines races, un grand développement. C'est aussi dans l'intervalle de la formation du troisième cercle que se détache par lames la couche épidermique qui recouvre la corne dès la naissance, en commençant par la pointe, qui prend une teinte plus foncée et plus luisante que le reste de sa surface.

A trois ans, formation du premier cercle annulaire ; celui-là n'a plus la forme des précédents, il est arrondi et saillant. Il est considéré comme le point de départ des signes tirés des cornes frontales que l'on prend pour mesurer l'âge.

Deuxième cercle annulaire. — *A quatre ans*, formation d'un autre anneau séparé du premier par un sillon ou dépression circulaire de la corne.

Le premier cercle linéaire est moins apparent que le second, celui-ci que le troisième, et enfin ce dernier que le premier *anneau*, qui compte pour trois ans.

Ces anneaux et sillons, qui semblent former, avant d'apparaître au printemps, un temps d'arrêt dans la pousse de la corne frontale, se succèdent, comme on le voit, et finissent, dans l'âge avancé, par se confondre et être moins apparents, ce qui oblige à ne plus en tenir compte.

Sur les bœufs de trait, ces anneaux et ces sillons sont effacés par le frottement du joug et par les liens qui le fixent aux cornes.

Ils sont plus apparents sur les cornes des vaches. — Sur les vaches ils sont mieux marqués; aussi les marchands, particulièrement ceux qui approvisionnent les marchés des environs de Paris, ceux du Gâtinais, même ceux de la Suisse, sont dans l'usage d'effacer ces cercles, *de faire* ce qu'ils appellent *les cornes*, qu'ils raccourcissent quand elles sont trop longues, qu'ils amincissent quand elles sont trop grosses, qu'ils rendent toujours pointues à l'aide de la râpe ou de tout autre instrument, ce qui fait que l'acheteur est privé du secours que les cercles pouvaient lui prêter.

§ V. EXAMEN DU BŒUF AU REPOS.

Manœuvres des marchands. — Ces manœuvres frauduleuses ne sont pas les seules que l'on puisse reprocher aux marchands; il en est d'autres aussi blâmables, par exemple celles qu'ils exercent sur l'entre-cuisse et le pis de la vache, sous prétexte de faire la *toilette*. Nous reviendrons sur ce sujet en parlant des maniements de la vache laitière.

Après cet examen, l'explorateur passera à d'autres régions, sur lesquelles il devra exercer des maniements.

La première qui appellera son attention est l'encolure. Le bœuf, comme le cheval, est atteint de maladies qui nécessitent des saignées ; or les veines qui sont le plus fréquemment ouvertes sont les jugulaires. Il importe donc de s'assurer qu'elles livrent un libre cours au sang, qu'elles ne sont pas oblitérées, ce qu'on reconnaîtra en comprimant ces veines à leur passage dans le fond de la gouttière qui longe, de chaque côté, le bord inférieur de l'encolure, de manière à les faire gonfler et à les rendre saillantes, comme si on voulait pratiquer la saignée. On n'obtiendrait pas ce résultat, s'il y avait oblitération dans une étendue du tube par suite de phlébite : elles présenteraient, à la pression des doigts, la résistance d'un corps cylindrique privé d'élasticité.

Ces veines peuvent être encore le siége d'une autre affection qui se montre à la suite de la saignée, affection qu'on nomme *thrumbus*, qui prend la forme d'une tumeur plus ou moins volumineuse, qui ne peut échapper à la main la moins exercée.

Maniement du flanc. — Quittant l'encolure, l'explorateur portera son attention sur le flanc droit, dont il mesurera l'étendue et les rapports, ce qui l'amènera à reconnaître, dans certains cas, une conformation anormale des apophyses transverses de la première, et quelquefois de la deuxième vertèbre lombaire. Cette conformation vicieuse, assez fréquente, qui résulte de l'extrème longueur de ces pièces osseuses incurvées de haut en bas, fait dire que le bœuf ou la vache porte le *côtillon* ou petite côte, parce qu'en effet cette apophyse a l'apparence d'une côte asternale supplémentaire.

Passant à l'arrière des bœufs, l'explorateur pourra, à son gré, mesurer de l'œil la configuration de la croupe, l'horizontalité de l'épine dorso-lombaire, la surface des épaules, l'écartement et le développement des hanches, celui que présente l'articulation coxo-fémorale, l'éloignement d'un angle ischial à l'autre, le volume de la base de la queue et son attache, l'ampleur et la tombée de la culotte ; ensuite l'aplomb des membres postérieurs et leur parallélisme, l'intégrité et la configuration des jarrets, le volume et la position des pieds.

But de cette exploration. — Cette exploration a deux buts : 1° celui de constater la conformation physiologique de toutes les parties ; 2° d'en révéler les déformations accidentelles ou pathologiques, qui amèneraient la cessation du travail.

Ainsi il y aura déformation, si une hanche est plus basse et moins volumineuse que l'opposée, ce qui autorise à penser qu'il y a décollement du cartilage d'incrustation qui revêt l'angle *coxal*, ce qui fait dire vulgairement que le bœuf est *déhanché* ou *émoté*.

Il arrive que l'articulation coxo-fémorale ou les liens qui l'entourent sont le siége d'une lésion grave, ce qu'on reconnait si la surface qu'elle présente est plus développée et est douloureuse au toucher.

En terminant cet exposé, nous parlerons de deux épreuves définitives, dont une a pour objet de constater que les bœufs ont été castrés, l'autre qu'ils ne sont pas boiteux.

Maniement du scrotum. — La première épreuve consiste dans le maniement du scrotum dit *des bourses*, qu'on exécute de la même manière que celui du *dessous* sur le bœuf gras; seulement les conséquences qu'on en déduit ne sont pas les mêmes.

Dans ce cas-ci, il importe de constater les résultats de l'opération. Si elle a eu lieu par *abla-*

tion des testicules, il ne doit pas rester de vestiges de ceux-ci ; si elle a eu lieu par *bistournage* ou *par écrasement*, les restes atrophiés des testicules sont plus ou moins volumineux : ils le seront d'autant plus que l'opération sera récente, que les taureaux étaient âgés. L'étendue de la peau du scrotum, le volume qu'il conserve encore, joint à l'aspect du poil vif des bœufs, fait dire qu'il y a encore en eux trop du *taureau*, qu'ils sont *verts*. Pour des bœufs de trait, c'est une qualité ; mais, pour des bœufs destinés à être engraissés, c'est un grand défaut, comme nous aurons occasion de le dire.

Ce maniement a encore pour objet de reconnaitre s'il n'existe pas de hernie inguinale ou toute autre affection qui a son siége dans le scrotum (vulgairement les bourses). Dans le doute qu'une de ces affections existe, la prudence commande qu'on appelle à son aide un vétérinaire.

§ VI. Examen du boeuf en mouvement.

Il reste l'autre épreuve finale dont nous avons parlé plus haut, épreuve qui doit mettre sur la voie pour s'assurer si un ou les deux bœufs ne sont pas boiteux ; mais, avant d'en venir là, il faut que les parties contractantes soient d'accord sur le prix.

Dans cet exercice et à la manière dont les membres abdominaux se meuvent, on reconnaîtra une affection assez fréquente, qui est occasionnée par le déplacement du muscle *ischio-tibial externe*. Cette affection se manifeste par une roideur du membre, surtout dans le sens de la flexion, lequel est porté en dehors de manière à décrire un arc de cercle, en traînant les ongles sur le sol. On dit, dans ce cas, que le *bœuf fauche* ou bien qu'il tire du *nerf*, qu'il est *énervé*.

Si on porte la main sur le bord antérieur de la cuisse, on remarque une corde fortement tendue qui se dessine entre l'articulation de la rotule et celle de la cuisse, et qui, en se relâchant, produit un bruit au moment où elle se dégage du trochanter qui la tient accrochée.

Tuméfaction de l'articulation. — Ces accidents ne sont pas accompagnés de chaleur et de fièvre; quelquefois il y a tuméfaction dans le voisinage de l'articulation *coxo-fémorale*.

Quelle que soit la cause de cette affection, elle motive le refus de l'animal et la résolution du marché.

Nous ne nous étendrons pas davantage sur les

maniements et autres épreuves qu'on exerce sur le bœuf de trait ; nous craindrions de tomber dans des redites. lorsque nous parlerons des maniements qui sont particulièrement réservés au bœuf *gras*, celui de tous qui a le plus de droit d'être qualifié bœuf de *boucherie*.

Maintenant, nous allons aborder les maniements qui sont exercés sur la vache laitière, considérée, dans cette condition, comme bête de service.

CHAPITRE IV.

MANIEMENTS DE LA VACHE LAITIÈRE.

Considérations générales. — Épreuves diverses auxquelles on soumet une vache pour en reconnaître les qualités laitières. — Ces épreuves sont générales ou spéciales. — De la mulsion.

---

§ I. CONSIDÉRATIONS GÉNÉRALES.

Avant de parler des épreuves auxquelles on est dans l'usage de soumettre *la vache laitière*, nous devons nous expliquer sur la valeur réelle de cette qualification.

On entend généralement par *vache laitière* celle qui donne une notable quantité de lait de bonne qualité.

La vache est, de toutes les femelles des espèces domestiques, celle dont les organes mammaires sont le plus développés, ceux qui fournissent la plus grande quantité de lait et le plus longtemps après la mise bas normale. Cependant la durée de cette sécrétion est variable; elle est soumise à plusieurs causes qui influent sur la quantité et la qualité, ce qui fait que, sur certaines vaches privilégiées, elle ne peut être interrompue à la veille même d'un prochain vêlage.

En aucun cas, le rendement ne sera jamais le même à tous les vêlages ; telle vache qui donnera, par exemple, pendant toute la durée d'une lactation, 3,000 litres de lait n'en donnera peut-être que 2,500 ou 2,800 dans la même période, après une autre mise bas.

On voit, par cet exposé, que le produit de la lactation est variable ; mais il l'est bien davantage, sous l'influence de certaines circonstances, soit qu'on l'estime au point de vue de la quantité, soit d'après les proportions des parties assimilables, butyreuses ou caséeuses.

C'est donc d'après ces considérations qu'il importe de définir le but qu'on se propose dans le choix d'une vache, laquelle aura une destination subordonnée à ses qualités, à savoir :

1° De reproduire l'espèce et de donner du lait ;

2° De reproduire exclusivement l'espèce à l'état de liberté ;

3° De donner exclusivement du lait ;

4° De travailler et de donner du lait.

De là quatre situations distinctes qu'il importe d'examiner.

1° Dans les pays d'élève, on attache moins

de prix à la quantité du lait qui entre dans la laiterie qu'à la reproduction de l'espèce, à moins qu'on ne joigne à l'élevage la fabrication du fromage, comme cela se fait en Auvergne et en Suisse. Dans ce cas, on cherche à unir les qualités laitières à la taille et à une conformation aussi régulière que possible, selon les préjugés en faveur dans la contrée.

2° Sur les vastes terrains couverts de pâturages humides qui avoisinent le littoral de la Méditerranée, sur ceux de la Camargue surtout, vivent, à l'état demi sauvage, des troupeaux nombreux de l'espèce bovine, dont les produits consistent exclusivement dans la reproduction de l'espèce.

Ce qui se passe là a lieu en Écosse pour la race west-highland; pour l'aurochs, qui en habitait les forêts et qui, aujourd'hui, est relégué dans quelques parcs privilégiés de cette contrée de la Grande-Bretagne.

Le west-highland, transplanté, depuis trois ans, sur les landes de Grand-Jouan, y a apporté cette fécondité remarquable qui fait que, tous les ans, les vaches donnent un veau qui trouve assez de nourriture dans le lait de la mère et qui, à son tour, propage la race.

3° *En Hollande*, en Normandie, en Bretagne, où le produit de la vacherie est converti en beurre et en fromage, on se préoccupe de la qualité en même temps que de la quantité du lait. Il en est ainsi dans le Cotentin surtout, où l'alimentation est savoureuse et abondante, ce qui fait que les vaches de ces contrées, comme celles des races de Durham et du Ayrshire, en Angleterre, y donnent du bon lait et en quantité considérable.

Il n'en est plus de même dans les grandes vacheries, où on ne vise qu'à la quantité, sans tenir compte de la qualité, quantité obtenue à l'aide d'une alimentation aqueuse et débilitante, qui fait que ce lait contient peu de matière grasse. Aussi, comme l'observe très-judicieusement M. Jamet, « que les marchands de lait conser-
« vent des vaches au produit séreux ou mettent
« de l'eau dans leur denrée, c'est absolument la
« même chose pour le consommateur ; mais le
« beurrier et le fromager en éprouvent un dom-
« mage considérable. L'éleveur y perd égale-
« ment ; ces vaches sont de détestables nour-
« rices. »

Cette dernière circonstance préoccupe peu les nourrisseurs, qui non-seulement n'élèvent pas de veaux, mais font tout ce qu'ils peuvent pour évi-

ter de rendre fécondes leurs vaches, qu'ils pré-
fèrent engraisser et vendre à la boucherie, dès
qu'elles cessent de donner une certaine quantité
de lait, 8 litres, en moyenne, à Paris.

De toutes les conditions qui sont faites à la vache, la plus défavorable est celle qui l'attend à
l'attelage du chariot ou de la charrue. Toujours
pressée par un travail incessant, souvent excédée
de fatigue et rarement convenablement nourrie,
la lactation, chez elle, n'est plus qu'un faible
accessoire à la rente principale, le travail.

Ainsi on voit la vache des hauts pâturages du
Cantal, qui aurait donné, dans la saison de l'es-
tivage à la montagne, 150 à 200 kilogrammes de
fromage et 40 à 60 kilogrammes de beurre, ce
qui suppose 8 à 10 litres de lait, en moyenne,
chaque jour, pour l'année entière, n'en donner
que le quart lorsqu'elle est transplantée dans les
plaines de la Limagne ou de l'Allier, pour y être
soumise au joug, parce que là l'alimentation n'est
plus aussi savoureuse, parce que la servitude du
joug et le travail ont succédé à la liberté du pâturage de la montagne.

4° *D'après cet exposé*, on peut se rendre compte
de l'influence qu'exerce sur la sécrétion du lait la
situation dans laquelle est placée une vache.

A ces causes il faut en ajouter d'autres qui agissent simultanément sur les facultés laitières et sur l'idiosyncrasie de la vache, qui en changent les formes, en réduisent les proportions et en abaissent la taille et le poids : de là ces contrastes frappants qui existent entre les grandes races des Flandres, cotentine, garonnaise, et celles de la Bretagne (du Morbihan), par exemple.

Ces causes peuvent être rapportées

1° A l'indifférence, autant qu'à l'ignorance des éleveurs, dans le choix des reproducteurs des deux sexes ;

2° Au climat, aux lieux où vit la vache, et toujours à l'abondance et à la qualité de la nourriture que reçoit le jeune sujet dans le premier âge, à savoir : à la durée de l'allaitement ; car la privation du lait, qui ne peut être remplacé par aucune autre substance à cette époque de la vie, déforme le jeune animal et en réduit le poids et la taille aux plus infimes proportions (1).

---

(1) Dans toute la Bretagne, on laisse teter le veau pendant les huit premiers jours qui suivent la naissance ; huit jours encore il reçoit, pour boisson, du lait coupé de partie égale d'eau pure, quelquefois avec addition de farine de sarrasin. Dans la suite, l'eau pure est la seule boisson du veau. Pendant le sevrage, il essaye de manger de l'herbe ou du foin. Par extraordinaire, l'allaitement dure quinze jours.

Malheureusement ces éleveurs, qui se préoccupent si peu de l'abaissement de la taille et de la déformation de l'espèce, ne voient qu'un résultat économique, qu'ils cherchent à justifier en disant que la petite vache coûte très-peu à élever, qu'elle consomme moins qu'une grosse, et que néanmoins elle donne un produit aussi fort que cette dernière. C'est une erreur grave, qu'il nous sera facile de démontrer.

Il n'y a qu'une circonstance qu'on puisse invoquer en faveur de la vache de petite taille, c'est lorsqu'elle appartient au cultivateur qui n'a, pour la nourrir, que la lande communale, l'herbe des fossés qui bordent les chemins; enfin ce parcours, qu'il ne pourrait utiliser au profit d'une vache d'un poids plus élevé.

Cependant, quelque faible que soit le produit de cette vache, qui, en moyenne, s'élève rarement à 3 litres par jour, ce produit paraît suffisant au propriétaire qui ne débourse rien ou presque rien. C'est ce qui a fait dire *que la petite vache de la Bretagne était la providence du pauvre.*

Cette assertion est vraie dans ce cas, et encore dans celui où cette vache vit, la plus grande partie de l'année, dans des herbages de qualité inférieure; mais il n'en est plus ainsi lorsque cette même petite vache passe dans l'étable du nourrisseur ou de tout autre, où elle trouve une nourriture abondante et savoureuse toute l'année, nourriture qui coûte beaucoup plus cher que le pâturage. Quelque élevé que soit le rendement, à moins d'exceptions rares résultant du haut prix du lait vendu en nature, ou des produits qu'on en obtient, le rendement, dis-je, d'un jour, même durant la plus grande force de la lactation, ne payera pas les frais d'entretien que nécessite cette vache.

Ce que nous avançons là, nous le savons, est en opposition avec les idées reçues, parce qu'il est naturel de penser qu'une petite vache doit consommer moins qu'une grosse. Cependant c'est le contraire, ainsi que le lecteur pourra s'en convaincre, en jetant un coup d'œil sur les comptes de consommation et de rendement de *huit* vaches de race, de taille et de poids divers, et dont les qualités laitières, à en juger par les signes extérieurs tirés du système Guénon, sont, chez toutes, développées à un très-haut degré.

Il eût été à désirer que l'époque du vêlage fût la même chez toutes ; mais ce sont de ces faits qui échappent à toute prévision. Pour que les rapprochements soient aussi exacts qu'il est possible, nous avons pris le rendement en lait des six premiers mois, durant lesquels il est plus abondant et plus régulier.

En opérant sur une autre base, soit que nous prissions pour terme de comparaison tout le produit de la lactation, quelle qu'en fût la durée, ou celui de l'année entière, c'était nous exposer à l'erreur.

Dans le premier cas, la quantité de lait sécrétée pendant toute la durée de cette fonction n'étant pas la même, il arrive que, à un moment donné, le rendement, descendu à une proportion très-minime, ne couvre plus les frais et laisse la vache en perte. En pareille circonstance, il vaut mieux cesser de traire la vache et la faire tarir, dans son intérêt d'abord, ensuite dans l'espoir assuré d'un plus grand rendement au prochain vêlage.

Dans l'autre cas, il pourra se faire que la quantité du lait ne soit plus en rapport avec la consommation, parce qu'alors la lactation est moins active, comme aussi il peut se faire que, à l'époque de l'année, le prix de revient de l'alimentation soit plus élevé.

Ce sont ces considérations qui nous ont démon-

CONSOMMATION ALIMENTAIRE DE HUIT VACHES DE DIFFÉRENTES RACES ET DE POIDS DIVERS, COMPARÉE AU PRODUIT DE LA LACTATION, APRÈS LE VÊLAGE A TERME.

RENSEIGNEMENTS.	N° 1, N.....	N° 2, N.....	N° 3, N.....	N° 4, N.....	N° 5, N.....	N° 6, N.....	N° 7, N.....	N° 8, N.....
Race.	Du Morbihan.	Du Morbihan.	Dite des Landes.	Dite des Landes.	1/2 métisse durham-morcelle.	1/2 métisse du hom-bretomar.	Pur sang durham.	Vendéenne.
Robe.	Pie rouge.	Pie noir.	Bai brun.	Bai brun.	Rouge foncé.	Rouge foncé.	Rouan foncé.	Bai brun.
Age à la date du 9 juin 1850.	7 ans.	8 ans.	4 ans.	5 ans.	6 ans.	5 ans.	5 ans.	8 ans.
Condition à la date du 9 juin 1850.	En chair, en lait.	En chair, en lait.	En chair, 210 jours de gestation.	En chair, en lait.	En bon état, 250 jours de gestation.	En chair, 252 jours de gestation.	En chair, vide.	En chair, 120 jours de gestation.
Santé.	Très-bonne.	Très-bonne.	Très-bonne.	Très-bonne.	Très-bonne.	Très-bonne.	Très-bonne.	Très-bonne.
Poids vif au 9 juin 1850.	234 kilog.	240 kilog.	284 kilog.	295 kilog.	463 kilog.	465 kilog.	540 kilog.	482 kilog.
Taille moyenne prise au garrot et à la croupe.	1 mètre.	1 m. 05.	1 m. 11.	1 m. 11.	1 m. 27.	1 m. 38.	1 m. 36.	1 m. 34.
Classement d'après le système Guénon.	Flandrine, 3e ordre.	Flandrine, 2e ordre.	Flandrine, 1er ordre.	Combelgigne, 1er ordre.	Flandrine, 2e ordre.	Flandrine, 3e ordre.	Flandrine, 3e ordre.	Flandrine à gauche, 1er ord.
Date du dernier vêlage effectué en 1850.	23 mars 1850.	14 mars 1850.	21 août 1850.	7 février 1850.	7 juillet 1850.	27 juin 1850.	11 avril 1851.	11 novembre 1850.
Durée de la lactation.	270 jours.	257 jours.	496 jours.	310 jours.	351 jours.	356 jours.	460 jours.	383 jours.
Produit total de la lactation.	1172 lit. 500	1100 litres.	2,827 litres.	2017 litres.	2785 litres.	2480 litres.	3090 lit. 500	3964 litres.
— maximum d'un jour.	9 litres.	9 litres.	9 litres.	10 litres.	12 litres.	14 litres.	16 litres.	20 litres.
— moyen d'un jour.	4 lit. 157	4 lit. 280	5 lit. 700	6 lit. 700	7 lit. 800	8 litres.	9 lit. 675	10 lit. 420
— d'une période de 180 jours, durant sa plus grande force.	907 lit. 700	890 litres.	1301 litres.	1424 litres.	1329 litres.	3617 litres.	4245 litres.	2415 litres.
CONSOMMATION DE 1850-51-52.								
1850. Consommation totale.	3681 kilog.	3,315 kilog.	3356 kilog.	3308 kilog.	3966 kilog.	4374 kilog.		
1850. Ration d'un jour.	9 kilog. 820	9 kilog. 082	8 kilog. 178	9 kilog. 014	10 kilog. 926	11 kilog. 983		
1850. Proportion de la consommation avec le poids vif.	4.20 p. 0/0	3.79 p. 0/0	2.33 p. 0/0	3.10 p. 0/0	2.35 p. 0/0	2.57 p. 0/0		
1851. Consommation de l'année entière.	2883 kilog.	2818 kilog.	3846 kilog.	3351 kilog.	4034 kilog.	3422 kilog.	4011 kilog.	4701 kilog.
1852. Consommation de l'année entière.	2643	2951	3029	2810	4372	3440	3935	5564
Consommation moyenne des trois années réunies.	3026	3029	3713	3155	4134	3745	Moyenne de 1851 — 1852 3973 kilog.	Moyenne de 1851 — 1852 5162 kilog.
Ration d'un jour.	8 kilog. 290	8 kilog. 299	10 kilog. 172	8 kilog. 643	11 kilog. 310	10 kilog. 260	13 kilog. 580	14 kilog. 145
Proportion de la consommation d'un jour des trois années réunies avec le poids vif.	3.55 p. 0/0	3.45 p. 0/0	3.55 p. 0/0	3.09 p. 0/0	2.43 p. 0/0	2.20 p. 0/0	2 p. 0/0	2.51 p. 0/0
Proportion de la consommation moyenne d'une année avec le poids vif.	13 fois le poids vif.	12 fois 2/3 le poids vif.	13 fois le poids vif.	10 fois 1/3 le poids vif.	9 fois le poids vif.	8 fois le poids vif.	7 fois 1/2 le poids vif.	9 fois 1/3 le poids vif.
PROPORTION DE LA CONSOMMATION ALIMENTAIRE AVEC LA LACTATION DURANT LA PÉRIODE DE 180 JOURS								
Consommation des substances diverses converties, valeur en foin.	1866 kilog. 550	1549 kilog. 393	2173 kilog.	1372 kilog.	2036 kilog.	1866 kilog.	2312 kilog.	2526 kilog.
Ration moyenne d'un jour par tête.	10 kilog. 370	8 kilog. 607	12 kilog. 072	8 kilog. 733	11 kilog. 370	10 kilog. 388	13 kilog.	14 kilog.
Produit moyen du lait d'un jour.	5 litres.	4 lit. 941	7 lit. 227	7 lit. 911	8 litres.	7 lit. 938	12 lit. 470	13 lit. 417
Quantité de foin consommée par litre de lait produit pendant la période de 180 jours.	2 kilog. 055	1 kilog. 740	1 kilog. 670	1 kilog. 184	1 kilog. 565	1 kilog. 305	1 kilog. 042	1 kilog. 005

OBSERVATIONS.

SUBSTANCES DIVERSES RÉDUITES EN FOIN :
- Foin de prairies.
- Pois avec avoine en vert.
- Seigle en vert.
- Trèfle ray-grass.
- Sarrasin en vert.
- Trèfle incarnat.
- Melsa.
- Serradelle.
- Choux.
- Feuilles de navets.
- — de carottes.
- — de turneps.
- — de rutabaga.
- Betteraves.
- Carottes.
- Verdure de seigle.
- — d'orge.

tré que nous avions adopté la base la plus équi-
table, attendu que, dans cette période de cent
quatre-vingts jours, qui succède au vêlage, la sécrétion est assez régulière chez toutes les vaches,
les excellentes comme les médiocres laitières.
Nous reviendrons sur ce sujet en expliquant notre pensée sur la lactation prolongée au delà de
certaines limites.

Suivent les comptes des huit vaches dont nous
avons parlé plus haut. (Voir le tableau n° 1.)

Il ressort de cet exposé que la consommation
des petites vaches est proportionnellement plus
forte que celle des grosses.

Ainsi, par exemple, nous voyons que les n°ˢ 1
et 8, les deux extrêmes de l'échelle de proportion
que nous avons établie, ont consommé, par jour,
en moyenne, le premier, 8^k,290 ou 3,55 pour
100 du poids vif; en d'autres termes, dans une
année, 13 fois son poids; le deuxième, 14^k,145
par jour, ou 2,51 pour 100 du poids vif, qui est
de 562 kilogrammes; soit, dans le cours de l'année, 10 fois 1/4 son poids.

S'il pouvait y avoir des rapports exacts entre
le poids de la bête et la consommation, la grosse
vache aurait dû consommer 19^k,951 ou 3,55
pour 100.

En faisant ces rapprochements sur d'autres vaches, on obtient des résultats analogues :

Par exemple, si on compare la vache n° 7, de
540 kilogrammes, qui n'a consommé que 2 pour
100 du poids vif, à celle du n° 3, qui a consommé
3,55 pour 100, et qui pèse presque la moiti
moins que le n° 7, on trouvera que cette der
nière vache aurait dû consommer 19^k,190 envi
ron, deux fois plus qu'elle n'a dépensé.

Les mêmes différences entre le poids et la con
sommation existent pour les n°s 2 et 6. La vach
n° 2 a consommé plus de 33 pour 100 de plu
que l'autre, et cependant le poids de cette der
nière est près du double plus fort que celui de l
vache n° 2.

Pour conclure, il nous parait constant qu'il n
peut pas y avoir de rapports précis entre le poic
vif d'une vache laitière et la consommation al
mentaire.

Examinons, maintenant, ceux qui existe
entre celle-ci et la lactation, sans nous préocc
per, dans le poids de la ration, de la portion aff
rente au poids vif, par la raison que l'attributic
à chacune ne peut en être faite exactement.

En conservant les mêmes rapports de taille
de poids entre les vaches précitées, nous tro

vons qu'il a fallu au n° 1 2ᵏ,055 de foin pour l'entretien et 1 litre de lait, et qu'au n° 8 il n'en a fallu que 1. Or tout l'avantage doit être en faveur de cette dernière vache, puisqu'il y a plus de 100 pour 100 de différence entre son rendement et celui de la première, qui, eu égard à la consommation, aurait dû être double.

Si on compare le rendement de cette petite vache n° 1 à celui de la vache n° 5, qui pèse deux fois autant qu'elle et dont la consommation n'est pas plus forte, on trouvera certainement que l'avantage doit rester à la vache du plus grand poids.

Cependant on peut faire des rapprochements entre le rendement moyen d'un jour, durant *la période de la plus grande force du lait*, sur les vaches n°ˢ 4 et 6 ; car, excepté cette époque de la lactation, toute autre est en faveur des grosses vaches.

En aucun cas, le rendement moyen d'un jour de la petite vache, même de celle dont la lactation aura le plus de régularité et de durée, ne pourra pas le disputer au plus faible produit de la vache d'un plus grand poids.

Pour s'en convaincre, on n'a qu'à comparer les produits des n°ˢ 3 et 4 à celui du n° 5, et l'on verra que ce dernier est supérieur à ceux des autres.

Ce que nous venons de dire de la durée de la lactation nous oblige à expliquer notre pensée à cet égard :

Envisagée au point de vue physiologique, cette fonction, prolongée au delà de certaines limites, peut compromettre la santé de la vache, en agissant sur les organes pulmonaires et en y développant une affection qui se termine par la mort du sujet.

Une autre conséquence non moins sérieuse, qui doit appeler l'attention du détenteur de la vache, est la diminution progressive du rendement et réduit à des proportions si minimes, qu'il ne couvre plus les frais d'entretien de la vache.

Cette durée indéfinie de la lactation a enfin pour effet d'affaiblir la fécondité, et même de la détruire pour toujours.

A l'appui de ces assertions, examinons ce qui a eu lieu dans des circonstances assez fréquentes, que nous avons été à portée d'observer, particulièrement sur les vaches n⁰ˢ 3 et 7.

En ce qui touche l'abaissement du rendement d'un jour, nous verrons que la vache n° **3**, dont le produit de la lactation a été de **2,827** litres **de**

I lait, ce qui est considérable en apparence, perd
de son importance, eu égard à la durée, qui a
été de quatre cent quatre-vingt-seize jours, et qui
se fait sentir, plus fâcheusement encore, sur le
produit moyen d'un jour, qui n'a été que de
5l,700.

La répartition des 2,827 litres s'est faite ainsi :

Durant les cinq premiers mois, la moyenne
d'un jour a été de 7l,450.

Durant les onze derniers, elle a été de 5l,300.

Le rendement le plus élevé des quatre premiers mois a été de 263 litres, et le plus faible,
celui du seizième, était de 117 litres, à savoir à
peu près la moitié des quatre premiers, ce qui
est une circonstance en apparence favorable.

Ainsi le produit des cinq premiers mois, qui
a été de 7l,450, à 10 centimes l'un, a payé, par
jour, 74c,5, qui couvrent tous les frais ; mais un
rendement de 5l,300, qui ne donne que 53 centimes, ne paye plus les dépenses.

Il y a donc perte réelle, puisqu'il n'y a pas
excédant de produit sur la dépense.

Passons au n° 7, qui a donné, en moyenne,
dans les neuf premiers mois, 330l,770 de lait,
soit 10 litres et une fraction par jour.

Et, dans les autres mois, cette vache n'a donné,

en moyenne, l'un, que 150 litres, soit 5 litres par jour.

Dans la période des neuf premiers mois, le produit en argent s'est élevé à 1 franc par jour.

Et, dans celle des six derniers, la rente n'a été que de 50 centimes par jour, somme évidemment insuffisante pour couvrir les frais qui incombaient à cette vache, qui, dès lors, constituait en perte son détenteur.

Pour ce qui est de l'infécondité ou, au moins, du retard que la lactation prolongée apporte à une nouvelle fécondité, nous dirons que la vache n° 3 n'est devenue pleine que dix mois après son troisième vêlage ; que, ayant mis bas à terme, elle est restée trois mois sans demander le taureau. Non-seulement elle ne devint pas pleine à cette première saillie, mais elle est restée quatre cent cinquante-sept jours sans manifester de nouvelles chaleurs, ce qui fit croire, peu de jours avant le terme probable, qu'elle serait stérile. On continua à la traire jusqu'au dix-huitième mois, alors qu'elle donnait encore 4 litres 1/2 de lait par vingt-quatre heures. On la tarit avec peine, et au bout de six semaines de repos elle devint pleine.

Nous savons encore que la vache n° 7, qui,

après quatre cent soixante jours de lactation, donnait 4 litres de lait par vingt-quatre heures, fut tarie dans l'espoir qu'elle deviendrait pleine, n'ayant pu le devenir, quoiqu'elle eût été précédemment saillie douze fois, et qu'elle eût été saignée abondamment aux quatre dernières.

Nous avons été informé récemment que cette vache ayant été présentée de nouveau, à plusieurs reprises, à d'autres taureaux de même race, elle était restée stérile, et cependant elle avait été mise à l'usage d'un régime tempérant et au pâturage en liberté.

Nous avons vu une autre vache de forte taille, âgée de six ans, qui, après avoir donné du lait pendant plus de deux ans, et après avoir été saillie, fréquemment et sans résultats, par des taureaux de races diverses (1), fut tarie également alors qu'elle donnait encore 4 litres 1/2 de lait. A la première chaleur, elle fut conduite au taureau ; on la crut pleine, parce qu'elle avait pris de l'embonpoint. Dans cet état, elle fut vendue ; mais, vers le septième mois de la gestation

(1) Nous avons vu très-souvent des vaches être saillies sans succès par des taureaux de même race qu'elles, être fécondées, au premier saut, par des taureaux d'une autre race, qui n'avait aucune analogie avec celle des vaches. Quand cette épreuve est sans résultat, il y a stérilité notoire dépendant de lésions organiques.

présumée, le nouvel acquéreur, ayant acquis la preuve qu'elle n'était pas pleine, la vendit au boucher, qui confirma ces prévisions.

Nous ne nous étendrons pas davantage sur ce sujet, nous proposant de faire connaître, plus tard, ce que l'anatomie pathologique nous a révélé à cet égard.

Nous allons passer en revue les épreuves diverses auxquelles on soumet la vache dont on veut apprécier les qualités laitières.

Ces épreuves sont de deux ordres : les unes, que nous appellerons *générales* ; les autres, *spéciales*.

Les premières ont pour objet d'aider à constater *l'âge, l'état de santé et la conformation extérieure*, celle-ci considérée au point de vue des qualités laitières de la vache.

Les autres s'appliquent directement aux organes qui sont chargés de remplir cette fonction et à leurs annexes.

§ II. ÉPREUVES GÉNÉRALES.

1. *L'âge.*

Dans le choix d'une vache, l'âge est une des conditions économiques qui appellent tout d'a-

d bord l'attention. Ainsi, dans telle contrée, on
recherche les *génisses* vulgairement dites *amouil-
lantes* (1), jeunes bêtes de deux ans et demi à
trois ans, qui sont à terme ou qui ont mis bas
récemment ; ailleurs, on préfère les vaches âgées
de cinq à sept ans, parce que, à cette époque de
la vie, la lactation est plus active et doit se maintenir encore plusieurs années, sans diminuer
sensiblement.

On exerce cette épreuve sur la vache comme
sur le bœuf, ainsi que nous le rappellerons dans
l'application du *maniement* de la bouche.

2. *La santé.*

Autre condition d'élection, sans laquelle toutes
les autres ne sauraient avoir de valeur, l'existence
de durée. Elle se révélera à l'observateur par
l'aspect d'un poil lustré et doux, par une peau
souple, élastique, qui se détache aisément des
surfaces sur lesquelles elle repose, qui se laisse
plisser et rouler facilement entre les doigts, ce
qui n'a pas lieu sur la bête qui souffre, dont la
peau est sèche, privée qu'elle est de cette douce
perspiration qui se lie à d'autres sécrétions ;

(1) Expression vulgaire tirée de cette autre, *ameille* ou *pis.*

peau parcheminée, qui est *collée aux côtes* et recouverte d'un poil terne et décoloré, qui fait dire
vulgairement que la bête est *brûlée*, et qui fait
supposer, avec juste raison, qu'elle est malade,
qu'il existe des désordres graves dans les organes
digestifs ou dans ceux de la respiration.

3. *La conformation.*

La plupart des auteurs qui ont écrit sur la
vache laitière lui ont donné, dans le signalement
qu'ils en ont tracé, une conformation qui est cal-
quée sur un type unique, qui s'appliquerait à
toutes les races sans distinction de poids et de
taille. Lemaire, plus explicite encore, a posé en
principe *que la poitrine doit être petite et resserrée,
et non grande et profonde, sanglée derrière des
épaules maigres ; côtes plates plutôt que rondes ;
reins larges et longs ; flancs larges ; ventre, proportionnellement à la poitrine, plutôt gros que
petit ; quartiers de devant légers, peu développés ;
quartiers de derrière volumineux, larges, relativement plus pesants ; tronc ressemblant à un cône ;
formes anguleuses, rarement arrondies, désagréa-
bles à l'œil ; charpente osseuse légère, saillante,
peu entourée par des chairs molles, flasques.*

Fig.

Vache laitière.

(PL. 3.)

Ce portrait de la très-bonne vache laitière est, en tout point, celui de la vache hollandaise, moins la croupe avalée, type des grandes laitières des contrées du Nord et de l'Ouest; mais il s'éloigne beaucoup de celui de la vache schwitz, rivale de la première et le modèle le plus vrai des excellentes vaches des régions montagneuses de la Suisse et de la haute Auvergne (pl. 3, fig. 7).

Cette différence nous amène à mettre sous les yeux du lecteur le signalement de la vache hollandaise et celui de la schwitz, afin qu'il puisse les comparer et asseoir un jugement.

Voici le signalement de la vache hollandaise, qui est tracé par M. Villeroy :

« Jambes hautes ou de hauteur moyenne ; le corps généralement grand et fort ; la croupe large, fortement avalée ; les os des hanches saillants, le cou mince plutôt que fort, la tête étroite, les cornes courtes et dirigées en avant, la robe ordinairement pie, quelquefois toute noire ou toute blanche, ou gris souris ; la peau et les poils sont fins. Les vaches de cette race se distinguent, par-dessus toutes les autres, par l'abondance de leur lait, et cependant ces bêtes possèdent généralement une grande disposition à engraisser. »

Cette vache présentera, à la main, une peau fine, souple et bien roulante, douce et grasse, formant de nombreux replis, d'autant plus étendus que les tissus qu'elle enveloppe, les muscles et les os sont moins volumineux.

En regard de ce signalement, nous mettrons celui de la vache schwitz, par Grosnier :

« Couleur variable d'un bai brun, avec une raie fauve sur le dos ; fesses lavées , poil de l'intérieur des oreilles de couleur orangée ; tête large, carrée ; chignon bien prononcé ; cornes fortes, noires ; œil vif ; chanfrein court ; mufle large et charnu ; encolure courte, bien muselée (chez le bœuf) ; fanon bien détaché, sans descendre fort bas ; poitrail et épaules larges ; bras et avant-bras larges ; corps long, côtes arrondies, dos horizontal ; extrémités fortes , jarrets larges, bien évidés ; tendon fléchisseur des extrémités bien prononcé. » L'auteur ajoute : « Les mamelles, amples, sont garnies de six trayons, et les vaisseaux mammaires sont très-prononcés. »

Nécessairement, la main éprouvera, au toucher, une impression bien différente de celle qu'elle a ressentie dans le maniement de la vache hollandaise. La peau de la schwitz, plus épaisse, recouverte d'un poil plus dur, ferait douter des qualités laitières de cette race, si elles n'étaient incontestables. Cette épaisseur de la peau, loin d'être une cause d'infériorité, est considérée, par deux hommes éminents, MM. Yvart et Raynal, qui en ont fait la remarque, l'un dans la Côte-d'Or, l'autre dans la Meurthe, comme une condition qui rend ces vaches supérieures aux autres « en ce qu'elles donnent plus de lait que ne l'indique l'étendue de leur écusson. » (*Moniteur agricole*, 15 janvier 1848.)

La même remarque avait été faite par M. Bella père, un des premiers importateurs, en France, de cette race ; elle l'avait été encore par M. le professeur Magne, et nous avons été en position de la faire nous-même sur un petit troupeau d'excellentes vaches que nous avons possédées longues années.

Comme on le voit, ces deux types sont loin de se ressembler, et cependant c'est dans les vaches qui en dérivent qu'on trouve les meilleures laitières, celles qui payent le fourrage au plus haut prix. Cela prouve, comme le fait judicieusement remarquer M. Villeroy (1), « que

(1) *Manuel de l'éleveur des bêtes à cornes*, p. 11.

l'on trouve de très-bonnes laitières de toutes les formes, dans de très-belles vaches suisses aux formes arrondies, et dans les vaches hollandaises longues, minces, maigres, aux os saillants, aux formes dures. »

« *Les avantages de la conformation* privilégiée de Lemaire découlent de ce que l'élaboration respiratoire n'est pas assez puissante pour rendre toute la masse du chyle assimilable. » D'où il conclut « que l'élaboration du sang par la respiration n'a pas besoin d'être aussi parfaite pour fournir des matériaux aux sécrétions que pour en fournir à l'assimilation. »

Considérée au point de vue physiologique, cette théorie est au moins hasardée. « L'étroitesse de la poitrine, comme l'observe M. le professeur Magne, n'est pas un mal nécessaire ; il y a des vaches à la fois bonnes laitières et ouvertes de devant : si elles sont rares, cela dépend de la manière dont elles sont élevées. Nous pouvons en augmenter le nombre par de bons appareillements et en soignant l'élevage (1). » M. Magne dit encore « que l'étroitesse de la poitrine, dans la plupart des vaches bonnes laitières, n'est que

_____

(1) *Recueil de médecine vétérinaire*, cahier de mars 1853, p. 203.

relative au grand développement de l'abdomen ; elles ne paraissent sanglées, étroites de devant qu'à cause de l'expansion des viscères abdominaux et de l'écartement qu'elle produit sur les côtes asternales. »

N'est-il pas plus rationnel d'envisager, dans certains sujets, l'étroitesse de la poitrine comme étant l'effet de la transmission héréditaire, née de la prédominance d'une fonction qu'on a exaltée à l'aide d'un régime tout particulier, que comme la cause directe de cette prédominance fonctionnelle?

Lemaire a encore avancé *que la vache laitière doit avoir les épaules mal attachées à la poitrine.*

Ici, n'a-t-il pas pris encore l'effet pour la cause?

Nous connaissons d'excellentes laitières qui sont ainsi conformées, qui ne l'étaient pas étant jeunes, avant les vêlages répétés chaque année, à la suite desquels elles ont donné abondamment du lait. Cette émaciation des muscles pectoraux, et le relâchement des liens qui unissent les surfaces articulaires ou qui fixent étroitement les épaules à la poitrine, ont lieu chez toutes les femelles à la suite d'une lactation prolongée, qui est, comme on le sait, une des causes affaiblissantes des plus actives.

On remarquera que cette disposition des membres antérieurs existe également dans les postérieurs, au point d'union de la face interne des cuisses avec l'abdomen, d'où il résulte qu'entre ces surfaces il y a un très-grand espace, dans lequel peut se loger à l'aise le pis, lorsqu'il est plein de lait.

La théorie de Lemaire sur l'étroitesse de la poitrine de la vache laitière nous a porté à faire des recherches sur la conformation de cette cavité et sur celle du bassin ; nous avons étudié un grand nombre de sujets de race, d'âge, de taille et de poids divers. Parmi ces bêtes, nous avons pris onze vaches, dont une a avorté à sept mois de gestation, ce qui la place dans une condition peu favorable par rapport aux autres. Malgré cela, nous n'avons pas hésité à la faire figurer à côté de celles-ci, à cause de son grand poids et de ses qualités laitières. Nous avons également choisi une vache de la race de Devon, race peu laitière, il est vrai, mais à cause de la capacité peu développée de sa poitrine. (Voir le tableau n° 2 ci-contre.)

Nous présentons donc ici la mensuration de la poitrine de toutes ces vaches, dont nous garantissons l'exactitude, ainsi que celle de la con-

▪ 2.

CAPACITÉ DE LA POITRINE DE PLUSIEURS VACHES DE RACE ET DE TAILLE DIVERSES, COMPARÉE AU PRODUIT DE LA LACTATION.

RENSEIGNEMENTS.	VACHE N° 1.	VACHE N° 2.	VACHE N° 3.	VACHE N° 4.	VACHE N° 5.	VACHE N° 6.	VACHE N° 7.	VACHE N° 8.	VACHE N° 9.	VACHE N° 10.	VACHE N° 11.
…	Durham.	Cotentine.	Métisse durham.	Métisse durham.	De Bretagne, du Léon.	de Bretagne, dite des Landes.	Vendéenne, dite parthenayse.	De Bretagne, de Saint-Malo.	De Bretagne, du Morbihan.	De Bretagne, du Morbihan.	Devonne.
…	6 ans.	10 ans.	8 ans.	7 ans.	12 ans.	6 ans.	9 ans.	10 ans.	12 ans.	10 ans.	10 ans.
…	540 kilog.	740 kilog.	470 kilog.	335 kilog.	510 kilog.	295 kilog.	562 kilog.	284 kilog.	234 kilog.	240 kilog.	465 kilog.
…	Très-bonne.	Très-bonne.	Très-bonne.	Très-bonne.	Très-bonne.	Très-bonne.	Très-bonne.	Très-bonne.	Très-bonne.	Très-bonne.	Très-bonne.
…	En chair.	En chair.	En chair.	En chair.	En chair.	Maigre.	Maigre.	Maigre.	En chair.	En chair.	En bonne chair.
…rès le système Guénon	Fland., 3e ordre.	Bicorne, 2e ordre.	Fland., 2e ordre.	Fland., 4e ordre.	Équerrine.	Courbet, 1er ordre.	Fland., 2e ordre.	Fland., 2e ordre.	Fland. 2e ordre.	Fland., 4e ordre.	Fl. à gauche, 4e ordre.
…ation	A terme.	Avorté le 180e jour.	A terme.	A terme.	A terme.	A terme.	A terme.	A terme.	A terme.	A terme.	A terme.
…ation	2650 litres.	1774 litres.	7000 litres.	2785 litres.	2612 litres.	2017 litres.	2881 litres.	1526 litres.	1122 litres.	1100 litres.	1310 litres.
…ation	460 jours.	253 jours.	300 jours.	381 jours.	373 jours.	316 jours.	383 jours.	385 jours.	270 jours.	257 jours.	284 jours.
…en d'un jour	15 litres.	11 litres.	12 litres.	12 litres.	12 litres.	10 litres.	20 litres.	10 litres.	9 litres.	9 litres.	10 litres.
…d'un jour	8 lit. 673	7 litres.	6 lit. 666	7 lit. 300	7 lit. 090	6 lit. 700	10 lit. 420	4 litres.	4 lit. 157	4 lit. 280	4 lit. 640
…riode de 180 jours durant la plus grande force	2245 litres.	1490 litres.	1301 litres.	1429 litres.	1111 litres.	1123 litres.	2415 litres.	910 lit. 055	907 lit. 700	890 litres.	1003 litres.
…d'un jour durant cette période	12 lit. 470	8 lit. 277	8 litres.	7 lit. 933	7 lit. 855	7 lit. 911	13 lit. 417	5 lit. 055	5 litres.	4 lit. 914	5 lit. 555
MENSURATION.											
Au garrot	1.37	1.41	1.30	1.29	1.15	1.02	1.32	1.04	1	1.03	1.22
A la croupe	1.33	1.47	1.50	1.29	1.16	1.11	1.32	1.06	1	1.04	1.22
Diamètre vertical	0.80	0.79	0.70	0.86	0.65	0.60	0.71	0.60	0.56	0.55	0.67
— transversal	0.57	0.60	0.51	0.47	0.40	0.40	0.50	0.39	0.40	0.38	0.47
— longitudinal	0.79	0.77	0.70	0.66	0.66	0.60	0.70	0.60	0.54	0.56	0.68
Capacité absolue	282 dm. 788	286 dm. 509	193 dm. 389	160 dm. 715	132 dm. 685	143 dm. 010	193 dm. 072	110 dm. 213	98 dm. 470	90 dm. 276	108 dm. 150
— par mètre de taille	200 dm. 414	203 dm. 198	158 dm. 745	121 dm. 029	121 dm. 711	97 dm. 418	147 dm. 072	102 dm. 040	98 dm. 470	87 dm. 607	133 dm. 729
— par 100 kil. de poids vif	52 dm. 368	37 dm. 717	44 dm. 172	47 dm. 831	38 dm. 012	38 dm. 318	34 dm. 710	38 dm. 307	42 dm. 084	37 dm. 598	36 dm. 086
Longueur	0.37	0.36	0.35	0.39	0.35	0.30	0.35	0.32	0.27	0.39	0.33
Écartement des hanches	0.63	0.63	0.55	0.53	0.47	0.48	0.55	0.46	0.42	0.40	0.55
Étendue de la hanche à la pointe de la fesse	0.61	0.61	0.51	0.52	0.45	0.45	0.55	0.44	0.42	0.40	0.56
Écartement des ischions mesuré intérieurement	0.15	0.15	0.13	0.12	0.10	0.10	0.12	0.10	0.00	0.08	0.10
Longueur mesurée de la partie moyenne du bord antérieur du scapulum à la pointe de la fesse	1 m. 80	1.79	1.50	1.64	1.46	1.25	1.60	1.36	1.23	1.24	1.55
CONSOMMATION ALIMENTAIRE (valeur en foin).											
…une année entière	3973 kilog.	5105 kilog.	4150 kilog.	3950 kilog.	3090 kilog.	3165 kilog.	5163 kilog.	3707 kilog.	3020 kilog.	3029 kilog.	3745 kilog.
…d'un jour	10 kilog. 880 gr.	14 kilog. 235 gr.	11 kilog. 310 gr.	10 kilog. 821 gr.	8 kilog. 466 gr.	8 kilog. 643 gr.	14 kilog. 145 gr.	10 kilog. 153 gr.	8 kilog. 290 gr.	8 kilog. 299 gr.	10 kilog. 260 gr.
…durant la période de 180 jours	13 kilog.	11 kilog. 360 gr.	11 kilog. 330 gr.	10 kilog. 360 gr.	8 kilog. 480 gr.	8 kilog. 735 gr.	14 kilog.	10 kilog. 300 gr.	10 kilog. 370 gr.	8 kilog. 607 gr.	9 kilog. 001 gr.
…consommée durant cette période, par litre de lait	1 kilog. 042 gr.	1 kilog. 787 gr.	1 kilog. 565 gr.	1 kilog. 308 gr.	1 kilog. 079 gr.	1 kilog. 104 gr.	1 kilog. 005 gr.	1 kilog. 033 gr.	1 kilog. 056 gr.	1 kilog. 740 gr.	1 kilog. 635 gr.

: sommation alimentaire et le rendement en lait.

Ces recherches, nous nous y attendons, paraîtront fastidieuses à plus d'un lecteur; mais à
d'autres elles pourront offrir de l'intérêt; à l'éleveur, qu'elles guideront dans l'amélioration des
formes de son bétail.

Quel autre moyen plus rationnel pouvions-
nous employer pour apprécier les dimensions de
cette région? Tout autre ne pouvait qu'être illusoire ou approximatif? Ainsi nous croyons que
Lemaire s'est trompé lorsqu'il a considéré *la poitrine de la petite vache bretonne comme étant une
de celles qui présentent la capacité la moins étendue,
proportionnellement au développement abdominal*.
Que signifie cette étendue proportionnelle de la
poitrine? Que nous apprend-elle sur les dimensions de cette cavité? Rien, si ce n'est qu'elle fait
supposer que l'abdomen est développé à l'excès,
comme cela arrive par suite d'un mauvais élevage et par l'usage d'aliments grossiers peu sub-
stantiels.

Nous croyons donc avoir opéré sur des bases
plus fixes.

Ainsi nous avons considéré l'étendue de la
cavité de la poitrine

1° Au point de vue de sa capacité absolue;

2° Celle-ci comparée au mètre de la taille;

3° La même comparée à 100 kilogrammes du poids vif.

Dans le premier cas, la capacité absolue est invariable; dans les deux autres, elle est proportionnelle.

Par exemple, si on compare la capacité absolue de la poitrine de la vache n° 10 à celle du n° 2, on trouve qu'elle ne fait pas le tiers de celle-ci, tandis que, en la rapportant au poids vif de ce numéro, elle est proportionnellement aussi vaste, ce qui, au point de vue physiologique, est une condition heureuse de conformation, qui explique la puissance digestive qu'on remarque dans les petites vaches.

Si on poursuit ces rapprochements, on trouvera que la capacité absolue de la poitrine de la vache n° 3 présente une surface double de celle de la petite vache n° 9, que le poids vif de celle-ci fait à peu près la moitié de celui de la première, et cependant la capacité de la poitrine de la petite vache, relativement au poids vif, est plus grande que celle du n° 3, ce qui se rapporte à ce que nous avons dit, à cet égard, touchant le n° 10.

La conformation de la poitrine des n°s 5 et 7

fait exception à ce qui se passe, sous ce rapport,
sur la plupart des autres vaches; elle rentre dans
les conditions de celle que préconise Lemaire.
Mais ces supputations changent quand on lui
compare les proportions de la poitrine de la vache n° 1, celle de toutes qui a donné le plus de
lait et qui l'a produit au plus bas prix.

Nous croyons qu'il ressort de ces rapprochements que toutes les vaches qui ont mis bas à
terme, dont la capacité de la poitrine est la plus
petite relativement au poids vif, sont celles qui
ont donné le moins de lait; que, au contraire,
celles dont la capacité absolue de la poitrine est
grande, excepté, toutefois, la vache devon, qui
n'est pas laitière, ont donné un rendement plus
considérable et à plus bas prix. D'où l'on doit
conclure que, si l'étroitesse de la poitrine, que
l'on remarque sur certaines vaches, n'est pas toujours un empêchement à ce qu'une abondante
sécrétion de lait s'établisse, elle n'est pas non
plus indispensable à l'exercice de cette fonction.

§ III. APPLICATION DES ÉPREUVES GÉNÉRALES.

La première que l'on exerce est celle de la
bouche, pour la constatation de l'âge, ainsi que

nous l'avons prescrit à l'égard du bœuf de trait.

Ce maniement a encore pour objet de s'assurer qu'il n'existe pas, dans cette cavité ou sur les organes qui y sont contenus, des lésions telles que des pustules à la base de la langue; que les molaires sont intactes et en nombre voulu, afin que les aliments soient convenablement broyés, et qu'ainsi la vache *ne fasse pas magasin ;* enfin on s'assurera que l'haleine n'a pas une odeur fétide, car, s'il en était ainsi, on serait en droit de soupçonner quelque affection des organes qui ont leur siége dans la bouche, et non dans la poitrine, ainsi que l'a constaté M. l'inspecteur général Yvart, sur un grand nombre de bêtes atteintes de la péripneumonie épizootique. Dans l'état de santé et hors les cas précités, l'haleine est douce et exhale l'odeur de l'herbe ou du foin, selon la saison et la nature des aliments dont la vache est nourrie.

Abandonnant cette région, l'explorateur se placera, s'il le préfère, au côté gauche de la vache, afin de pouvoir exercer les maniements qui ont pour objet l'appréciation de la santé et de la conformation.

Il abordera tout d'abord ce maniement, que

nous avons indiqué en parlant du bœuf de trait, *le pincement de la peau*, et l'exercera, de la manière que nous l'avons prescrite, sur les régions où la peau est plus fine et se laisse plus aisément séparer des autres parties sur lesquelles elle repose : ce sera principalement en avant et en arrière de l'épaule, sur et sous la poitrine, dans le voisinage de l'ombilic, à la base et autour de la queue, de l'anus et de la vulve. Plus la peau sera fine et ridée, de couleur safranée dans le voisinage de ces orifices, plus ses sécrétions seront abondantes ; plus elle sera étendue, plus elle témoignera des qualités de la vache et de ses produits.

Sans changer de position, il recherchera, avec la main gauche, à la base et sur le côté de l'encolure, la veine qui longe le bord antérieur de l'épaule, et que l'on considère comme un des signes infaillibles des qualités *beurrières* de la vache, lorsque cette veine est volumineuse.

Ce maniement sera exécuté avec l'extrémité des quatre doigts réunis et appliqués sur la veine, que l'on reconnaît à sa forme cylindrique et dont l'étendue est de 15 à 20 centimètres sur 3 de diamètre.

La main gauche, qui a exercé ce maniement,

rechercha, à la pointe de l'épaule, en suivant, de haut en bas, la crête osseuse et saillante du scapulum, une excavation longitudinale de 5 à 6 centimètres d'étendue, *dite fossette de l'épaule,* placée un peu au-dessus de l'articulation, *pointe de l'épaule.* Cette excavation permet qu'on y loge l'extrémité de trois doigts.

De là, étendant la même main sur le bord flottant du fanon, il y recherchera un corps dur, que l'on désigne vulgairement sous les noms de *cartilage,* de *carreau,* lequel n'est autre chose qu'un épaississement du tissu cellulaire. Ce signe, dit-on, d'une bonne laitière, qui donne du lait *crémeux,* n'existe pas sur toutes les vaches.

La même position permettra à l'explorateur d'examiner la face interne des oreilles, sur laquelle il recherchera cette couleur safranée qui caractérise la vache dite *beurrière,* et en détachera, avec l'ongle, une matière sébacée jaunâtre, que M. Guénon appelle *son.*

Alors, changeant de main, l'explorateur recherchera, entre l'apophyse épineuse de la dernière vertèbre dorsale et celle de la première lombaire, une autre excavation, qu'on rencontre assez fréquemment sur les bonnes laitières, particulièrement sur les vaches de la race schwitz.

] Dans cette cavité, dite *source du dos,* on peut quelquefois loger aisément le pouce.

La présence de cette cavité est toujours accompagnée, dit Lemaire, *d'une grande longueur des reins. D'où il faut conclure,* ajoute le même auteur, *que beaucoup de largeur et surtout beaucoup de longueur dans la région des reins sont très-favorables à une abondante lactation.*

Par la même raison, *les flancs doivent être très-longs ; leur longueur correspond à la longueur des reins et indique toujours une poitrine courte* (1). C'est, d'après Lemaire, *un des meilleurs signes de qualité laitière. La grande longueur des lombes indique que la vache donnera beaucoup de lait après le vêlage ; la grande largeur indique qu'elle le conservera longtemps. La largeur des reins accompagne toujours une croupe large et longue.*

En quittant la région lombaire, la main se portera à 15 centimètres au-dessous de la hanche, pour y rechercher un corps cylindrique de 3 centimètres de diamètre et de $0^m,20$ d'étendue, se

____

(1) On remarquera, dans les vaches n°s 3 et 4 du tableau n° 1, dans celles du tableau n° 2, les n°s 7, 8, 9 et 10, que l'étendue du flanc représente un peu plus du tiers de la longueur des régions lombaire et dorsale réunies. On remarquera également, sur ces vaches, que la longueur de la croupe représente le tiers, au plus, de celle du tronc, tandis que, sur la vache n° 1, la croupe en fait

dirigeant perpendiculairement au grasset. Ce corps, que l'on désigne encore sous le nom de *veine*, se reconnaîtra soit en appliquant l'extré- mité des doigts sur la surface de la peau et en la faisant glisser au moyen d'une pression mo- dérée, soit que l'on dirige les doigts perpendi- culairement au corps de la vache, de la manière qu'on l'a prescrit pour le maniement de la veine de l'encolure.

Avant de clore cette série d'épreuves, l'explo- rateur portera son attention sur la conformation de la queue, *qui lui fournira*, dit Lemaire, *de précieux renseignements sur la faculté lactifère des vaches.*

Le plus important est la grande finesse de la racine, qui doit être plutôt cylindroïde que conoïde. Dans le premier cas, la vache donne du lait ordi- nairement longtemps. Chez les très-bonnes laitières, la queue est longue, très-mince à son origine, et, dans le reste de son étendue, fine, flexible et vermiculaire.

les deux cinquièmes. Cette conformation de la croupe est un des caractères particuliers au beau type durham. Dans la race du Ayrshire, on trouve des sujets sur lesquels la longueur de la croupe n'a pas le tiers de la longueur du tronc, et sur lesquels le flanc fait plus de la moitié de l'étendue de la région dorsale. La petite vache de la Bretagne (Morbihan) est, le plus ordinairement, celle qui a la croupe la plus courte et le flanc le plus long.

Ordinairement, chez les très-bonnes laitières, l'extrémité libre de la queue est recouverte d'une peau crasseuse jaunâtre, qui laisse détacher, quand on la gratte avec l'ongle, une matière furfuracée de même couleur, et analogue à celle qui tapisse l'intérieur des oreilles et les surfaces de la peau qui avoisine l'anus et la vulve.

On mesure la longueur de la queue en en appliquant l'extrémité sur le membre postérieur; cette extrémité doit dépasser la pointe du jarret.

Pour mesurer la queue, l'explorateur se placera en face de la croupe, ce qui lui donnera les moyens de reconnaître l'aplomb des membres postérieurs, par conséquent l'espacement qui existe entre eux et qui permet au pis, à une époque donnée, de s'y loger commodément, ainsi que nous aurons occasion de le dire dans les épreuves *spéciales* qui s'appliquent directement à l'appareil organique de la lactation; mais, avant de les aborder, nous devons parler de la conformation extérieure du pis, ainsi que de sa composition intime.

Pour que la description en soit aussi exacte que possible, nous reproduisons textuellement l'écrit de *M. Gratiolet*, intitulé *Recherches anatomiques*, qui a été publié, en 1845, par M. le docteur Parisot, importateur, en France, des *trayons artifi-ciels* de *Giester*.

C'est dans la pensée de faciliter l'intelligence de ce travail que nous avons joint au texte les dessins des plâtres obtenus, au moyen d'injections de cette matière, dans l'intérieur d'une mamelle et du trayon correspondant. Nous y avons joint d'autres dessins de pièces anatomiques, ceux du trayon et d'une partie de la mamelle (1).

§ IV. APPAREIL DE LA LACTATION.

1. *Conformation extérieure du pis.*

Le pis ne présente pas, dans toutes les vaches, la même conformation : tantôt il est conique et allongé, en forme de poche appendue, par sa base, à l'extrémité postérieure de l'abdomen; tantôt il a une conformation ovalaire, qui s'avance, d'arrière en avant, vers l'ombilic.

Généralement on observe le pis de la pre-

(1) Nous devons la possession de ces dessins et de ces plâtres à la bienveillance de M. le docteur *Emmanuel Rousseau*, alors chef des travaux anatomiques au muséum d'histoire naturelle. C'est un devoir, pour nous, de lui en restituer tout le mérite, nous réservant le seul que nous devons ambitionner, celui de les faire connaître et de pouvoir, dans cette circonstance, lui exprimer hautement toute notre reconnaissance.

mière forme dans les vaches des contrées à riches pâturages, de la Hollande, de la Flandre et du Cotentin.

Comme ces vaches sont bonnes laitières, on est porté à croire qu'un pis ainsi fait réunit les meilleures conditions et témoigne des qualités éminentes de la vache qui en est pourvue. Cependant cela n'est pas toujours vrai, car on trouve de très-excellentes vaches qui l'ont fait autrement.

Les trayons d'un tel pis sont toujours volumineux et longs, et sont taillés en entonnoir à l'extrémité qui adhère au sommet de la *poche*. La peau qui les recouvre, ainsi que celle du pis, quoique cette dernière diffère de l'autre, est épaisse et très-plissée.

Cette vaste poche embarrasse beaucoup la marche de la vache qui doit aller pâturer au loin ou qui doit voyager, surtout à l'approche du vêlage.

Le pis de l'autre conformation, le pis ovalaire, est divisé, extérieurement, dans son diamètre antéro-postérieur, par une ligne médiane déprimée qui le partage en deux parties égales, une droite et une gauche. Chacun de ces hémisphères est subdivisé, transversalement, en deux parties, une antérieure et une postérieure, par une dépression

sensible au toucher. Chaque subdivision correspondant à une mamelle est désignée vulgairement sous le nom de *quartier*, et est munie d'un
mamelon ou trayon.

Il y a ordinairement quatre trayons, deux à
droite et deux à gauche. Souvent on en voit trois
de chaque côté, quelquefois quatre; les postérieurs, mal espacés, sont ordinairement borgnes.
Cependant il s'en trouve qui ne le sont pas et qui,
quoique moins volumineux que les autres, donnent passage au lait; mais l'orifice extérieur est
moins grand que celui des trayons antérieurs (1).

Les trayons ont de 55 à 65 millimètres de longueur sur 25 à 30 de diamètre. Les antérieurs
sont ordinairement plus longs et plus gros que
les postérieurs (2).

« L'étude la plus attentive de la surface extérieure des trayons (dit **M.** Gratiolet) n'y fait re-

(1) Fanny, métisse durham, porte six trayons très-régulière-
ment espacés, d'une longueur médiocrement décroissante, livrant
tous passage au lait; cependant les postérieurs en donnent en
moindre quantité que les antérieurs. Cette disposition exceptionnelle ferait supposer qu'à chaque trayon surnuméraire correspond
une glande mammaire ou, au moins, un lobe séparé, et avec lui
un conduit excréteur particulier.

(2) Nous connaissons une bonne laitière dont les deux trayons
postérieurs, taillés en entonnoir, sont plus gros et plus longs que
les antérieurs, qui sont cylindriques et courts, ce qui ferait croire

connaître aucune espèce d'ouverture, sinon à son extrémité libre, où l'on rencontre une petite fossette fort apparente, laquelle conduit à un canal qui s'élève très-haut et jusque dans l'intérieur de la glande (1). » Nous laissons toujours parler M. Gratiolet :

« *Si nous poursuivons* l'examen des particularités que présente immédiatement cette surface, nous remarquerons les faits suivants : en premier lieu, la peau du trayon est complétement nue et dépourvue de poils ; sa couleur est d'un blanc jaunâtre parcheminé, finement strié par des ombres fines résultant de sillons nombreux en losanges qui divisent toute l'étendue de l'épiderme de cette région en alvéoles irréguliers.

« *Elle nous a paru* complétement dépourvue d'orifices, de cryptes, tandis que ceux-ci sont, au contraire, fort abondants et très-visibles sur la peau qui recouvre la mamelle elle-même, surtout à la base du mamelon. Il est également impos-

à un ou deux faux quartiers. Cependant il n'en est rien, par la raison que les deux trayons antérieurs livrent passage à une aussi grande quantité de lait que les postérieurs, et que les glandes correspondantes sont intactes.

(1) *Les trayons*, d'après M. Lavocat, continuateur de l'*Anatomie de Rigot*, p. 134, *sont percés, à leur sommet, de trois ou quatre orifices, dont un principal au centre.*

sible d'apercevoir des rangées papillaires, bien que ces organes y soient fort développés, ainsi que nous le verrons tout à l'heure.

« Telles sont les particularités qu'offre, à l'œil nu, la surface du mamelon. Il s'agit, maintenant, de poursuivre notre examen et de rechercher la disposition et la configuration des cavités au milieu desquelles pénètre la sonde qu'on engage dans l'ouverture unique du trayon. »

Nous bornerons à cet examen de l'extérieur du pis ce que nous avons à en dire à présent, nous réservant de revenir sur ce sujet quand nous parlerons du système Guénon et des épreuves spéciales.

2. *Structure intérieure du pis.*

Nous avons dit que la masse générale du pis semble divisée, à l'extérieur, en quatre principaux lobes, qui aboutissent à quatre orifices excréteurs ou trayons parfaitement distincts et séparés les uns des autres. Maintenant, examinons où pénètre la sonde.

En suivant les recherches de M. Gratiolet (1) :

« Si, à l'aide d'un scalpel conduit dans la cannelure de la sonde, on divise le mamelon sur un

(1) Planche 4, fig. 8, vue intérieure du trayon et des cavités de la glande correspondante.

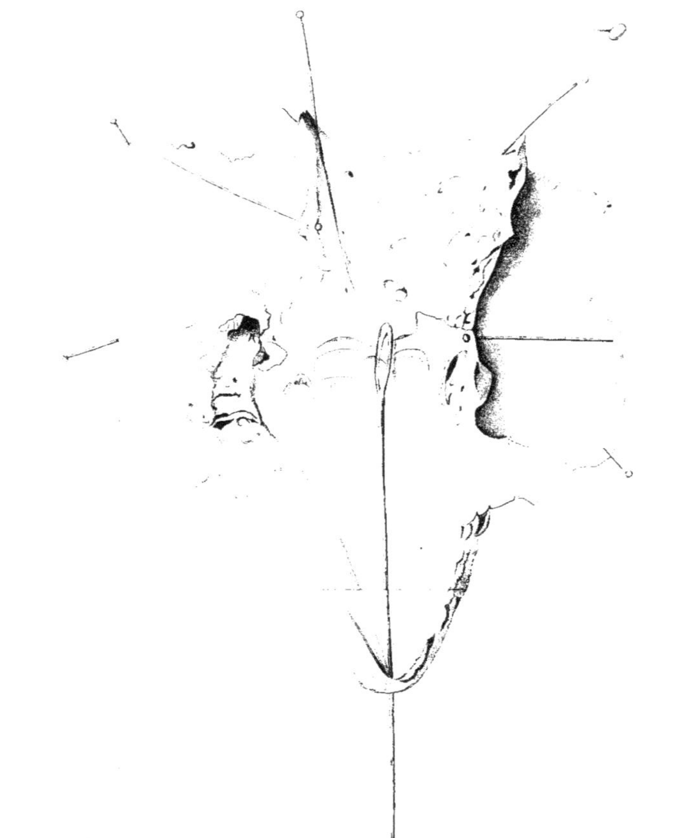

Traité des Pansements

Librairie de J.-B. Baillière. Hazard.

Fig. IX.

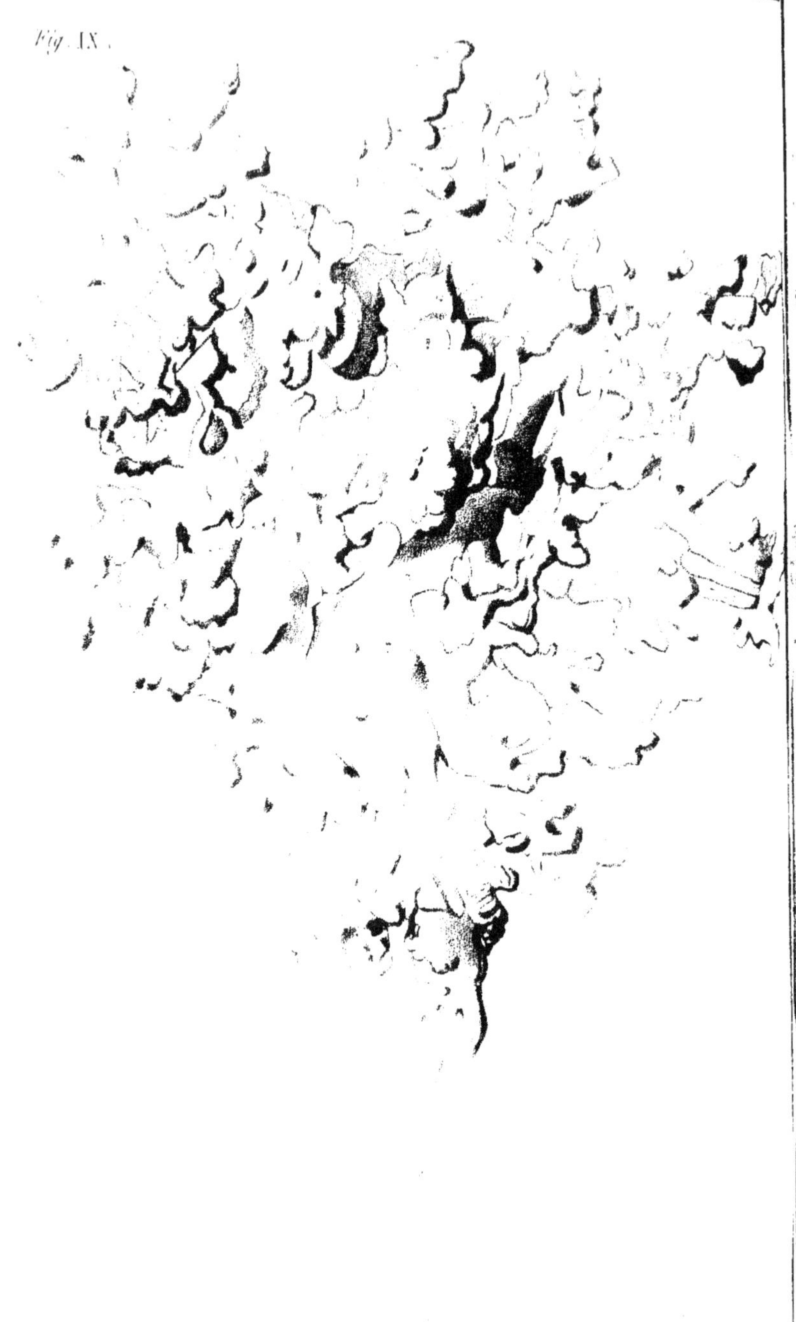

Traité des Maniements.

Aug. Duménil sculp.

de ses côtés et dans toute sa hauteur, on pénètre immédiatement dans une large cavité, fort étroite à l'orifice unique, beaucoup plus large dans l'intérieur du trayon, et s'épanouissant dans l'intérieur de la glande, où elle forme une multitude de cellules souvent fort vastes, dont l'ensemble, injecté à la cire, représente assez grossièrement la forme d'un chou-fleur (1). »

Pour la commodité de la description, l'auteur divise cette cavité en trois régions distinctes :

« La première correspond à l'orifice ; la seconde mesure la longueur du trayon dans presque toute son étendue ; la troisième comprend la partie aréolaire qui plonge, pour ainsi dire, dans l'épaisseur de la glande.

« La première partie est fort étroite ; elle a à peu près 9 millimètres de longueur depuis la marge de l'orifice visible à l'intérieur ; son diamètre est, partout, à peu près uniforme ; elle est revêtue par une muqueuse et finement plissée dans le sens de la longueur du trayon : il semble qu'une rétraction vigoureuse de la substance même du mamelon, rétrécissant incessamment

(1) Planche 5, fig. 9, vue du relief en plâtre solidifié de l'intérieur du trayon et des cavités de la glande mammaire correspondante.

l'orifice à la manière d'un sphincter, détermine la formation de plis ou de rides. Cette partie est, le plus souvent, enduite, sur les cadavres, d'une matière caséo-muqueuse assez épaisse, mais peu abondante (1).

« La deuxième partie est plus large et se renfle brusquement au-dessus de la première ; son diamètre naturel, dans l'état de vacuité, est égal à 18 millimètres à peu près. La muqueuse qui la tapisse est d'une finesse extrême et laisse apercevoir la saillie de sinus veineux considérables situés au-dessous d'elle ; comme la première, elle offre des plis nombreux. Ces plis sont, à coup sûr, assez remarquables pour mériter une description particulière.

« On en voit de deux ordres, les uns longitudinaux et les autres transversaux. Les plis longitudinaux sont au nombre de cinq ou six, à peu près parallèles et se bifurquant quelquefois ; ils semblent formés par l'agglomération de plis plus fins, qu'on n'aperçoit bien qu'à la loupe. A la partie supérieure des trayons, ces plis se multiplient en se bifurquant, deviennent de plus en plus

(1) Planche 6, fig. 10, vue intérieure du trayon divisé dans sa longueur ; pl. 6, fig. 11, vue de l'orifice extérieur de l'extrémité libre du trayon.

Fig. X.

Pl. XI.

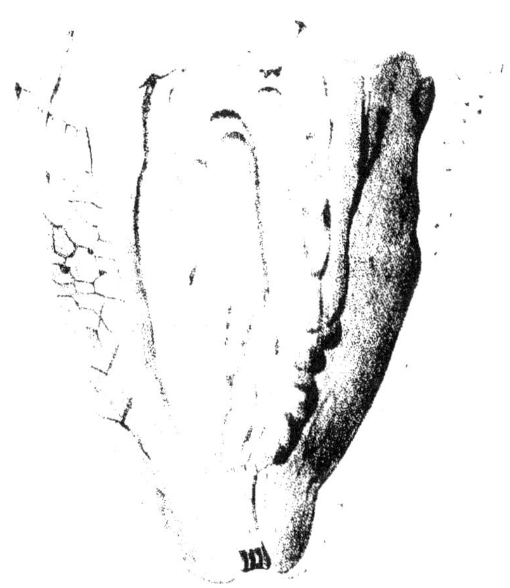

Fig. XI.

Aug. Dumenil sc.

considérables, et se continuent avec les cloisons
qui séparent les alvéoles de la troisième partie.

« *Les plis transversaux* forment des brides
tendues entre les longues arêtes formées par les
plis longitudinaux. Nous n'avons remarqué rien
de régulier quant à leur nombre. Ces plis croisant ainsi la direction de ceux qui sont longitudinaux, il en résulte des petits espaces irrégulièrement quadrilatères, formant d'abord des dé-
pressions légères et superficielles, mais devenant
bientôt plus profonds, en sorte qu'à la partie supérieure du trayon ils constituent de véritables
cellules. Ces cellules, par leur forme, leur arrangement, sont un passage naturel aux vacuoles de
la troisième partie.

« *Celle-ci se distingue* donc beaucoup moins
par l'existence des cellules que par leur grandeur :
elles y forment, en effet, de grands culs-de-sac,
de larges *diverticulum* de la cavité principale,
subdivisés eux-mêmes en cellules secondaires,
dont l'ensemble, ainsi que nous l'avons dit plus
haut, représente assez grossièrement la tête d'un
chou-fleur.

« *Les grains glanduleux* immédiatement acco-
lés aux parois de ces cavités embrassent leur ensemble, et y versent incessamment le lait qu'ils

sécrètent. Ce lait, entraîné par son poids, descend dans la cavité moyenne, où il se trouve retenu par l'action contractile de l'orifice ; alors, la sécrétion continuant toujours, son niveau s'élève ; bientôt le mamelon lui-même est plein de lait ; un peu plus tard, les cellules mammaires se remplissent, et ce n'est pas alors employer une figure poétique que de dire que les mamelles sont pleines de lait.

« Ainsi, dans la vache, on peut assez exactement comparer la disposition générale des canaux excréteurs du lait à celle des conduits urinifères : la partie supérieure ou alvéolaire représente assez exactement les calices ; la partie moyenne, une sorte de bassinet ou de vessie, dont la région inférieure forme réellement le sphincter.

« *Cette disposition* permet d'expliquer aisément pourquoi les portions de lait fournies par la vache, les dernières, sont les plus riches en parties butyreuses ; il est naturel, en effet, que leur légèreté spécifique les élève au-dessus des couches de liquide qui s'accumulent dans la cavité générale du pis, et en conséquence elles doivent s'écouler les dernières.

« La muqueuse qui revêt la surface interne du mamelon est fort délicate ; un épithélium pavimenteux très-délié le recouvre, dans toute son étendue, depuis l'orifice du pis jusqu'aux portions qui recouvrent le grain glandulaire.

« *Dans toute la portion* de la cavité qui correspond à l'orifice, c'est-à-dire dans la première partie, l'épithélium est extrêmement épais et dense, bien qu'une lubréfaction fréquente lui conserve généralement assez de souplesse. Le noyau prédomine beaucoup dans les cellules qui le forment, en sorte que par cette condition, comme aussi par son épaisseur, il se rapproche beaucoup de la forme générale de l'épiderme extérieur. Mais ce qu'il y a de plus remarquable, c'est la brusque transition qui existe entre l'épithélium de la première partie et celui de la seconde.

« *Celle-ci est revêtue* d'un épithélium mince, délicat, offrant tous les caractères des formations épithéliales pavimenteuses. La couche très-mince qu'il forme s'amincit de plus en plus, à mesure qu'on s'élève dans la cavité générale du pis, en sorte que, arrivé aux cellules terminales, il faut avoir recours au microscope pour en déterminer l'existence.

« *L'extrême délicatesse* de cette enveloppe protectrice peut faire penser que la surface interne du pis est fort irritable, et à cela nous ne répondrons qu'une chose, c'est qu'il est à peu près impossible d'y découvrir des nerfs. Toutefois cette proposition ne concerne que la deuxième et troisième partie, puisque la première est pourvue d'une couche fort solide de cellules épidermiques. »

Telle est la composition de l'organisme intérieur du pis de la vache ; telle en est aussi la conformation extérieure, dont la connaissance nous rendra plus faciles les épreuves qui vont appeler notre attention.

§ V. ÉPREUVES SPÉCIALES.

Avant la découverte de **M. Guénon**, les seuls moyens d'investigation que l'on employait pour découvrir les qualités laitières d'une vache consistaient dans les épreuves que nous avons décrites. Ces moyens sont encore ceux dont disposent exclusivement les personnes qui ignorent la juste valeur de cette découverte, de même que ses partisans exclusifs lui demandent, sans réserve, de révéler toutes ces qualités, même celles qui ne peuvent pas l'être. Sans doute, la découverte de M. Guénon a rendu des services importants à l'économie du bétail ; elle est appelée à en rendre de plus grands dans la suite, mais à la condition, toutefois, qu'elle sera mieux connue :

pour cela, il faut qu'elle soit convenablement étudiée.

Ainsi, vouloir s'en rapporter à cet unique moyen, ce serait étrangement s'abuser et s'exposer à des déceptions décourageantes. C'est pourquoi nous croyons qu'il est prudent de recourir à toutes les investigations connues, et d'accorder à chacune le degré de confiance qui lui revient.

Nous sommes donc amené tout naturellement à parler de la théorie de la découverte de M. Guénon, et d'en discuter quelques conséquences qui nous paraissent erronées, sans avoir l'intention, bien entendu, de nous poser en détracteur.

1. *Examen de la découverte Guénon.*

Disposition du poil. — On sait que cette découverte repose sur une disposition particulière du poil qui recouvre, en totalité ou en partie, l'entre-cuisse et le pis de la vache.

On sait aussi que, indépendamment de la direction exceptionnelle de ce poil, l'auteur tient compte de la coloration de la peau sur laquelle est implanté ce poil, coloration spéciale, privilégiée, qui donne naissance à cette matière jaunâtre qui se détache de la peau et qu'il appelle *son.*

De cet ensemble, dû à la coloration et à la di-

rection du poil, résulte une figure que **M.** Guénon appelle *gravure* ou *écusson*.

Gravure ou écusson. — Mais, comme cet écusson n'a pas toujours la même forme et n'a pas,
dans toutes les vaches, la même étendue, **M.** Guénon a fait des classes, qu'il a subdivisées en ordres. Dans la première édition de son *Traité des
vaches laitières*, les classes et les ordres étaient au
nombre de huit. Venait ensuite une classe supplémentaire, correspondante aux sept premières
des vaches franches, dans laquelle étaient rangées les vaches dites *bâtardes ;* la huitième, celle
des carrésines, n'en comptait pas.

Dix classes. — Dans la dernière édition de ce
traité, qui a paru en 1851, l'auteur crée dix
classes de vaches franches et six ordres seulement pour chaque classe. Les deux nouvelles sont
dénommées, l'une, *flandrines à gauche,* l'autre,
les doubles lisières. Indépendamment de ces deux
nouvelles classes, **M.** Guénon a cru devoir ajouter *deux variétés d'écussons ayant quelque simili-
tude avec les autres et étant comme un appendice
à la classification*. (Voir le *Traité des vaches laitières,* 3ᵉ édition, page 10.)

M. Guénon a fixé le rendement du lait que
chaque vache franche doit donner en raison de

la classe et de l'ordre auxquels elle appartient ; pour cela, il a fait trois catégories, selon la taille et le poids net. Ainsi la vache de haute taille, de 300 à 350 kilogrammes, donnera une plus grande quantité de lait que la vache de moyenne taille, de 150 à 200 kilogrammes, et celle-ci plus que la petite, de 70 à 150 kilogrammes.

Épis. — Indépendamment de la forme et de l'étendue de l'écusson, M. Guénon tient en grande considération « les épis, qui s'y rencontrent assez « généralement et qui en réduisent ou augmen- « tent la valeur, suivant leur forme, leur nature, « la place qu'ils occupent et l'étendue qu'ils em- « brassent. » *Traité des vaches laitières*, 3ᵉ édi- tion, p. 20.

« Toutes variations de poil dans l'écusson, dit « M. Guénon, sont des épis qui constituent une « irrégularité et indiquent un défaut, à l'intérieur, « qui influe sur la sécrétion du lait. » Page 21.

« Ce défaut est en rapport avec l'étendue su- « perficielle. » Page 21.

« Les épis sont de deux espèces, les uns de *poils* « *montants,* les autres de poils descendants. » Page 25.

Sept espèces d'épis.— « Les épis sont au nom- « bre de sept ; cinq figurent sur l'écusson ; les

« deux autres sont en dehors ; leur signification
« et leur valeur varient avec leur étendue, la
« position qu'ils occupent et la direction de
« leurs poils *montants* ou *descendants.* » Page 25.

« Les noms dont je me suis servi, dit M. Gué-
« non, seront compris par tout le monde ; ils
« ont quelque rapport avec les formes, les attri-
« butions ou les emplacements des épis qu'ils
« désignent. » Page 26.

Noms des épis. — « Les épis sont, comme il
« est dit plus haut, au nombre de sept : 1° l'épi
« *ovale*, 2° l'épi *fessard*, 3° l'épi *babin*, 4° l'épi
« *vulvé*, 5° l'épi *bâtard*, 6° l'épi *cuissard* et
« 7° l'épi *jonctif*. » Page 26.

Pour l'intelligence du rôle que leur fait jouer
M. Guénon, nous renvoyons le lecteur à la troisième édition du *Traité des vaches laitières*,
page 26 et suivantes. Cependant, avant d'abandonner ce sujet, nous reviendrons sur certaines
considérations qui s'y rattachent et qui méritent
un examen particulier.

M. Guénon dit, page 24 : « En général, quand
on verra, dans l'écusson, un épi situé à droite ou
à gauche des cuisses, on saura qu'il existe une
altération des vaisseaux situés au-dessous et de
chaque côté du ventre, et l'on pourra s'assurer,

en touchant ces vaisseaux de la main, que, du côté où l'épi empiète sur l'écusson, le vaisseau lactifère est *moins gros* que le trou qui le termine, est moins grand et moins profond que celui du vaisseau situé du côté opposé. »

Dans cette circonstance comme dans beaucoup d'autres, M. Guénon a pris l'effet pour la cause, et la prétendue altération des vaisseaux dont il parle ne peut être appréciée par le toucher le plus exercé. Il serait plus rationnel de dire, selon nous, que le peu de volume d'une des deux veines est dû à une lésion organique et fonctionnelle des glandes mammaires correspondantes, et, par la même raison, que le plus grand développement de l'autre veine devrait être attribué à l'exquise organisation des glandes qui ont, avec elle, des rapports plus directs, et qui fait que celles-ci jouissent d'une plus grande activité fonctionnelle.

S'il en était autrement, comment expliquer cette affection qui se manifeste par l'atrophie d'une ou de plusieurs glandes mammaires, qu'on désigne sous le nom vulgaire de *faux quartier?*

Persistant dans ses idées sur l'influence de l'écusson, M. Guénon dit, page 19 du *Traité des vaches laitières* :

« Dans toutes les classes et dans tous les ordres, l'écusson est le seul signe indicateur de la capacité intérieure du pis et le régulateur de l'importance *du produit lactifère,* de telle sorte que l'on peut toujours décider ou juger, sans crainte de se tromper, de la valeur de la bête, en ce sens que, si l'écusson est grand, le réservoir du lait est grand, et conséquemment le produit abondant ; que, si, au contraire, l'écusson est petit, le réservoir est petit, et, partant, le produit inférieur en qualité. »

Sans aucun doute, l'étendue, la régularité des contours, des limites de l'écusson, la couleur, la finesse de la peau et du poil qui le recouvrent sont des indices de la quantité, je dirai plus, de la qualité du lait. Mais dire *que l'écusson soit le seul signe régulateur de l'importance du produit lactifère,* comme s'exprime M. Guénon, c'est une erreur grave qui a donné lieu à un grand nombre de déceptions et a fait douter de la valeur de sa découverte.

Nous le demandons à M. Guénon, n'a-t-il pas eu, plus d'une fois, sujet de regretter un jugement hasardé sur ce signe unique ?

Oui, l'écusson, selon la taille de la vache, est un guide sûr, un auxiliaire puissant, dans lequel

l'explorateur doit avoir confiance pour arriver à
reconnaitre les qualités acquises d'une vache et
les prédispositions du jeune sujet, à la condition,
toutefois, que les organes sécréteurs du lait seront doués des propriétés physiologiques requises ; en un mot, de l'activité fonctionnelle
qui doit distinguer chaque classe et chaque ordre, à la condition, surtout, que la santé du sujet sera irréprochable, que l'alimentation sera
appropriée à ses besoins, enfin que tout con-
courra à favoriser la lactation.

Passons à cette catégorie de vaches que M. Guénon appelle bâtardes, et qu'il signale ainsi :

« *Chaque classe, chaque ordre* des vaches franches a ses bâtardes, c'est-à-dire des individus
qui, quoique ayant quelque ressemblance avec
les premiers ordres de leurs classes, en diffèrent
néanmoins pour le rendement en lait, et c'est
cette ressemblance fatale qui, pour les demi-
connaisseurs, est une source d'erreurs. »

La classe flandrine a deux espèces de bâtardes :

« La première se fait remarquer par un ovale,
dit *épi bâtard,* dont le poil descendant est situé
au haut et sur la ligne médiane de l'écusson. »

« *La deuxième bâtarde* flandrine se fait remarquer par la disposition du poil de ses bords, qui,

au lieu de monter verticalement vers la vulve, se divise, en travers, sur les cuisses et sur les fesses de la vache, et se hérisse comme la barbe d'un épi de blé. » (*Traité des vaches laitières*, 3ᵉ édition, page 48.)

Les neuf autres classes des bâtardes ont des caractères qui leur sont propres ou communs, ce qui fait qu'elles veulent être étudiées, les unes séparément, les autres d'après les règles communes. C'est pourquoi nous renvoyons le lecteur à la troisième édition du *Traité des vaches laitières* de M. Guénon.

Nous dirons, en passant, que, heureusement, le nombre de ces bâtardes est si petit, que, dans toutes les nombreuses vaches que nous avons été à portée d'observer de près, nous n'en avons pas vu une *seule* qui perdit brusquement son lait peu de temps après avoir été fécondée. Nous n'en avons rencontré qu'une à *épi bâtard*, qui devint nymphomane, dite *taurélière* ou *ribaude*, longtemps après le vêlage. A la mort, les organes utérins présentèrent des lésions pathologiques qui expliquaient les causes de l'infécondité mieux que l'épi aurait pu le faire, la prédominance incontestable de cet appareil organique sur celui de la lactation. Ces mêmes désordres se sont

constamment montrés, à des degrés différents,
sur toutes les vaches frappées de stérilité que
nous avons été en position d'observer.

2. *Classification des taureaux.*

Dix classes de taureaux. — M. Guénon a fait,
pour les taureaux comme pour les vaches, dix
classes, auxquelles il a donné les mêmes noms.

Il a subdivisé ces classes en trois ordres, dont
chacun comprend trois gradations de taille, *haute,*
moyenne et *petite.*

Il désigne les trois ordres de chaque classe par
les dénominations suivantes : *bon, médiocre, mau-*
vais.

« Chez les taureaux, dit l'auteur, les écussons
partent de la partie antérieure des bourses, s'é-
tendant en dedans et au-dessus des jarrets, et
débordant sur les cuisses ; de là ces lignes courbes,
obtuses ou aiguës, suivant la classe, vont se joindre à droite et à gauche, au-dessus de l'anus.

« *L'écusson,* dans toute son étendue, doit se
faire remarquer par la finesse du poil et de la
peau, par la couleur plus ou moins jaune de l'é-
piderme et des pellicules qui s'en détachent. »
(*Traité des vaches laitières,* page 118.)

M. Guénon recommande « que le taureau reproducteur soit de premier ordre dans chaque classe,
au point de vue *de la transmission des qualités
lactifères.* » (Même *Traité,* page 119.)

Suivant l'auteur, « les classes les plus répan-
dues et qui offrent le plus grand nombre de taureaux sont, dans toutes les races, les trois classes
suivantes :

« Première classe, courbeline ;

« Deuxième classe, limousine ;

« Troisième classe, carrésine.

« Les autres classes ne présentent qu'un petit
nombre de sujets. » Page 120.

« M. Guénon place au premier rang les taureaux flandrins, comme étant les meilleurs pour
la transmission des qualités laitières (1). »

« On reconnaît ces taureaux à l'écusson, de
même dessin que celui des vaches de la même

(1) Étant au concours d'Angers, nous profitâmes de cette circonstance pour aller voir un taureau de la race d'Ayr, qui avait été
acheté à l'institut agronomique de Versailles et qui était remarquable par sa conformation, surtout par l'écusson de la première
classe et du premier ordre des flandrines. A notre grand regret,
notre attente fut trompée ; le taureau était mort depuis peu de
jours. Mais nous vîmes une belle étable de vaches composée de dix
têtes, dont deux durhams de pure race, deux métisses durhams-
flamandes ; les autres appartenaient à des races diverses ; toutes
étaient très-bien marquées, particulièrement les métisses, qui por-

famille et du même ordre ; il est seulement moins étendu dans toutes ses parties, *parce que les tissus qui renferment les organes de la génération, chez le taureau, sont moins développés que ne le sont, dans la femelle, les organes sécréteurs du lait* (1). »

Trois tailles de taureaux. — L'auteur, avons-nous dit, a distingué trois tailles dans les taureaux : « la *haute* est celle d'un animal susceptible d'arriver, après avoir atteint tout son développement, au poids de 500 kilogrammes de chair nette, terme moyen.

« La moyenne atteindra 350 à 400 kilogr.: la petite, enfin, le poids de 200 à 250 kilogr. »

Il est important de remarquer qu'un taureau de la taille et du volume d'un bœuf qui serait

taient des écussons du premier ou deuxième ordre des flandrines. Nous vîmes aussi six génisses, âgées de dix mois à un an, issues du croisement du taureau d'Ayr avec les métisses durhams et les vaches des autres races, excepté les durhams pur sang ; *pas une de ces génisses n'était marquée comme le père ou la mère ; plusieurs de ces écussons n'avaient pas de caractère précis.*

(1) Les rapprochements que M. Guénon établit entre les tissus qui renferment les organes de la génération chez le taureau et les organes sécréteurs du lait chez la femelle ne sont pas heureux. Nous croyons que l'auteur du *Traité des vaches laitières* se serait montré prudent en s'abstenant de parler un langage qu'il interdit à l'agriculteur.

dans la même condition pèsera beaucoup plus que celui-ci.

Nous nous arrêterons à cette courte analyse de la découverte de M. Guénon, laissant aux anatomistes le soin de décrire la formation de la peau de l'écusson, la cause de sa coloration indienne et ses sympathies avec les organes sécréteurs du lait, l'origine des poils remontants ou la cause inconnue qui leur donne une direction opposée à celle qu'a le poil des autres parties du corps. Toutes ces choses ont, sans doute, beaucoup d'intérêt pour le physiologiste ; mais elles seront d'un faible secours pour l'éleveur de bétail dans le choix d'une vache.

Passons actuellement à l'application des épreuves que nous avons qualifiées *spéciales*.

§ VI. APPLICATION DES ÉPREUVES SPÉCIALES OU DES MANIEMENTS SPÉCIAUX.

Nous avons prescrit, comme règle générale, les précautions que doit prendre l'explorateur pour se prémunir contre les atteintes des animaux sur lesquels il opère. Dans cette circonstance, surtout, il doit se montrer plus prudent encore.

Avant donc de se placer à l'arrière de la vache, on devra s'assurer qu'elle est docile et se laisse facilement aborder et toucher sur toutes les parties du corps. Pour cela, on devra l'approcher avec confiance, en lui parlant avec douceur; en se plaçant à sa droite, par exemple, on passera la main correspondante sur le garrot, le dos et les reins, en même temps qu'on promènera doucement la main gauche de la hanche vers le pis, pour prendre un mamelon, comme si on voulait traire la vache.

Dans cette manœuvre, on le voit, les deux mains sont alternativement occupées; mais, du moment que la droite, remplacée par la gauche, devient libre, elle sert de moyen de protection à l'explorateur, qui, de la sorte, se met en garde contre un coup de corne, en éloignant de lui la tête de la vache.

Si, au lieu de montrer de la docilité, la vache est d'un abord difficile ou oppose de la résistance à l'approche de la main sur le pis, mieux vaut, dans ce cas, renoncer à poursuivre les épreuves et à posséder une telle vache.

M. Guénon propose, pour explorer l'écusson, de profiter du moment où la vache pisse. Cette attitude n'est pas toujours à la disposition de l'explorateur, qui, alors, doit recourir à d'autres expédients.

Un de ceux-là consiste à faire marcher la vache. Dans la progression, les mouvements des
membres postérieurs donnent à la peau de l'écusson tout le développement qu'elle comporte, tant
en avant du pis que sur toute la face postérieure
de celui-ci.

On peut encore employer un autre moyen sur
la vache qui est docile; c'est de gratter avec l'ongle la face interne d'une des cuisses. A ce doux
chatouillement, elle s'empressera de la lever,
comme pour faciliter l'action de l'explorateur.

Après avoir pris position à l'arrière de la vache,
l'explorateur, en vue de reconnaître la forme de
l'écusson et ses contours, l'étendue et la texture
de la peau, le poil qui la recouvre, le nombre et
le volume des veines qui sillonnent cette même
peau, l'explorateur, disons-nous, la saisira avec
deux mains, l'étalera transversalement, afin de
constater son étendue; il la plissera et la roulera
entre ses doigts, afin d'en apprécier le degré de
finesse et d'élasticité, car il arrive fréquemment,
chez les grandes laitières, que la peau du pis acquiert, peu après le vêlage, une plus grande
épaisseur, ce qui constitue une véritable hyper-
trophie de ce tissu.

Dans cet examen, l'action du toucher offre encore ce degré d'intérêt que, indépendamment qu'elle aide puissamment à différencier la direction du poil de l'écusson et de celle du poil des épis, ce que l'œil seul ne pourrait pas faire dans bien des cas, elle est indispensable pour déterminer les limites de l'écusson lorsque le poil en a été coupé et rasé, ainsi que le font les marchands de vaches du Gâtinais, sous prétexte de faire la toilette aux génisses qu'ils vont acheter en Normandie et dans la Sarthe. Dans ce cas, on peut comparer l'impression que ces poils coupés produisent sur les doigts à celle des crins d'une brosse douce.

Cette exploration ne doit pas se borner aux enveloppes extérieures du pis; elle doit s'étendre à tous les tissus intérieurs, afin d'en apprécier l'état physiologique.

Un pis volumineux témoigne, au premier abord, en faveur des qualités laitières; mais ce témoignage n'est justifié qu'autant que les organes sécréteurs sont doués d'une grande énergie fonctionnelle. Un pis ainsi constitué cesse d'être volumineux après la mulsion; il devient mou, flasque et fortement ridé, parce que la peau d'un tel pis est très-vaste et se continue sur tout le périnée, où elle forme des plis nombreux et profonds.

18

Il n'en est pas ainsi d'un pis charnu ou gras, qui reste homogène après la mulsion, qui résiste à la main qui le presse, qui conserve la peau toujours tendue, sillonnée de rares veines, peu flexueuses et d'un petit calibre ; un tel pis présente encore à la main qui le soulève une masse lourde et compacte.

Après cet examen, l'explorateur mesurera de l'œil le volume, la longueur et l'espacement des trayons : l'espacement entre eux doit être égal ; le volume doit être en rapport avec celui du pis. Courts et d'un petit diamètre, ils annoncent que la sécrétion du lait est très-restreinte. Si l'un d'eux est plus court que les autres, est *flasque et recouvert d'une peau plissée,* cela annoncera que la glande mammaire correspondante est atrophiée et paralysée, ce que l'on désigne vulgairement sous le nom de *faux quartier,* et M. Guénon vache *poupèque.*

Cette altération se révélera, au toucher, par l'absence de la totalité ou de la plus grande partie de la glande mammaire, ainsi que par la déformation de la portion du pis qui y correspond.

Abandonnant l'exploration du pis, l'opérateur passera à celle de la veine sous-cutanée abdominale dite *mammaire,* laquelle rampe de chaque côté et au-dessous de la cavité de l'abdomen. S'il veut examiner celle de gauche, par exemple, il se placera de ce côté, il appuiera la main correspondante sur le dos de la vache, il avancera la droite sous l'abdomen, en la dirigeant vers la face antérieure du pis, pour y rechercher la veine à l'aide de l'extrémité des doigts, qu'il appliquera sur le cylindre flexueux du vaisseau ; il en suivra toutes les sinuosités et les divisions même, jusqu'à l'ouverture par laquelle il pénètre à l'intérieur, ouverture vulgairement dite *fontaine*, *source*, *porte du lait*. Cette ouverture sera d'autant plus grande que le calibre de la veine sera plus grand lui-même, et que la colonne de sang qui y est reçue sera plus forte (1).

(1) M. Guénon dit, page 15 du *Traité des vaches laitières*, avoir rencontré « un grand nombre de vaches sur lesquelles ces veines étaient peu apparentes, et qui, cependant, étaient réputées des meilleures laitières de la contrée, tandis que telles autres, qui les avaient extrêmement développées, ne donnaient qu'un rendement très-médiocre ou ne conservaient pas leur lait. »

Les premières vaches, sans doute, étaient au premier ou au deuxième vêlage ; les secondes étaient des vaches âgées, chez lesquelles la sécrétion du lait était sinon éteinte, au moins très-affaiblie. Chez ces vaches, les veines sous-cutanées abdominales conservaient un calibre considérable, par suite de l'activité antérieure de la lactation. Nous avons été en position de faire cette remarque sur une vache qui avait été excellente laitière et qui était devenue stérile.

La contre-épreuve sera faite sur la veine du côté opposé, et aura principalement pour objet de comparer entre elles ces deux veines, parce que, si le calibre de l'une est moins développé et moins résistant sous la pression du doigt, on sera en droit de supposer que cette disposition est due à une altération partielle ou totale d'une ou des deux glandes mammaires correspondantes, et non, comme le dit M. Guénon, à la présence d'un épi sur l'écusson.

Reste à tenter une dernière épreuve confirmative des précédentes, qui doit mettre l'explorateur en position d'apprécier la qualité du lait de la vache, celle de la *mulsion*.

Indépendamment des réserves qu'imposent les usages du commerce des bestiaux dans certaines contrées, la Bretagne et la Vendée, réserves qui exigent que cette épreuve ne soit faite qu'après que le vendeur et l'acheteur sont d'accord sur le prix, il se présente d'autres empêchements.

En voici un matériel, heureusement fort rare, que signale M. Em. Jamet : « Il y a des vaches qui, par suite d'une *échauffaison* du pis, deviennent *manquettes*, c'est-à-dire qu'elles cessent de donner du lait par un ou plusieurs trayons. Ces trayons étant bouchés, et le côté de la mamelle auquel ils communiquent donnant du lait, ce lait ne peut sortir ; il arrive alors que tout le pis devient malade ; il se forme des dépôts qui compromettent la vie de la mère et empêchent le nouveau-né de prendre la nourriture dont il a si grand besoin. Ces accidents se renouvellent à chaque vêlage, jusqu'à ce que le côté du pis où pendent les trayons bouchés cesse lui-même de donner du lait (1). »

Cet état des trayons n'est pas le seul empêchement qui se présente : il en est un autre non moins grave, dit *empissement,* qui est dû à un engorgement du pis de la vache, qu'en laisse quelquefois vingt-quatre heures sans traire avant de la conduire à la foire. D'autres fois, si la vache a cessé, depuis peu de temps, de donner du lait ou si la gestation n'est qu'au sixième ou au huitième mois au plus, certains marchands flagellent, avec des orties, le pis et la vulve, qui se tuméfient, comme si la vache ou la génisse, s'ils ont opéré sur celle-ci, étaient à *terme.* En pareil cas, la peau du pis et de la vulve est rouge, chaude, douloureuse au toucher, même le plus léger, qu'exerce la main. Non-seulement cet état

(1) *Cours d'agriculture théorique et pratique,* par Em. Jamet, page 370.

trompeur et mensonger du pis est compromettant pour le produit de la lactation dans l'avenir, mais il l'est, dans le présent, pour l'acheteur, qui est dans l'impuissance de s'assurer que l'orifice extérieur du trayon n'est pas bouché, et, en même temps, d'apprécier la qualité du lait. Cependant cette dernière épreuve occupe une grande place dans sa pensée, si on en juge par l'empressement qu'il met, dès qu'il en a la possibilité, à traire quelques grammes de lait dans sa main, et à l'analyser à la couleur, à la densité, ainsi qu'aux traces qu'il laisse, par son séjour, dans la paume de la main.

Nous croyons avoir passé en revue toutes les épreuves manuelles, générales et spéciales, auxquelles donne lieu le choix d'une vache laitière ; maintenant nous allons parler de la mulsion, envisagée comme moyen d'obtenir le produit de la lactation.

§ VII. DE LA MULSION.

De la mulsion. — On exerce la mulsion de deux manières : *directement,* avec une ou deux mains appliquées aux trayons ; *indirectement,* à l'aide de petits tubes d'os ou d'ivoire, dits *trayons artificiels* ou *tubes trayeurs,* qu'on introduit dans l'intérieur du trayon de la vache (1).

1. *Mulsion directe*.

Dans les départements du centre, on trait les vaches avec une seule main, excepté, toutefois, les pâtres des hauts pâturages, qui se servent simultanément des deux mains. Dans toutes les autres contrées de la France, ainsi qu'en Suisse et en Allemagne, on trait avec les deux mains.

Il est peu de femmes de la campagne qui ne sachent traire une vache; mais il en est peu qui le fassent bien. « Bien traire une vache, dit M. Villeroy, n'est pas une chose si facile qu'on le croit, et bien des bonnes vaches ont été gâtées par la négligence ou la mauvaise volonté des servantes chargées de les traire. Il faut, pour cela, d'abord la volonté de bien faire, puis de l'habitude et de la force. Tous les motifs se réunissent pour que, si l'on a plusieurs vaches, on les fasse soigner et traire par un homme. »

De l'habitude, oui, mais de la force dans l'acception du mot, non, puisque celle d'une femme suffit. Nous avons vu des vachers qui causaient de la douleur à certaines vaches, et n'en obte-

(1) Trayons artificiels dits *de Giester*, page 217, fig. 12.

naient pas tout le lait qu'une autre main aurait retiré sans efforts.

Il faut donc, pour que la mulsion ait lieu dans de bonnes conditions pour la vache et pour celui qui en retire le produit, il faut, disons-nous, qu'elle ne soit pas un objet de douleur et de crainte pour la vache ; au contraire, il faut que celle-ci aille au-devant du vacher, qu'elle s'apprête elle-même quand approche son tour, qu'elle se lève si elle est couchée, ce qu'elle ne fera pas si elle le redoute, ou bien ça sera pour s'éloigner de sa personne et se soustraire à ses attouchements.

Ces conditions ne sont pas les seules ; il faut encore, comme le conseille M. Collot, « que la mulsion soit faite *rapidement*, pour ne pas impatienter la vache ; *doucement*, pour ne pas la blesser ; *complétement et à fond*, pour ne pas la faire tarir ou diminuer son produit. »

Pour que la mulsion soit rapide, *elle devra être faite avec les deux mains* ; pour qu'elle ne cause pas de douleurs, *le vacher devra éviter d'exercer une trop forte traction sur le trayon, éviter d'avoir les mains calleuses* ; pour cela, les laver souvent ; pour qu'elle soit faite à fond, *on devra revenir alternativement à chaque trayon épuisé*, afin d'être bien certain qu'il n'y reste plus une goutte de lait, non plus que dans les réservoirs supérieurs.

Pour que l'épuisement soit complet, M. Collot conseille, « après qu'on a retiré la moitié du lait des deux premiers trayons attaqués, de faire doucement le mouvement que fait le veau par ses coups de tête, et relever, en le balançant, le pis de la vache. On répète ce mouvement, dit encore M. Collot, après avoir épuisé les derniers trayons. »

Nous ne conseillons pas cette manœuvre, que nous croyons inutile et dangereuse, comme pourrait l'être le mouvement brusque et violent de la tête du veau sur le pis de la mère, lorsque celle-ci n'a que peu de lait.

M. Villeroy parle d'un moyen qui est usité dans les grandes vacheries, lequel consiste « à faire précéder le marcaire par un petit garçon, qui fait passer ses mains sur les trayons, comme s'il voulait réellement traire, mais qui n'exécute ce mouvement qu'avec légèreté, pour faire éprouver à la vache une sensation agréable, sans faire couler son lait. »

Sans recourir à un aide, tous les marcaires, même les femmes exercées, ont soin de disposer la vache par de douces tractions pratiquées sur chaque trayon un peu avant de traire.

Cette titillation des trayons produit en eux une sensation agréable, développe dans les mamelles une véritable turgescence, et sollicite l'écoulement du lait en même temps qu'elle provoque une nouvelle sécrétion.

Procédé Villeroy. — Nous empruntons à M. Villeroy la description du véritable procédé pour opérer la mulsion :

« Pour traire, le marcaire, assis sur sa sellette à un pied fixée autour de ses hanches au moyen d'une courroie, se place au côté droit de la vache; il tient le seau à traire entre ses jambes, de manière que ses mains soient libres. Ordinairement il appuie le front sur le flanc de la vache. Il prend un trayon dans chaque main, et en diagonale, c'est-à-dire, d'une main, un trayon du côté droit et, de l'autre, un trayon du côté gauche, les saisissant assez haut pour comprimer une portion de la glande du pis, et il emploie la force de pression et de traction suffisante pour faire couler le lait. S'il opère régulièrement et alternativement le mouvement de monter et de descendre de chaque main, le lait coule sans interruption, de manière qu'on distingue à peine qu'il provient de deux sources. Ainsi les mouvements, outre qu'ils sont réguliers, ne doivent pas être trop précipités.

« *Quelques marcaires* replient le pouce, de manière que le trayon est pressé entre les quatre doigts et la partie supérieure du pouce, c'est-à-dire l'ongle et l'espace compris entre l'ongle et la première articulation. Cette méthode doit occasionner au trayon une pression qui peut devenir douloureuse, et je crois qu'il est préférable de le saisir à pleine main ; cependant les Suisses traient généralement avec le pouce replié.

« *Pour empêcher* les mouvements de la queue dans la saison des mouches, quelques-uns la fixent par une petite courroie qui fait le tour du jarret de la vache. Mais en appuyant la tête contre le flanc de la vache et tenant sous elle le seau à traire, on n'est pas incommodé par les mouvements de la queue. »

La sellette.— « Si la vache fait quelques mouvements violents, la sellette à un seul pied étant fixée au moyen d'une courroie, le marcaire a les mains libres ; il peut facilement se reculer, se mettre debout, et il est bien rare que le lait soit renversé. »

2. *Mulsion artificielle à l'aide des tubes trayeurs.*

Tubes trayeurs. — La mulsion artificielle est exécutée, comme il a été dit plus haut, au moyen de tubes. Ces tubes, faits d'os, d'ivoire ou d'étain fin, ont été inventés, en 1839, par Giester, qui leur a donné son nom, et ont été importés en France par M. Parisot.

On a fait beaucoup d'objections contre l'emploi de ce moyen ; on a prétendu que la vache se refuserait à laisser introduire ces tubes dans les trayons, qu'elle ne livrerait pas son lait, que la présence ou le séjour de ce corps étranger dans l'orifice libre du trayon occasionnerait des accidents graves, qui feraient que, plus tard, le lait s'écoulerait de lui-même, n'étant plus contenu dans le pis.

Les expériences qui ont été faites par M. Parisot, fortifiées des recherches anatomiques de M. Gratiolet, ont détruit toutes les craintes que pourrait donner l'emploi de ces tubes.

Nous avons fait usage de ces tubes, et nous n'avons jamais rencontré de résistance de la part de la vache. Quant aux accidents à redouter d'un usage prolongé, nous nous abstiendrons de pro-

noncer sur cette question, n'ayant pas été à portée d'en remarquer.

On peut donc se servir de ces instruments
(fig. 12), sur toutes les vaches, dans les circon-

Fig. 12. stances ordinaires, mais surtout dans certains cas où elles refusent de se laisser
traire avec la main, soit parce qu'elles
retiennent leur lait, soit parce qu'elles
éprouvent de la douleur lorsque le pis
est atteint d'engorgement, ou que les
trayons sont excoriés.

On sait qu'il y a des vaches qui refusent leur lait lorsqu'elles sont privées
de leur veau. On sait aussi que, lorsqu'une vache est restée plusieurs jours
sans être traite, le pis se tuméfie et devient douloureux. Dans ce cas, la mulsion est douloureuse et toujours imparfaite.

Les trayons artificiels, comme la mulsion à la
main, seront inapplicables sur la vache mé-
chante. Sur elle, tous les moyens sont impuis-
sants : les liens placés au-dessus du jarret, ceux
employés pour maintenir le genou dans la plus
grande flexion et isoler le membre du sol, la
mouchette même ne peuvent maîtriser sa colère.

Mieux vaut vendre au boucher une telle vache, quelles que soient ses qualités laitières.

La manière de placer les tubes trayeurs est très-simple : on prend, d'une main, la gauche par exemple, un trayon, dans lequel on introduit l'extrémité du tube, qui est percée de trous, l'opposée étant tenue dans la main droite de l'opérateur, qui, à l'aide du pouce et de l'indicateur, le tourne doucement, pour le faire pénétrer jusqu'à la rondelle qui le partage en deux parties égales.

On placera de la sorte autant de tubes qu'il y aura de mamelons ; par ce moyen, on videra entièrement le pis.

Il faut tenir les tubes trayeurs dans le plus grand état de propreté.

On aura soin de les enduire de lait ou de beurre, avant de les introduire dans l'orifice des trayons.

Deuxième partie.

Bêtes de boucherie.

CHAPITRE Ier.

MANIEMENTS DU BOEUF DE BOUCHERIE.

Considérations sur la bête de boucherie. — Caractères d'une bonne conformation. — Rendements en viande nette comparés. — Divisions des maniements. — Description et application des maniements. — Moyens pour estimer une bête grasse en Angleterre, conseillés par H. Stephens.

---

§ I. CONSIDÉRATIONS SUR LA BÊTE DE BOUCHERIE.

On dit, généralement, qu'un bœuf est *gras* lorsqu'il a acquis un embonpoint supérieur à celui qu'on recherche dans le bœuf de trait.

En pareil cas, on dit aussi qu'un bœuf est en bonne *condition*.

Cet état n'existe pas toujours, chez tous les

sujets, au même degré, ce qui a donné lieu d'établir des distinctions nominales basées sur ces différents degrés d'embonpoint.

Ainsi on dit

Qu'un bœuf est en bonne chair, quand il est préparé à être engraissé;

Qu'il est demi-gras, lorsque l'engraissement est peu avancé; dans ce cas, on dit aussi *qu'il est faux, qu'il est fleuri*;

Qu'il est gras, lorsque les dépôts graisseux formés *à l'intérieur* correspondent à ceux de *l'extérieur*;

Qu'il est fin gras, de haute graisse ou de haute condition, selon l'expression consacrée par la boucherie anglaise, lorsque la bête a atteint cet embonpoint qui ne pourrait pas être poussé plus loin sans danger pour l'existence du sujet. C'est cet état exceptionnel qui distingue les bœufs qui figurent aux concours d'animaux de boucherie de Smithfield, en Angleterre; de Poissy, de Nantes et d'autres villes de France (pl. 7, fig. 13).

D'après ces distinctions, on a cru pouvoir établir, *à priori,* des rapports entre le rendement en chair nette et le poids vif, entre celui-ci et le poids de suif.

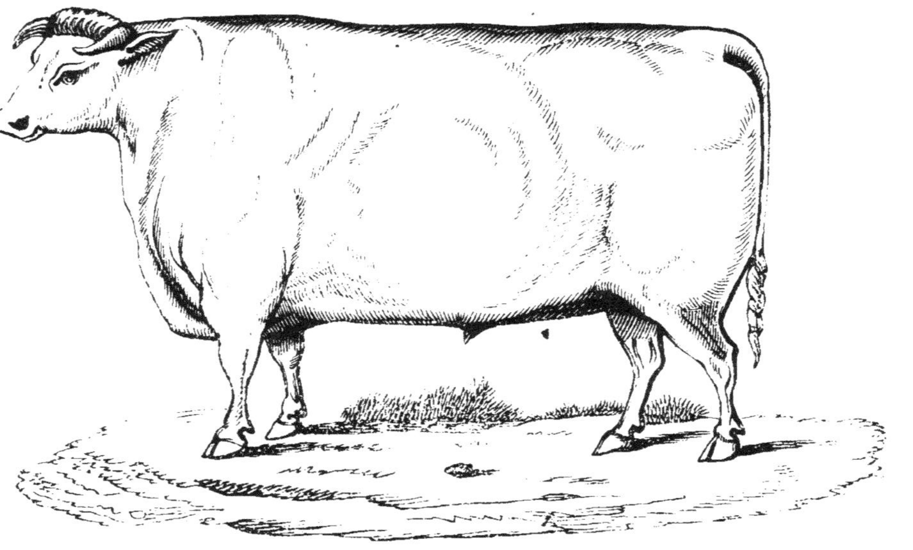

Bœuf de boucherie de haute graisse.

Ainsi on dit :

		En viande.	En suif.
)	*Un bœuf en chair* rendra...	50 à 52 pour 100.	8,10 pour 100.
)	*Un bœuf demi-gras*......	53 55 —	9,12 —
)	*Un bœuf gras*.........	59 60 —	10,16 —
)	*Un bœuf fin gras*.......	62 67 —	12,24 —

Ces appréciations, comme on s'en convaincra, ne peuvent pas être exactes par plusieurs raisons :

1° Parce que l'engraissement n'a pas toujours lieu dans les mêmes circonstances et par les mêmes moyens, soit qu'on engraisse au pâturage, soit à l'étable ; 2° parce qu'on n'engraisse pas toujours des bêtes du même âge, dont les antécédents sont identiques ; 3° enfin, parce qu'on opère sur une conformation défectueuse, réfractaire à l'engraissement.

Nous pourrions ajouter à ces considérations celle qui résulte de la différence d'appréciation du rendement en chair nette, comme nous aurons occasion de le dire en parlant de la coupe du bœuf de boucherie, à Paris, à Lille et à Nantes ; mais, auparavant, il convient de nous expliquer sur ce que l'on doit demander à une bonne conformation.

§ II. Caractères d'une bonne conformation.

« Il y a, dit D. Low (1), certains caractères qui indiquent, dans les animaux, une disposition à engraisser, et d'autres qui dénotent que les animaux possèdent moins cette qualité et ne complètent pas leur croissance si vite. Ces facultés semblent dépendre principalement des forces digestives de l'animal, et les caractères extérieurs qui les distinguent sont une poitrine large pour contenir les organes respiratoires, et un corps ample pour contenir l'estomac et autres viscères servant à la digestion. On peut induire cela de l'expérience ; car, dans tous les cas, on voit que la faculté d'engraisser facilement s'allie à une poitrine large et un corps rond. Un animal ainsi formé a besoin de moins de nourriture, pour parvenir à un certain poids, qu'un autre dont la poitrine est étroite et dont les côtes sont plates (2). *Il faut encore* que le corps soit gros en proportion des membres, ou, pour parler autrement,

(1) *Éléments d'agriculture pratique*, par D. Low, t. II, p. 238 et 239 ; traduits par L. Lainé. 2 vol. in-8.

(2) Plus les animaux, dit M. Em. Jamet, ont la poitrine large et profonde, plus ils sont tendres ; une poitrine étroite annonce toujours un animal *dur* : avec les premiers, il faut moins de fourrage pour donner 1 livre de viande. (*Cours d'agriculture*, page 304.)

[q]ue les membres soient courts en proportion du
[c]orps; le dos sera également large et plat, » ce
[q]ui implique, quoique l'écrivain cité ne le dise
[p]as, un rein large, uni à une croupe qui présente
[u]ne grande surface plane, l'un ne pouvant pas
exister sans l'autre.

« Outre cela, poursuit le même auteur, dans
les animaux ayant des dispositions à engraisser, il
existe une certaine rotondité de formes, surtout
dans l'endroit où le cou se joint à la tête. Ainsi
un cou court est une prédisposition à engraisser. »

Pour rendre ces règles plus compréhensibles,
le professeur d'Édimbourg suppose le squelette,
moins la tête et une partie de la région cervicale, inscrit dans un parallélogramme rectangle,
dont il occuperait les deux tiers (fig. 14); il serait limité, supérieurement, par une ligne horizontale qui s'étendrait d'un point correspondant
à la deuxième vertèbre cervicale, à l'extrémité
de l'angle ischial; inférieurement, par une autre
ligne horizontale qui passerait au-dessus du genou et au-dessus du jarret. Ces deux lignes seraient réunies, antérieurement, par une perpendiculaire qui partirait de la deuxième vertèbre
cervicale, passerait au devant de la pointe du
sternum; postérieurement, par une autre per-

pendiculaire qui s'étendrait de l'angle ischial à la pointe du jarret. L'espace compris entre la ligne horizontale inférieure que nous appellerons *sternale* et le sol représenterait le tiers du carré. Plus cette ligne sternale s'éloignerait du sol, plus elle donnerait de longueur aux membres et réduirait le diamètre vertical du corps de l'animal.

Fig. 14.

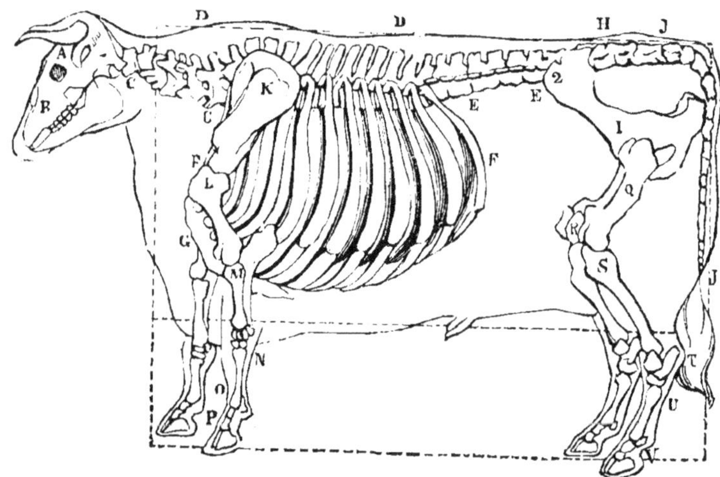

NOMS DES OS QUI COMPOSENT LE SQUELETTE DU BOEUF.

A, os du crâne.
B, os de la face.
C, vertèbres cervicales.
D, D, vertèbres dorsales.
E, E, vertèbres lombaires.

F, F, côtes.

G, sternum ou os de la poitrine.

I, os du bassin ou coxal.

K, omoplate ou scapulum, os de l'épaule.

L, humérus, os du bras.

M, os de l'avant-bras.

N, os du carpe ou du genou.

O, métacarpien ou canon.

P, phalangiens.

Q, fémur ou os de la cuisse.

R, la rotule.

S, tibia ou os de la jambe.

T, os du tarse ou du jarret.

U, os du métatarse.

V, phalangiens.

Y, os sacrum.

Z, angle coxal dit *os crochu*.

Cette esquisse de la charpente osseuse du bœuf pourra donner une idée assez exacte de la conformation extérieure que l'on doit rechercher dans celui qui est destiné à l'engraissement, et plus tard à la boucherie.

A cet effet, essayons d'établir, sinon les proportions rigoureuses et invariables que doivent présenter certaines régions, mais bien les rapports proportionnels qu'elles conservent entre elles, seuls moyens d'appréciation rationnelle. En opérant autrement, ce serait s'engager dans une fausse voie, par la raison que les dimensions, variant à l'infini, selon les races surtout, ne peuvent être rapportées à une unique échelle de proportion. Par exemple, ce serait s'abuser étrangement que de rechercher dans la tête du bœuf maraichin ou cotentin les proportions et le poids de celle du devon, du west-highland ou du durham : la première pèsera, étant dépouillée de la peau et des cornes, 17 kilogrammes, quand les autres en pèseront 14 ou 15 au plus.

Voici dans quels termes s'exprime D. Low sur la conformation du bœuf de boucherie (pl. 8, fig. 15) :

1° *La tête doit être petite et aller en diminuant vers le museau, qui doit être mince.*

Nous ajouterons qu'une tête petite a un front large et plat, une face courte, à chanfrein étroit et droit, parfois légèrement busqué. La longueur de la face d'une telle tête mesure un quart ou un tiers en plus environ que le diamètre transversal du front, ainsi qu'on peut le remarquer dans les races anglaises précitées.

Au contraire, une tête longue offre toujours un front étroit et convexe, au sommet duquel sont implantées les cornes, ce qui semble accroître sa longueur. Le diamètre transversal de la face,

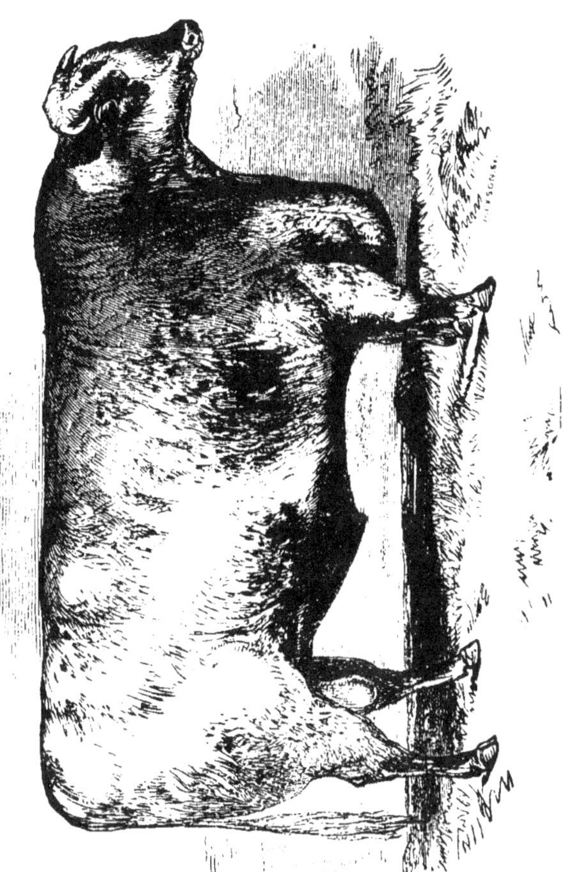

mesuré au-dessous des orbites, est égal, à peu de chose près, à celui du front ; sa longueur représente deux fois au moins la largeur de ce dernier. Une telle tête se termine par un mufle large et épais, qui la rend lourde et disgracieuse.

Cette conformation se voit dans la tête du bœuf cotentin et les dérivés de cette race avec la maraichine. On la retrouve aussi dans la tête du bœuf du Morbihan ; seulement la face de celui-ci est plus étroite ; le chanfrein est busqué.

2° *Le cou ne doit pas manquer de délicatesse, être large à l'endroit où il s'unit aux épaules, allant en diminuant vers la tête.*

Une encolure ainsi conformée porte une tête petite et légère ; au contraire, une encolure qui est longue et grêle accompagne presque toujours une tête longue, un corps sans ampleur, supporté par des membres longs et grêles.

3° *La poitrine doit être large et avançant bien au delà des membres de devant.*

Ainsi, supposons que la poitrine présente, en profondeur et en longueur, 0^m,78 sur 0^m,60 de largeur, mesurée derrière les coudes, la capacité de cette poitrine sera vaste ; elle présentera 286$^{décim.}$,500 cubes. Et, si l'espace compris du coude au sol égale le diamètre vertical de la poitrine, celle-ci mesurera, par mètre de taille de la bête, $203^{\text{décim.}}, 198$ cubes.

Une poitrine vaste est toujours en rapport avec un rein large, ce qui suppose un grand écartement des hanches et des autres diamètres du bassin.

4° Les épaules doivent être larges, sans se joindre brusquement avec le cou devant et, à l'épine du dos, derrière.

Cette disposition des épaules avec l'encolure et l'épine du dos aura lieu, si les côtes sont bien arquées à l'extrémité supérieure dorsale et à l'inférieure sternale. Dans le premier cas, les épaules seront éloignées entre elles au garrot, comme sur tous les autres points de la circonférence du thorax ; dans le second cas, la courbure des côtes donnera de la largeur au poitrail, sans rapprocher les épaules en arrière du coude. Règle générale : l'étendue et la direction de l'épaule devront être en rapport avec la capacité de la poitrine ; si celle-ci est vaste, l'épaule sera longue et oblique.

5° Le dos et les reins doivent être larges, plats et droits.

Si la poitrine est bien conformée, la ligne dorso-lombaire sera horizontale ; elle ne présentera pas cette dépression qui, sur certains sujets, s'étend circulairement de la base du garrot à la face inférieure sternale de la poitrine, ce qu'on désigne par *tour de sangle* ou *poitrine sanglée*.

6° *La circonférence, derrière les épaules, doit être large, les côtes bien arquées, et la distance entre la dernière côte et l'os crochu doit être petite.*

Une poitrine ainsi conformée ne saurait être sanglée. La distance qui sépare la dernière côte de l'os crochu (la hanche) parait grande nécessairement sur la bête maigre, sur celle dont le ventre est volumineux et dont le rein est étroit. Cette distance, qui est représentée par le flanc, paraitra petite sur la bête qui a de l'embonpoint, par la raison que la graisse et autres tissus en dissimulent les limites et s'opposent à ce qu'on en mesure l'étendue d'une manière précise. Dans la plupart des cas, la longueur du bord supérieur du flanc égalera la moitié du diamètre antéro-postérieur de la poitrine. Rarement on voit ces proportions varier entre elles, et, quand cela arrive, la différence en excès ne dépasse pas 3 centimètres tout au plus.

7° *Les os crochus doivent être séparés et presque de niveau avec l'épine du dos; les quartiers doivent être longs et droits, depuis l'os crochu jusqu'à la croupe.*

L'auteur entend que les hanches aient entre elles un grand écartement, parce que cette disposition est une conséquence forcée d'une grande largeur de reins ; seulement il exige, avec raison, qu'elles soient presque de niveau avec l'épine dorsale, ce qui sera plus régulier, si la croupe est plane et étendue dans toutes ses dimensions. Dans ce cas, elle sera très-charnue et bien couverte de graisse.

Ordinairement, la largeur du bassin, mesurée sur le squelette de l'angle extérieur d'un coxal à l'opposé, égale la longueur mesurée de l'angle antérieur du coxal à l'extrémité de la tubérosité ischiatique. Ces dimensions égalent aussi, sur les croupes bien conformées, l'étendue que présentent entre elles, en arrière des hanches, les éminences, vulgairement dites *molettes,* formées par l'articulation coxo-fémorale. On trouve aussi que le diamètre transversal de l'ouverture postérieure du bassin, mesuré intérieurement, présente le tiers de l'étendue d'un angle iliaque à l'opposé. On voit fréquemment, sur des sujets de la race de Durham, cette dimension proportionnelle de l'ouverture postérieure du bassin plus développée que celle qui est ici énoncée, ce qui est une perfection qui rapproche la forme de la croupe d'une bête grasse, vue en dessus, de celle d'un carré.

Ces proportions varient nécessairement, sur le sujet vivant, en raison de l'embonpoint ; néanmoins la longueur de la croupe d'une bête de la race de Durham, bien conformée, fait ordinairement les deux cinquièmes de celle du tronc, tandis que sur la plupart de nos races françaises elle n'en fait que le tiers environ.

C'est cette conformation cubique de la croupe du bœuf durham, s'avançant près des jarrets, qui donne aux quartiers de derrière, comme nous le verrons, un poids si élevé, qui, dans bien des cas, atteint, s'il ne dépasse pas, celui des quartiers de devant, ce qu'une croupe sphérique, quelque descendue qu'elle fût, ne saurait produire. C'est pourquoi il faut donner à la conformation acquise à une race, sans distinction d'espèce, la valeur qui lui revient, ce qui évitera des méprises dans l'appréciation des rendements en chair et en suif, ainsi que nous l'établirons d'après des documents irrécusables.

8° *Le ventre ne doit pas être pendant ; les flancs doivent être bien remplis.*

Si le ventre n'est pas développé outre mesure, il ne sera pas pendant, et alors les flancs seront

mieux remplis. Ils seront bien remplis habituellement, si l'animal est bien conformé, ainsi que
nous en avons donné les motifs. Un ventre volumineux et pendant fait supposer que les intestins
ont été distendus outre mesure par des aliments
grossiers, distribués avec excès ; que les digestions n'ont pas toujours eu lieu dans de bonnes
conditions, et, par ce motif, que l'engraissement
sera lent et difficile. Un ventre volumineux et
pendant est en désaccord avec une charpente osseuse bien conformée.

9° *Les jambes charnues jusqu'aux genoux et
jarrets ; mais elles doivent être tendineuses au-
dessous des jointures.*

On demande que les jambes soient charnues
jusqu'aux genoux, afin qu'en augmentant le poids
de la viande de ces parties, quoiqu'elle soit de
qualité inférieure, on diminue d'autant celui des
autres tissus qui s'y trouvent unis, lesquels n'ont
point de valeur. Des membres charnus ont ordinairement une longueur proportionnée à l'ampleur du corps de l'animal.

10°. *La queue doit être de niveau avec le dos,
large dans le haut et en allant en diminuant
jusque vers l'extrémité.*

La conformation de la base de la queue est

une conséquence de celle du sacrum ; si la surface sus-sacrée est peu proéminente et horizontale, la base de la queue le sera également : avant l'engraissement, cette base sera mince, et, après l'engraissement, elle sera noyée entre les ischions. Si, au contraire, la voûte du sacrum forme une arête proéminente, l'attache de la queue sera d'autant plus défectueuse que les tubérosités ischiatiques en seront plus éloignées, ce qui donnera aux échancrures sacro-ischiatiques une étendue immense, que la graisse pourrait difficilement remplir. On voit cette conformation dans plusieurs races françaises, particulièrement dans celle de la Vendée, dite *champdronne*.

11° *Les sabots doivent être petits, les cornes minces et pointues, et légèrement attachées à la tête.*

La ténuité de la queue et des cornes frontales, le peu de volume des pieds et des canons témoignent de la légèreté de la charpente osseuse ; or des os minces, légers et peu volumineux sont des garanties d'un engraissement facile, d'une supériorité des morceaux de première qualité de viande sur ceux de la deuxième et troisième, partant un rendement net très-élevé.

Maintenant, faisons l'application de ces règles et, à cet effet, comparons le produit net d'une bête bien conformée avec celui d'une qui ne l'est pas. Voici ce que propose, à ce sujet, **M.** de Sainte-Marie (1) : « Veut-on apprécier la différence d'une bonne ou mauvaise conformation au triple point de vue du producteur, du boucher et du consommateur? Laissons les bœufs d'exhibition, et prenons pour exemple des bœufs de marché.

« Le bœuf normand, saintongeois ou choletais de cinq, six ou sept ans, dont le dessin sert à démontrer la coupe de bœufs de boucherie de Paris (2), donne, suivant M. Rolland ainé, d'après la coupe de Paris, sur 457 kilogrammes de viande nette :

142 kil. de 1re qualité, à 1 fr.55 c.; en moyenne, le kil.,   220 fr. 10
120 —   2e   —   à 1   25   —   150   00
195 —   3e   —   à 0   90   —   175   00
457 kil.   545 fr. 10

Prix moyen du kilogramme de viande, **1 fr. 29 c.**

Le bœuf durham de quatre ans, dont le dessin indique la coupe des bœufs de boucherie de Londres (3), donnerait, en réunissant le poids de ses

(1) *Traité de la race courte-corne dite de Durham*, page **212.**
(2) Voir, plus loin, la planche qui représente la coupe de **Paris.**
(3) Voir, plus loin, la planche qui représente la coupe de Londres.

morceaux conformément à la coupe de Paris, sur 467 kilogr. 036 grammes :

304^{kil.},416^{gr.}	1re qualité, soit	65,11 p. 0/0.....	471 fr. 84 c.
47^{kil.},505	2e —	10,17 p. 0/0.....	59 45
115^{kil.},115	3e —	70,00 p. 0/0.....	103 95
467^{kil.},036^{gr.}			615 fr. 24 c.

Prix moyen du kilogramme de viande, 1 fr. 36 c.

M. de Sainte-Marie ne s'en est pas tenu à ce mode d'appréciation ; il a pesé contradictoirement les quartiers de derrière et ceux de devant, qui lui ont donné, coupe de Paris :

Bœuf	Quartiers de derrière...	210,192 kil.	317 fr. 38 c.
durham.	Quartiers de devant....	257,304	254 73
Bœuf	Quartiers de derrière...	157,000	237 07
normand.	Quartiers de devant....	300,000	297 00

Le prix du kilogramme de viande du bœuf normand a été de 1 fr. 10 c., et celui du durham a été de 1 fr. 22 c.

Les mêmes bœufs, appréciés d'après la coupe de Londres, ont donné :

Bœuf	Quartiers de derrière.	242,808 kil. à 1 fr. 40	339 fr. 93
durham.	Quartiers de devant..	224,688 kil. à 1 09	244 90
Bœuf	Quartiers de derrière.	182,000	254 80
normand.	Quartiers de devant..	275,000	299 75

Le prix moyen du kilogramme de viande du bœuf durham a été de 1 fr. 25 c., et celui du normand n'a atteint que 1 fr. 21 c.

« Ainsi s'exprime à ce sujet M. de Sainte-Marie, quels que soient les calculs, qu'on juge les bœufs par instinct, par routine, par appréciation mathématique et raisonnée, l'avantage restera toujours à la bonne conformation. »

Il nous faut maintenant examiner l'autre proposition, celle qui a pour objet le rendement en viande nette.

§ III. RENDEMENT NET D'UNE BÊTE DE BOUCHERIE.

Nous avons dit que le rendement net n'était pas le même dans toutes les villes, par la raison, d'abord, que les coupes, ainsi qu'on a pu en juger par celles de Paris et de Londres, ne se ressemblent pas ; à plus forte raison lorsqu'on n'en admet pas, comme à Lyon (1), par exemple, où la viande de toute qualité est vendue le même prix.

Il y a encore une autre cause qui fait que l'appréciation du rendement n'est pas partout la même à qualité égale de viande et de suif, c'est lorsque l'on comprend le rognon de graisse dans les quartiers de derrière, comme à Paris ; et qu'ailleurs, comme à Lille et à Nantes (2), on

(1) Voir la planche qui représente la coupe de Lyon.

(2) Voir les planches qui représentent la coupe de Lille et celle de Nantes.

l'en sépare pour le réunir au surplus du suif, ce qui fait une grande différence, comme on pourra s'en convaincre par l'exposé suivant qu'en a fait M. l'inspecteur général Lefour, dans le compte rendu du concours de boucherie de Lille, en 1849 :

« Pour rendre comparatif avec celui de Paris le rendement de Lille, il faut faire subir aux chiffres des proportions les modifications suivantes :

« *Bœufs*. — Viande nette. Il faut y ajouter 1° environ 6 pour 100 pour le poids de graisse, 2° et, pour la portion de la tête qui, à Paris, reste adhérente aux quatre quartiers, 1 1/2 pour 100 ; soit, en tout, 7 1/2 pour 100.

« *Suif*. — Il faut, au contraire, déduire du suif comparé au poids vif, d'abord les 6 pour 100 des rognons de graisse, puis la différence résultante de la proportion, devenue plus forte, du poids vif, par l'adjonction des rognons de graisse à la viande nette.

« Exemple ; soit une vache donnant, en comptant les rognons avec le suif,

« Poids vif. . . . . 805 kilogrammes.

« Viande nette. 490

« Suif. 104

« Proportions du suif à la viande. . . . . 21,080 pour 100.

« Si on calcule comme à Paris, on aura :

« 1° Augmentation de la viande nette par l'adjonction de la tête, 1 1/2 pour 100 ; soit 7 kil. 44 gr.   7,44

« 2° Pour les 6 pour 100 du suif. . 29,76
____
37,20

37 kil. 20 gr. à ajouter à 496 kilogrammes donnent, en rendement net, d'après le mode de calcul de Paris. . . . . 543 kil. 20 gr.

Les proportions se trouvent alors modifiées de la manière suivante :

	Système de Lille.	Système de Paris.
Poids vif.	805 kilogr.	805 kilogr.
Poids net.	496	550,34
Proportions du poids vif au poids net.	61 p. 0/0	67,61 p. 0/0
Suif.	104	74,24
Proportions du suif aux quatre quartiers.	21,80 p. 0/0	15,31 p. 0/0

Cet exemple fait ressortir la grande différence qui peut exister dans les rendements, suivant la diversité des habitudes de la boucherie. Cette diversité est la principale cause des disparates entre les chiffres donnés par les écrivains qui se sont occupés du calcul des rendements des animaux de boucherie. »

Ce que nous avons dit du rendement de Lille

est, en tout point, applicable à celui de Nantes, ce qui nous dispensera d'analyser ce dernier.

On voit, par cet exposé, que l'appréciation du rendement en chair nette et en suif ne sera qu'approximative tant que la balance ne l'aura pas constatée, de même qu'elle sera conventionnelle par rapport aux usages admis dans la distribution du suif et de certaines parties de l'animal.

Nous ne poursuivrons pas plus avant ce que nous avions à dire sur le rendement et les coupes de boucherie, dont l'étude, sans doute, offre de l'intérêt à plusieurs points de vue. Nous croyons donc avoir suffisamment démontré l'importance que présentent les régions du corps de l'animal qui produisent la viande de qualité supérieure. Maintenant il nous reste à parler des moyens d'appréciation dont on doit disposer, en pareil cas, *des maniements*; mais, auparavant, nous croyons devoir les faire précéder de conseils qui s'adressent à de prétendus connaisseurs. On voit ces maladroits n'abordant un animal qu'avec une main de fer, qui presse sans mesure et sans discernement la surface sur laquelle elle agit, d'où il résulte de la douleur pour l'animal et une impression sans valeur pour celui qui manie.

Il n'en sera pas ainsi lorsque la main agira

avec circonspection ; alors elle touchera sans causer de la douleur ou, au moins, de la surprise à l'animal, qui, au lieu de réagir par un coup de pied ou un coup de corne, s'abandonnera avec confiance à des attouchements qui lui procureront des sensations agréables.

Nous ne saurions trop insister sur cette recommandation : si l'œil est impuissant, dans certains cas, pour asseoir un jugement sur l'état de graisse d'une bête de boucherie, l'action de la main ne doit intervenir qu'avec douceur et ménagements sur la surface générale du corps, avant d'aborder les points de maniements en particulier.

§ IV. DIVISION DES MANIEMENTS (1).

Les maniements sont *simples* ou *impairs, doubles* ou *pairs*.

Ils sont dits *simples*, quand les dépôts graisseux qui les forment sont placés sur la ligne médiane du corps.

Ils sont, au contraire, dits *doubles* ou *pairs* quand ils sont situés sur les parties latérales, par rapport à cette ligne médiane.

Les premiers sont au nombre de quatre sur

(1) Page 271, fig. 16.

le bœuf et la vache. On les compte diversement, selon que l'on aborde l'animal.

Ainsi, en commençant par l'avant-main, on trouve

1° *Le dessous de langue* ou *gros de langue;*

2° *La poitrine;*

3° *Le cordon* ou *entrefesson,* chez la vache;

4° *Le dessous* ou *le rognon,* chez le bœuf.

On les exerce, la plupart, avec les deux mains indistinctement, quelle que soit la place que l'on occupe auprès de l'animal.

Maniements doubles ou pairs. — Les maniements pairs ou *doubles* sont au nombre de douze (1). On

Fig. 16.

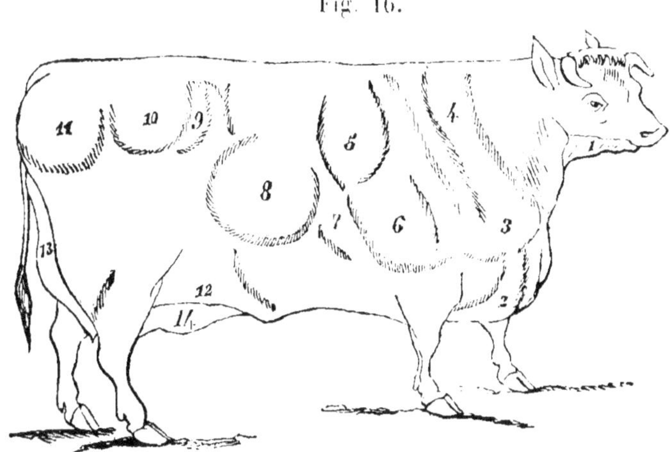

(1) M. Guénon compte au nombre des *manets* ou maniements celui de *l'oreillette.* M. Guénon est le premier qui en a parlé. Voici

les reconnaît en procédant de la même manière que pour les précédents, en commençant par l'avant-main :

1° *La reine* ou *avant-cœur*,

2° *Le collier ;*

3° *Le paleron ;*

4° *Le contre-cœur ;*

5° *Le cœur ;*

6° *La côte ;*

7° *Le travers* ou *aloyau ;*

8° *Le flanc ;*

9° *La hanche ;*

10° *La lampe, le grasset, l'œillet* ou *œillère, le fras ;*

11° *L'avant-lait ;*

12° *Le bord (du cimier)* ou *les abords.*

Plusieurs de ces maniements sont recherchés avec la main qui correspond au côté de l'animal

la description qu'il en fait : « Ce manet est court et de forme ovale. On le trouve entre l'oreille et les cornes ; il joue et roule entre cuir et chair, comme s'il était détaché de l'un et de l'autre. On le pince entre deux doigts. Son épaisseur est de 5 à 6 centimètres pour la première qualité, de 2 à 3 pour la seconde, de 1 pour la troisième. Il prouve la graisse intérieure. » (*Traité des vaches laitières,* 3° édition, page 161.)

Sur les bœufs de haute graisse comme sur ceux qui sont moins avancés, ce maniement a un développement à peu près égal. Il prouverait donc la graisse extérieure.

où on se place ; plusieurs aussi le sont indistinctement avec les deux mains.

*Prendre un point d'appui avec la main inoc-
cupée.* — Quelle que soit la main qu'on emploie,
que le maniement soit simple ou double, il est
prudent et même indispensable de prendre un
point d'appui, à sa portée, sur une partie du
corps de l'animal, à l'aide de la main restée libre
ou inoccupée.

Motif de cette précaution. — Cette précaution a
pour effet de donner de la sécurité à l'explorateur, en lui permettant de surveiller tous les
mouvements de l'animal et, par ce moyen, d'é-
chapper aux atteintes malveillantes des cornes et
des pieds.

§ V. DESCRIPTION ET APPLICATION DES MANIEMENTS SIMPLES OU IMPAIRS.

1° Du dessous de langue.

Dessous de langue. — Ce maniement est formé
par la graisse qui est déposée à la base de la
langue, et logée dans l'auge ou espace compris
entre les deux ganaches.

On le touche, à droite, avec la main gauche,
la droite étant appuyée sur la corne du même

côté, afin de se garantir de ses atteintes. On saisit toute la masse graisseuse ; on la soupèse dans la main, pour en apprécier le poids, le volume et le degré de densité.

Valeur de ce maniement. — Ce maniement indique la présence du suif à l'intérieur, et, par cette raison, il est un des derniers à se former (1).

2° *La poitrine.*

Ce maniement se fait toucher à la pointe ou à l'extrémité antérieure du sternum, quand l'engraissement est peu avancé.

Dans le bœuf *fin gras*, on le touche sur les côtés du sternum, où il se fait d'autres dépôts graisseux ; dans ce cas, il devient *multiple*.

On exerce ce maniement de la main droite en se plaçant à la droite de l'animal, la gauche étant appuyée sur le garrot et réciproquement. On en

---

(1) On appelle *suif* la graisse de l'épiploon ; elle est plus liquide et plus jaune que celle des autres parties, principalement celle qui entoure les reins, vulgairement dite *rognons de graisse*, qui est la plus blanche et la plus consistante. La graisse extérieure est plus jaune que le *suif*; c'est la couleur de celle des bêtes adultes et des bêtes qui ont été éprouvées par la fatigue ou par la maladie, ou engraissées, en partie, avec des tourteaux.

mesure l'étendue avec la surface de la main, lorsqu'il occupe la pointe du sternum, et avec les quatre doigts et le pouce lorsque des dépôts sont placés sur les côtés. Dans les deux cas, on tiendra compte de leur densité.

Valeur de ce maniement. — Ce maniement est un de ceux qui se montrent au commencement de l'engraissement ; alors il annonce la graisse extérieure ou *couverture*; mais, dans l'engraissement avancé, il annonce le poids de la chair et du suif.

3° *Le cordon, l'entrefesson ou la braie à Nantes.*

Ce maniement n'existe que chez la femelle ; il est oblong et est logé dans l'entre-cuisse, à $0^m,20$ au-dessous de la vulve, en finissant d'une manière imperceptible vers la base du pis.

On le touche indistinctement avec les deux mains, en dirigeant, perpendiculairement au corps de la vache, les quatre doigts écartés du pouce, que l'on enfonce dans l'entre-cuisse, et avec lesquels on saisit la masse que présente le dépôt graisseux ; on en apprécie ainsi le volume et la densité.

Valeur de ce maniement. — Ce maniement,

qui est un des derniers à se montrer, exprime le poids et dénote beaucoup de suif.

4° *Le dessous ou le rognon.*

Ce maniement appartient exclusivement au bœuf. Il ne faut pas le confondre avec le précédent, qu'il semblerait devoir remplacer.

On l'obtient de la même manière qu'on cherche à savoir si le bœuf de trait a été castré, en engageant hardiment l'une ou l'autre main entre les cuisses de l'animal ; seulement, en saisissant et en soupesant les bourses, on doit avoir en vue d'en mesurer le volume, le poids et la densité. Indépendamment de cette disposition toute particulière de ces parties, on devra tenir compte d'un dépôt graisseux cylindrique très-développé sur les bœufs de haute graisse, et que la main reconnaîtra aisément à sa ressemblance avec le maniement du *cordon* sur la vache. Ce dépôt graisseux ajoute une grande valeur au maniement du *rognon* proprement dit.

L'accroissement de volume du scrotum fait supposer qu'il est dû à une accumulation de graisse dans les enveloppes testiculaires, analogue aux dépôts graisseux qui se forment dans les replis du péritoine, le mésentère et l'épiploon.

§ VI. DESCRIPTION ET APPLICATION DES MANIEMENTS DOUBLES OU PAIRS.

1° *La reine ou l'avant-cœur.*

Ce maniement est situé à la base de l'encolure, au devant du bord antérieur et inférieur du scapulum, proche de son articulation. On l'exerce avec la main qui correspond au côté de l'animal où on se place, en appuyant sur le garrot l'autre main, qui n'est pas occupée.

On dirige perpendiculairement à la base de l'encolure les quatre doigts réunis, qu'on engage entre elle et le dépôt graisseux, afin de l'isoler et de le saisir ensuite avec le pouce, pour en mesurer le volume et la densité. Ce maniement est un des derniers à se développer.

Valeur de ce maniement. — Il indique le poids et le suif.

2° *Le collier.*

Ce maniement occupe la partie supérieure du bord antérieur du scapulum, là où porte le collier du harnais de cheval; il avance de haut en bas, pour se confondre avec le précédent et n'en former qu'un seul dans le bœuf de haute graisse.

Valeur. — Il s'obtient de la même manière et il a la même signification.

3° *Le paleron*.

Le paleron est situé à la partie supérieure et postérieure de l'épaule. On le reconnaît en appliquant sur sa surface toute l'étendue de la paume de la main, dont l'extrémité des doigts doit être tournée en haut. On se sert indistinctement des deux mains, quel que soit le côté où on se place; celle restée libre est appuyée sur l'animal.

Valeur. — Ce maniement indique la graisse extérieure.

4° *Le contre-cœur*.

Placé dans l'intervalle compris entre le bord inférieur du scapulum et l'humérus, ce maniement est exercé avec la main droite quand on est placé à droite de l'animal, la gauche prenant son point d'appui sur le dos ou les lombes, de telle manière qu'en appliquant la face palmaire sur le maniement on puisse en mesurer l'étendue et la densité.

Valeur. — Ce maniement indique la graisse extérieure; il n'a donc qu'une valeur médiocre, quoiqu'il soit un des derniers à se former.

5° *Le cœur*.

Placé sur le thorax, en arrière du précédent maniement et au-dessus de la pointe du coude, ce maniement est exercé en dirigeant perpendiculairement à l'axe du corps le pouce et les quatre doigts de la main droite, avec lesquels on saisira le dépôt graisseux et on l'isolera. De cette manière, on pourra en mesurer le volume et la densité.

Valeur. — Comme les précédents, il indique le poids et la graisse extérieure ; cependant il est un des derniers à se former.

6° *La côte*.

Ce maniement repose sur les dernières côtes, particulièrement sur celle qui limite le flanc avec la poitrine. M. Chamart conseille d'employer la main droite quand on est à droite du bœuf, de manière que la pointe des doigts soit dirigée en bas, les doigts tournés du côté du flanc, et le pouce logé dans l'intervalle intercostal. En opérant ainsi, l'explorateur a le dos tourné du côté de la tête du bœuf. Contrairement à ce procédé, nous employons de préférence la main gauche, ce qui fait qu'avec la face palmaire entière on peut embrasser toute la surface de la côte, ayant, dans cette position, l'extrémité des doigts tournée en haut et le pouce également logé dans l'intervalle intercostal. La main droite, qui est inoccupée, s'appuie sur le dos, ce qui lui permet d'exercer immédiatement le maniement du travers.

Valeur. — Les côtes sont des premières surfaces à se couvrir de graisse. Ce maniement annonce la graisse extérieure.

7° *Le travers ou aloyau;*
à Nantes et à Clermont-Ferrand, le râble.

Ainsi qu'il vient d'être dit, la main droite restée disponible reconnaît, sans déplacement, ce maniement, dont le siége est cette partie de la région lombaire qui limite le flanc par les apophyses transverses des vertèbres de son nom. La proximité de ce maniement avec celui *du flanc* dans un état de *haute graisse* les confond de telle sorte, qu'il est difficile d'en marquer les limites avec le toucher. Ce n'est donc que dans un état d'embonpoint moins avancé qu'on peut utilement l'exercer.

Étant placé à droite, ainsi que nous l'avons dit

plus haut, on appuie toute l'étendue de la main sur la surface du rein et on engage le pouce dans le flanc, au-dessous du bord libre des apophyses transverses : plus l'épaisseur des parties est grande, plus on éprouve de difficulté à la mesurer.

Valeur. — Ce maniement, dans ce cas, annonce beaucoup de poids, beaucoup de suif, et de la graisse *au rognon*. Il est un des derniers maniements à se former.

8" *Le flanc*.

Ce maniement s'étend à tout l'espace compris entre le bord postérieur de la dernière côte, la pointe de la hanche et le bord libre des apophyses transverses. Il est distinct du précédent dans un embonpoint peu avancé ; mais, dans les bœufs d'exhibition, ce maniement est confondu avec le travers, la côte et la hanche. Cela fait qu'il est difficile d'assigner un mode précis de le *manier*. Cependant on pourra, selon les cas, se servir de l'extrémité des doigts ou de la main entière. On pourra également opérer avec l'une ou l'autre main.

Valeur. — Ce maniement est un des derniers à se former, et par cette raison il annonce un em-

bonpoint très-avancé. On le recherchera de préférence à droite, parce que le flanc de ce côté
est plus étendu que l'opposé.

9° *La hanche.*

Ce maniement se fait toucher à l'angle antérieur du coxal qui fait saillie, qu'on désigne sous
le nom de *hanche;* il affecte, suivant l'engraissement, une forme et une étendue différentes. Dans
le bœuf de haute graisse, l'éminence que forme
l'os est confondue avec une masse graisseuse,
qui lui ôte toutes ses formes primitives.

On exerce ce maniement avec l'une ou l'autre
main indifféremment, en le saisissant, dans toute
son étendue, avec la face palmaire ou seulement
avec l'extrémité des doigts et le pouce.

Valeur. — Ce maniement est un des premiers
à se former ; il indique la graisse extérieure. Cependant, d'après un vieux dicton, il y a de la
graisse partout *quand il y en a sur la pointe de la
hanche.*

10° *La lampe ou grasset ; à Nantes, le fras.*

On touche ce maniement dans le pli que forment
la peau de l'abdomen et le musculo-cutané à son
union avec le bord antérieur de la cuisse, un peu

au-dessus de la rotule, au point dit *le grasset*.

Placé à droite de l'animal, l'opérateur introduit l'extrémité des quatre doigts de la main gauche au-dessous du maniement ; il les y engage de manière à isoler et à rendre saillante, autant qu'il peut, la masse graisseuse, qu'il saisit ensuite, dans son entier, avec le pouce et les autres doigts, et la soupèse, afin d'en apprécier le poids et la densité.

Valeur. — Ce maniement est ordinairement un des premiers à se former, comme aussi, si l'amaigrissement arrive, il est un des derniers à disparaître. Il annonce principalement le suif ; selon M. Chamart, il annonce aussi la graisse extérieure. C'est un des maniements qu'on aborde des premiers.

11° *L'avant-lait.*

Ce maniement, qui est particulier à la vache, devrait être décrit le dernier ; cependant nous avons cru devoir le placer dans cet ordre, afin de ne pas obliger l'explorateur à revenir sur ses pas. Il est double et a son siége au devant du pis, de chaque côté de la ligne médiane. Il ne faut pas le confondre avec ce qui se forme au devant du pis d'une vache qu'on laisse un jour sans être traite.

On exerce ce maniement ainsi : en se plaçant à droite de la vache, on se sert de la main gauche, et réciproquement; en se plaçant à gauche, on se sert de la droite, qu'on engage sous l'abdomen en la dirigeant au devant du pis, et sur le côté de la ligne médiane correspondant. Là, la main rencontre une masse graisseuse oblongue, qu'elle saisit avec l'extrémité des quatre doigts et le pouce.

Quand la vache est très-grasse, les deux maniements se confondent et n'en font qu'un; alors on le touche avec la main entière appliquée à toute la surface, pour pouvoir mesurer exactement le volume et la densité du dépôt graisseux.

Valeur. — Ce maniement est un des derniers à se former; il indique le poids de chair nette et le suif.

12° *Les abords, le cimier; le couard à Lyon, à Nantes et à Clermont-Ferrand.*

Ce maniement a son siége sur une des parties de l'animal qui se présentent des premières à l'œil de l'observateur; il est un des plus saillants et un des premiers à se former. Il occupe la base de la queue, ainsi que l'intervalle qui existe entre cette partie et la pointe de la fesse, formée par l'angle ischial, vulgairement dit *pointe de la fesse*. Dans le bœuf *de haute graisse*, ce maniement présente plusieurs éminences très-volumineuses et de formes diverses. Lorsqu'il se montre un des premiers, ce qui a lieu assez ordinairement, il coïncide avec l'état de graisse extérieur; lorsqu'il est en retard ou lorsque d'autres maniements prédominent, et que le bœuf est fortement nourri depuis longtemps, ce maniement, alors, annonce un haut degré de graisse. C'est ce que nous avons remarqué plusieurs fois, surtout sur des bœufs âgés.

On exerce ce maniement avec les deux mains indistinctement, celui de droite avec la main correspondante, et réciproquement. Pour cela, on se place à l'arrière du bœuf, on porte, perpendiculairement à l'angle ischial droit, par exemple, la main correspondante tenue ouverte, le pouce tourné du côté de l'anus et engagé dans l'intervalle qui sépare ce dernier de la masse graisseuse, les quatre doigts étant appuyés sur toute la surface extérieure de celle-ci. Dans cette position, la main exerce une pression modérée et graduée, qui permet de mesurer le volume et la densité du dépôt graisseux.

Ici se bornent les épreuves manuelles qu'on est dans l'usage d'employer sur la bête de boucherie. Mais nous avons cru ajouter un degré d'intérêt à tout ce qui se rattache à ce sujet, en publiant un extrait du livre de la ferme de H. Stephens. L'éleveur et l'engraisseur y puiseront des renseignements précieux sur les moyens conseillés pour estimer le poids de viande, et le degré d'engraissement d'une bête de boucherie.

§ VII. MOYENS POUR ESTIMER UNE BÊTE GRASSE EN ANGLETERRE, CONSEILLÉS PAR H. STEPHENS.

Avant de vendre votre bétail, soit au marchand, soit au boucher, vous estimerez son poids et sa valeur, et pour cela vous procéderez un peu différemment que pour le mouton, attendu que le poil ne dissimule pas la forme du bœuf, comme le fait la laine du mouton, et dans ce cas l'œil sert alors plus que la main. Lorsque le bétail est gras mûr, l'œil seul est consulté; mais la main, aussi bien que l'œil, est amenée, par l'habitude, à juger si le bétail maigre a été mis d'abord à l'herbe ou s'il a été entièrement en-

Fig. 18.   Fig. 19.

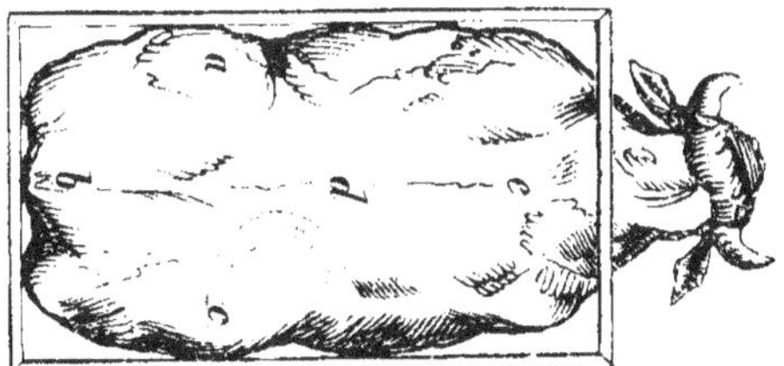

Fig. 20.

graissé aux turneps. Quand vous regardez de
près un bœuf mûr de profil, et c'est toujours par
le côté qu'on commence, imaginez-vous son corps
inscrit dans un cadre de bois de forme rectangulaire, placé horizontalement comme dans la
planche 9, fig. 17.

Et, si le bœuf le remplit complétement sur
tous les points, son corps occupera le cadre d'une
manière aussi parfaite que dans le dessin ; mais,
le plus ordinairement, il existe des défauts dans
différentes parties, sans que tous, cependant, se
rencontrent sur le même animal. Le flanc (*a*),
par exemple, peut être retiré et laisser un large
espace au-dessus de la ligne du cadre ; le sternum (*b*) peut descendre beaucoup plus bas ; la
croupe (*c*) peut être plus élevée que la ligne du
dos ; le milieu du dos (*d*) peut être plus enfoncé
que la ligne du cadre ; le haut de l'épaule (*e*)
peut être plus élevé ; enfin un vide peut être laissé,
sans être rempli par la cuisse (*f*).

Une disposition pareille pourra être supposée
pour le derrière de l'animal ; le cadre imaginaire
inscrira, à la vue, les quartiers de derrière, formant un carré, ainsi qu'il est représenté fig. 19,
où la largeur des os des hanches *d'* (*a* en *a*) est
projetée aussi loin que les jarrets (*c*, *c*), et l'entre-

deux des cuisses est en même temps bien rempli.

Placez-vous ensuite en face du bœuf, et supposez la ligne externe du corps inscrite dans le même cadre carré, comme dans la fig. 18. Les épaules de (*a* en *a*) sont presque de la même largeur que les os des hanches de (*a* en *a*), fig. 19. D'après cela, après avoir pris une idée de la forme des lignes extérieures d'un bœuf gras dans toutes les perspectives possibles, vous pouvez le considérer comme remplissant toute l'aire des cadres.

En vous reportant de nouveau à la fig. 17, observez si les côtes (*g*) sont arrondies et presque remplies jusqu'au point de projection de l'épaule (*h*) et du gras de la cuisse (*i*) ; observez aussi si l'épaule est plate, presque sur le même plan que les côtes, ou plus proéminente, ou plus enfoncée, et si l'espace situé derrière elle est plein ou creux ; examinez si la pointe (*h*) de l'épaule est projetée en avant et aiguë ou arrondie, et si le cou, depuis (*e*) jusqu'à (*h*), se joint insensiblement à l'épaule, ou s'il est plat et mince ; observez aussi si les muscles des points (*i*) et (*f*) sont pleins et ronds, ou maigres et plats ; de même aussi si les os des hanches (*k*) se joignent aisément à la croupe (*c*), en maniant cette partie d'une main, tandis que, de l'autre, vous vous assurerez si les côtes (*d*) s'avancent ou s'enfoncent. Les premiers points de cet examen sont les bons ; les derniers sont sujets à objection. Pour être parfaits, les premiers devront être assemblés de la manière suivante :

La ligne de l'épaule (*e*) à l'os de la hanche (*h*), fig. 17, devra être parallèle à la colonne vertébrale. La ligne de chaque côté des côtes, de (*d* à *e*) d'un côté, et de (*d* à *h*) de l'autre, ne devra pas être plus basse, mais presque aussi haute que le dos, les côtes tombant insensiblement, en s'arrondissant de chaque côté. La longe située au-dessus, de (*h* en *d*), devra être parfaitement plate et sur le même niveau que la colonne vertébrale, et tomber brusquement sur le côté, en se joignant avec le cercle des trois dernières côtes. La pointe de l'os de la hanche (*h*) devra être vue en projection, et rien de plus ; l'espace compris entre lui et la croupe (*e*) devra graduellement se fondre dans un rond formé par la région la plus étroite du bassin, de chaque côté de la naissance de la queue, comme dans la fig. 2. Par le bout extrême des côtes, au point (*g*), une ligne droite tracée devra toucher tous les points, depuis la pointe de l'épaule jusqu'au rond de la cuisse. L'espace triangulaire du cou inscrit au-dessus de (*h*) devra aller, se rapetissant graduellement, de la pointe de l'épaule jusqu'à la tête. La ligne du dos devra être droite depuis (*e*) jusqu'à (*c*) ; la queue devra tomber perpendiculairement depuis (*c*), et le ventre devra décrire une ligne presque de niveau, ni trop haute en (*a*) ni tombante en (*l*). Ainsi il y a trois lignes droites dans le côté d'un bœuf gras : une le long du dos, de (*e* en *c*) ; une seconde en travers des côtes, de (*h*) à (*i*) ; et enfin une troisième, du bas de l'épaule en travers du flanc (*a*), au bas de la fesse (*l*).

Procédant maintenant derrière le bœuf, fig. 19, nous remarquerons que l'espace compris entre les os des hanches, de (*a* en *a*), sera de niveau, mais un peu arrondi de chaque côté, et l'os du haut de la queue projeté légèrement au-dessus. Quand les muscles de chaque côté des fesses, au-dessous des hanches (*a*), sont plus pleins que ceux-ci, ce n'est point une difformité ; mais, quand ils ne le sont pas davantage, c'est mieux. Les muscles du bas de la cuisse, de (*c* à *c*), la partie la plus basse des grassets, devront s'effacer graduellement vers la partie la plus mince. L'entre-cuisse doit être rempli et gras, mais assez librement pour que le mouvement des jambes de derrière soit aisé. Quelquefois la queue repose dans un canal formé par les muscles arrondis et les fesses ; mais ce cas n'est pas commun.

En revenant à la vue de face, fig. 18, le sommet de l'épaule doit être large, ses côtés naturellement arrondis, et les muscles situés au-dessous de celui du paleron, au point (*aa*), doivent toujours se projeter au delà de la largeur du sommet de l'épaule, et on remarquera que les quartiers de devant diffèrent de ceux de derrière, où les muscles situés au-dessous des os des hanches ne se projettent pas au delà de ceux-ci, car, s'ils le font, la hanche est trop étroite. Les pointes des épaules ne doivent pas être trop proéminentes, mais doivent s'arrondir avec les muscles du cou près du bréchet, où la face du cou partant de la tête se joint à la poitrine. Le sternum, se projetant un peu au delà, tombe, en s'arrondissant, vers la partie la plus basse du corps, et remplit des deux côtés l'intervalle entre les jambes de devant. Celles-ci sont ordinairement plus éloignées que celles de derrière ; mais ces dernières, quelquefois, le sont presque davantage quand le *bourrelet* est large et gras. Les quartiers de devant et ceux de derrière sont plus égaux en poids quand les jambes de devant et celles de derrière sont également écartées.

Les déviations qu'on peut objecter à ces points sont les suivantes : dans la fig. 17, un dos rentré vers les côtes (*d*) est mauvais et indique une colonne vertébrale faible. Une épaule haute, en (*e*), est toujours aiguë et a pour effet de rendre le haut de la poitrine étroit et les épaules serrées. Une longue distance entre les côtes (*d*) et l'os de la hanche (*h*) rend la longe creuse et donne au bœuf ce qu'on nomme *une apparence flasque*, le rend enclin à un relâchement d'entrailles, et cette faiblesse est aussi accompagnée d'une largeur inusitée des os des hanches *d'* (*a* en *a*), fig. 19. Dans ce cas, les côtes (*g*), fig. 17, sont toujours plates et produisent un côté enfoncé, qui fournit peu et de médiocre viande, et repousse les viscères dans la partie la plus basse de l'abdomen, ce qui cause une dépression du ventre, plus bas que la ligne du cadre. À cette conformation se joint une enveloppe du ventre dure, insensible, d'une couleur jaunâtre, qui, ayant un poids à supporter, devient grossière et forte ; la viande a moins de valeur, et le flanc (*a*) devient d'autant plus mince. Les côtes plates sont aussi accompagnées du renfoncement de l'espace situé derrière l'épaule, donnant ainsi à cette partie du corps une apparence contractée. Lorsque les côtes sont enfoncées, l'épaule est aiguë et se projette en (*h*), ce qui amincit encore le cou. L'os de la croupe, en (*c*), s'élève fréquemment trop haut, déformant ainsi la ligne droite du dos ; cette conformation prive la croupe de viande entre (*k* et *c*), la creuse, et détériore ainsi la valeur de la partie la plus estimée du quartier de derrière. Un os de hanche (*k*) trop proéminent amincit aussi les muscles du bas et ceux arrondis du dos ; cette défectuosité occasionne toujours un élargissement de l'ouverture de l'entre-cuisse, fig. 19.

Toutes les fois que l'épaule est mince et étroite, fig. 18, dans la vue de face, les pointes de l'épaule sont plus larges que leur sommet, et dans ce cas le bréchet ne peut pas être censé devoir engraisser ; alors les jambes de devant restent trop rapprochées l'une de l'autre.

Une condition avantageuse pour un bœuf gras est un dos large et de niveau de la croupe à l'épaule, comme toute la viande de l'espace vu comme dans la fig. 20, pl. 9.

On y voit que l'espace triangulaire inclus entre (*a d c*) est la longe, l'espace entre (*a b c*) la croupe, et enfin celui inscrit entre (*d* et *c*), s'étendant des deux côtés, la région des côtes. Tous les points du corps d'un bœuf gras que nous venons d'énumérer peuvent être appréciés à l'œil seulement, le meilleur de tous les appréciateurs; mais l'aide de la main est importante, et un commençant ne doit pas en être dispensé.

Le premier point manié est la naissance de la queue, fig. 19, quoique, dans cette partie, la moindre apparence de graisse frappe les yeux, et qu'elle atteigne quelquefois une énorme grosseur, approchant de la difformité. L'os de la hanche (h) est rabattu et doit être bien couvert; mais, si l'os est aisément senti, en même temps que la croupe entre la hanche (h) et la naissance de la queue (c) et la longe, depuis la hanche jusqu'aux côtes (d), on peut s'attendre à une viande peu abondante et mauvaise. Sous les doigts, la viande des côtes (g) doit être tendue et épaisse, quand les côtes sont rondes; mais, si, au contraire, elles sont plates, la viande, faute de graisse, semble dure et mince. Le cuir également sur une côte ronde est tendu et mobile : un poil fin, souple et cotonneux est, en même temps, un indice d'une facile disposition à prendre de la graisse. La main, en empoignant le flanc (a), le trouve tendu quand le suif intérieur est abondant, de même aussi que l'indique un bourrelet gras et large, qui semble, en le regardant par derrière, un coussin qui sépare et tient écartées les jambes postérieures. La paume de la main, passée le long de la ligne du dos, depuis la naissance de la queue (*r*) jusqu'au sommet de l'épaule (*e*), ne doit rencontrer aucun point dur, et, quand toute cette partie est souple et agréable au toucher, c'est que la viande est bonne. Un enfoncement derrière l'épaule (*h*) se rencontre très-communément ; mais, quand il est rempli de viande et de graisse, la viande du quartier de devant est bonne. Il existe à peine une différence entre la peau d'une épaule grasse et celle d'une épaule maigre. Une épaule haute et étroite (*e*) accompagne une colonne vertébrale rugueuse et cannelée, et des os de hanches (*k*) bas et étroits indiquent la conformation nommée vulgairement *dos de rasoir*, toujours accompagné d'une viande rare et dure le long du dos, où doivent se trouver les morceaux les plus estimés chez un bon bœuf. Cette conformation indique toujours un mangeur lent et dur de qualité. La pointe de l'épaule (*h*) doit être couverte, et la peau doit y être tendre comme à la pointe d'une hanche bien faite : cette condition indique une veine du cou bien remplie dans tout son trajet, depuis ce point jusqu'au côté de la tête.

La pointe de l'épaule est plus souvent nue et plus proéminente que l'os de la hanche. Quand la veine du cou est si fermement remplie qu'elle ne permet pas à la pointe des doigts de pénétrer dans la cavité située au-dessous de la pointe de l'épaule, cela indique un suif intérieur abondant, comme l'indique aussi la masse de chair entre le bréchet et les jambes de devant, de même que la projection au dehors du sternum. Quand la viande devient lourde aux cuisses, semblant ainsi les doubler de volume, on dit alors que la cuisse est *Lyiry*; cette condition indique une disposition, chez le bœuf, à engraisser plutôt du bas que du haut du corps. Tous les points ci-dessus sont ceux qu'il est important de manier quand la main est habituée, et dans un bœuf de haute condition cette opération se fait très-rapidement.

D'après les règles précédentes, en les observant, vous devez être capable de juger à l'œil les parties grasses d'un bœuf bien rempli, et avec l'aide de la main, vous vous assurerez du degré de perfection qu'auront atteint les points les plus estimés. Suivant l'occasion, en mettant ces règles en pratique, l'expérience vous apprend à estimer le poids d'un bœuf, non-seulement son poids vif, mais encore celui de la viande et des os, après déduction faite des issues, qui consistent dans le cuir, la tête, les entrailles et les basses graisses (1).

(1) Traduit littéralement de " *The book of the farm*, " by Henry Stephens, 2ᵉ édition, 1851. London and Edimburgh, par M. Bardonnet de Villefort.

CHAPITRE II.

MESURAGE DU BOEUF DE BOUCHERIE.

Considérations générales. — Application du mesurage avant, pendant et à la fin de l'engraissement. — Système Quételet. — Cordon de Dombasle. — Système de D. Low et d'Anderdon. — Balance à bascule. — Mesurage appliqué aux reproducteurs des deux sexes.

---

§ I. CONSIDÉRATIONS GÉNÉRALES.

Nous avons expliqué dans quelles circonstances cette épreuve doit avoir lieu sur le cheval et de quelle manière on l'exécute; maintenant nous dirons à quelles fins et comment on opérera sur l'espèce bovine.

Sur le bœuf et sur la vache destinés à l'engraissement, cette épreuve est complexe, c'est-à-dire qu'elle consiste dans une série de maniements qu'on exerce successivement sur plusieurs parties de l'animal, et dans des circonstances différentes, savoir : 1° au commencement de l'engraissement; 2° pendant l'engraissement; 3° à la fin de l'engraissement.

Elle a donc, ainsi que nous le dirons, plusieurs fins.

1° Au commencement de l'engraissement, elle a pour objet de constater l'état présent de l'animal.

2° Pendant l'engraissement, la même opération, répétée et suivie de celle de la bascule une fois par mois, aura pour résultat de constater l'accroissement du poids obtenu, comparé à la valeur nutritive des substances consommées.

3° A la fin de l'engraissement, cette épreuve aura d'autant plus de portée qu'elle devra établir, plus tard, les rapports du poids vif au poids net dans le rendement proportionnel des différentes qualités de viandes.

Le mesurage et le pesage sont également et concurremment employés, sur les reproducteurs des deux sexes, comme moyens assurés de garder le souvenir des formes et du poids de l'animal vivant, et encore comme moyens de comparaison à établir un jour dans la descendance. Le mesurage, surtout, devra s'étendre à un certain nombre de régions, afin d'avoir du sujet le signalement le plus fidèle.

§ II. MESURAGE DU BOEUF D'ENGRAISSEMENT.

Nous commencerons par décrire le mesurage des bêtes d'engraissement, et pour cela nous prendrons pour exemple un bœuf métis durham âgé de deux ans.

Avant de commencer le mesurage, on dressera un tableau conforme au modèle, page 274 : la première colonne, à gauche, est destinée à recevoir les côtes prises au moment de la mise à l'engraissement ; la deuxième, celles durant l'engraissement ; la troisième recevra celles qui constatent les résultats de l'engraissement.

En terminant chaque colonne, on aura soin d'énoncer le poids vif de l'animal constaté à la bascule.

Voici de quelle manière on devra procéder ; mais, auparavant, on devra placer le bœuf ou la vache sur un sol uni et horizontal, autant qu'on le pourra, et faire que tous les membres soient parallèles (fig. 21).

Cette disposition des membres doit fixer l'attention de l'explorateur, par la raison que, lorsqu'un des membres antérieurs, par exemple, est porté en avant, l'articulation de l'épaule avec le bras l'est aussi, et alors celle-ci, étant plus saillante, accroîtra l'étendue de la circonférence oblique du thorax, comme on pourra s'en convaincre. Par la même raison, l'effet contraire aura lieu, si le membre est porté en arrière. Dans les deux cas, l'épreuve sera imparfaite.

Ce que nous venons de dire de la position d'un membre antérieur porté en avant, qui accroît l'obliquité de l'épaule et qui a pour conséquence de donner une plus grande étendue à la circonférence oblique du thorax, aura encore pour effet de fausser l'étendue comprise entre l'épaule et l'extrémité postérieure de la fesse.

Ces dispositions prises, l'opérateur, étant armé de la potence ou du bovimètre, agira, pour l'obtention de la taille du bœuf, de la même manière que nous l'avons prescrit pour celle du cheval. Ainsi, après avoir placé son instrument et s'être assuré que l'extrémité inférieure repose sur le

Fig. 21.

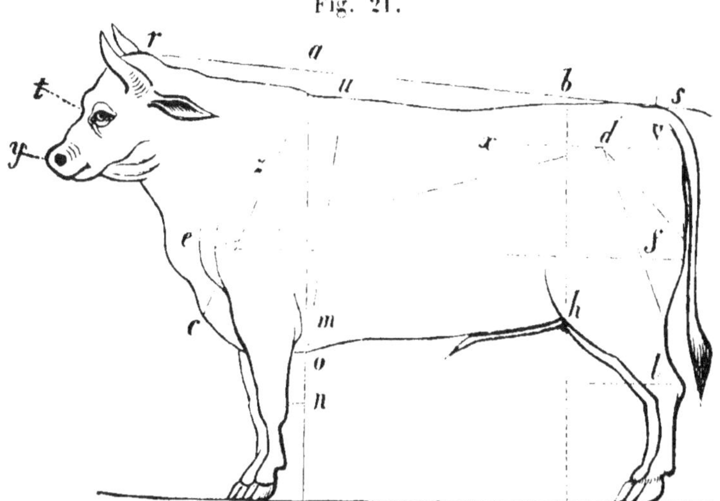

sol, il en abaissera la branche mobile sur le garrot de la bête, au point *a* (fig. 21). L'espace compris entre la branche et l'extrémité de la tige donnera la taille au garrot.

Passant ensuite à la croupe, la tige de l'instrument sera placée parallèlement au membre postérieur, au devant de la rotule ; après quoi, la branche mobile sera abaissée sur la croupe, au point *b*, de manière à porter à la fois sur les deux hanches. L'espace compris entre la branche mobile et le sol donnera, comme pour le garrot, la hauteur de la croupe. Les deux produits seront inscrits, selon leur rang, dans la première colonne du tableau.

Après avoir pris la taille de l'animal, on s'occupera d'avoir la circonférence circulaire et oblique du thorax. Pour cela, on se servira du cordon de Dombasle ou de tout autre ruban de fil, non extensible, de 2 à 3 mètres de longueur, gradué en mètres et en centimètres. Nous reviendrons sur ces dimensions de la poitrine lorsque nous parlerons des méthodes Dombasle et Quételet.

Dans l'ordre des mensurations, viennent celles de la croupe, qu'on obtiendra sûrement avec le bovimètre plutôt qu'avec le ruban. En ce cas, on se placera à l'arrière de l'animal, de manière qu'avec les deux branches de l'instrument déployées, l'une et l'autre appliquées aux points *d,*

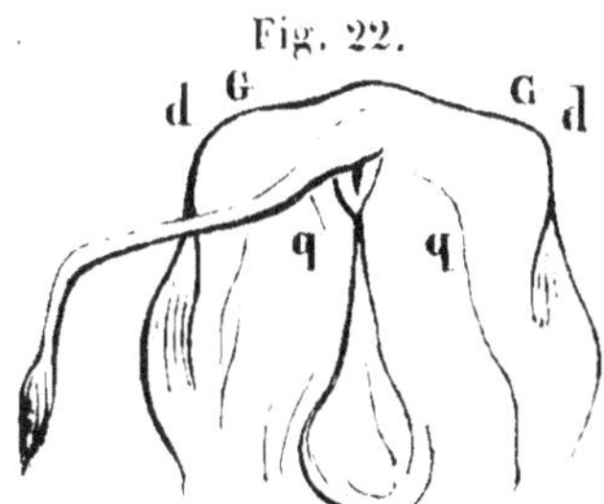

fig. 22, elles embrassent l'étendue comprise entre les hanches, ce qui en constitue l'*écartement,* vulgairement dit la croisée, et dont le produit sera inscrit dans la première colonne.

Portant ensuite l'extrémité d'une branche de l'instrument au bord antérieur de la hanche, au point *d,* l'autre à la base de la queue *s,* on obtiendra *l'étendue de la hanche à la queue,* et on l'inscrira dans son rang.

Enfin, maintenant en place la même branche sur le bord antérieur de la hanche, en *d,* et abaissant l'autre jusqu'à la face postérieure de l'angle ischial, en V, dit *pointe de la fesse,* on aura *la longueur totale de la croupe.*

La longueur de l'animal, mesurée, *du garrot à la queue,* de *a* en *s,* sera prise en appuyant l'extrémité d'une branche du bovimètre sur le bord antérieur du garrot, lequel sera rendu saillant en faisant abaisser la tête du bœuf, et l'autre, sur la base de la queue, dans l'échancrure ischiatique, au point *s.*

Pour obtenir *la grosseur de l'avant-bras,* ainsi

que celle *du canon,* on prendra, avec le ruban de Dombasle, la circonférence de la partie supérieure du premier et celle de la partie moyenne de l'autre. Immédiatement après, on en inscrira les produits dans la première colonne. Ensuite on pèsera la bête, dont on inscrira également le poids vif, ainsi qu'on l'a fait pour le mesurage.

Le tableau qui suit donnera une idée exacte de ce mode d'inscription.

TABLEAU DE MENSURATION D'UNE BÊTE A L'ENGRAIS.

RENSEIGNE-
MENTS...

- Nom de la bête. . . . . N
- Race. . . . . métis durham.
- Age. . . . . 2 ans.
- Époque de la castration. . . à l'âge de 6 mois.
- Date de la mise à l'engrais-
sement. . . . . 1er juillet 1851.
- Durée de l'engraissement. . 267 jours.

MENSURATION.	Au commencement de l'engraissement, 1er juin 184	Pendant l'engraissement, 12 octobre 1851.	A la fin de l'engraissement, 27 mars 1852.
Taille { au garrot.......	1.28	1.31	1,35
Taille { à la croupe.....	1.30	1,35	1,37
Circonférence { circulaire.......	1,75	1,88	2,09
du thorax { oblique.........	1,87	2,02	2,30
Écartement des hanches mesuré en dehors..................	0,13	0,14	0,55
Étendue de la hanche à la base de la queue..............	0,36	0,39	0,47
Étendue totale de la croupe mesurée en dehors de la hanche à l'angle ischial...............	0,47	0,48	0,57
Longueur du bœuf prise en avant du garrot et à l'angle ischial dit *pointe de la fesse*.......	1,25	1,30	1,30
Grosseur du sommet de l'avant-bras.....................	0,38	0,40	0,43
Grosseur du canon...........	0,19	0,19	0,20
Poids vif à la bascule.........	400 k.	465 k.	600 k.

Nous avons considéré le mesurage sous deux points de vue : appliqué au bœuf à l'engrais, aux reproducteurs des deux sexes.

Il nous reste encore à expliquer les résultats que l'on retire de ce moyen pour connaître le poids vif et le poids net d'une bête de boucherie.

A cet effet, plusieurs systèmes ont été proposés : le premier, que nous examinerons, celui de M. Quételet, donne le poids vif.

§ III. SYSTÈME QUÉTELET.

M. Quételet compare le corps d'un bœuf à un cylindre rempli d'eau distillée, qui aurait pour circonférence de base une circonférence égale au contour de la section verticale faite derrière la pointe du coude, et dont la hauteur serait les 11/10 de la longueur horizontale de l'animal, mesuré de la partie moyenne du bord antérieur de l'épaule à la pointe de la fesse.

Ainsi envisagée, la circonférence de la poitrine est élevée au carré, lequel est multiplié par la longueur, et le produit obtenu l'est ensuite par 0,0876, dont le dernier résultat est le poids vif de l'animal.

Ici le centimètre est pris pour unité d'étendue, le kilogramme pour unité de poids.

Cette formule ne pouvant pas être appliquée aux besoins journaliers du commerce et de l'économie du bétail, l'auteur l'a traduite dans un tableau synoptique qui en rend l'usage très-facile. Un exemple d'application suffira pour le démontrer (voir les tableaux n°ˢ 3, 4 et 5); mais, auparavant, passons au manuel de l'épreuve.

TABLEAU Nº 1.   POIDS BRUT DES BÊTES A CORNES EN KILOGRAMMES.

CIRCONFÉRENCE prise derrière la jambe de devant.	LONGUEUR EN CENTIMÈTRES DEPUIS LA PARTIE ANTÉRIEURE DE L'ÉPAULE JUSQUE DERRIÈRE LA CUISSE.															
	120	124	128	130	132	134	136	138	140	142	144	146	148	150	152	154
140	206	213	220	223	226	230	233	237	240	244	247	250	254	257	261	264
142	212	219	226	229	233	236	240	244	247	251	254	258	261	265	268	272
144	218	225	232	236	240	243	247	250	254	258	261	265	269	272	276	280
146	224	231	239	242	246	250	254	257	261	265	269	272	276	280	284	287
148	230	238	245	249	253	257	261	265	268	272	276	280	284	288	291	295
150	236	244	252	256	260	264	268	272	276	280	283	287	291	295	299	303
152	243	251	259	263	267	271	275	279	283	287	291	295	299	303	307	311
154	249	257	266	270	274	278	282	286	291	295	299	303	307	311	316	320
156	256	264	273	277	281	285	290	294	298	302	307	311	315	319	324	326
158	262	271	280	284	288	293	297	302	306	310	315	319	323	328	332	337
160	269	278	287	291	296	300	305	309	314	318	323	327	332	330	341	345
162	276	285	294	299	303	308	312	317	322	326	331	335	340	345	349	354
164	282	292	301	306	311	315	320	325	330	334	339	344	348	353	358	362
166	289	299	309	314	318	323	328	332	338	342	347	352	357	362	366	371
168	296	306	316	321	326	331	336	341	346	351	356	361	366	370	375	380
170	304	314	324	320	334	339	344	349	354	359	364	369	374	379	385	390
172	311	321	331	337	342	347	352	357	362	368	373	378	383	388	393	399
174	318	329	339	344	350	355	360	366	371	371	382	387	392	397	403	408

TABLEAU N° 2. POIDS BRUT DES BÊTES A CORNES EN KILOGRAMMES.

CIRCONFÉRENCE prise derrière les jambes de devant.	LONGUEUR EN CENTIMÈTRES DEPUIS LA PARTIE ANTÉRIEURE DE L'ÉPAULE JUSQUE DERRIÈRE LA CUISSE.															
	140	142	144	146	148	150	152	154	156	158	160	162	164	166	168	170
176	380	385	390	395	401	407	412	418	423	428	434	439	445	450	455	461
178	388	394	399	405	411	416	422	427	432	438	444	449	455	460	466	471
180	397	403	408	414	420	425	431	437	442	446	454	459	465	471	477	482
182	406	412	417	423	429	435	441	446	452	458	464	470	475	481	487	493
184	415	421	427	433	438	444	450	456	462	468	474	480	486	492	498	504
186	424	430	436	442	448	454	460	466	472	478	484	490	496	503	509	515
188	433	439	445	452	458	464	470	476	483	489	495	501	507	514	520	526
190	442	449	455	461	468	474	480	487	493	499	506	512	518	525	531	537
192	453	458	465	471	477	484	490	497	503	510	516	523	529	535	542	549
194	461	468	474	481	487	494	501	507	514	520	527	534	540	547	553	560
196	471	477	484	491	498	504	511	518	524	531	538	545	551	558	565	572
198	480	487	494	501	508	515	521	528	535	542	549	556	563	570	576	583
200	490	498	504	511	518	525	532	539	546	553	560	567	574	581	588	595
202	500	507	514	521	529	536	543	550	557	564	571	579	586	593	600	607
204	510	517	524	532	539	546	554	561	568	575	583	590	597	605	612	619
206	520	527	535	542	550	557	565	572	579	587	594	602	609	617	624	631
208	530	538	545	553	560	568	576	583	591	598	606	613	621	628	636	644
210	540	548	556	563	571	579	587	594	602	610	618	625	633	641	648	656

| TABLEAU N° 3. | POIDS BRUT DES BÊTES A CORNES EN KILOGRAMMES. | | | | | | | | | | | | | | | | | |

CIRCONFÉ-RENCE prise derrière les jambes de devant.	LONGUEUR EN CENTIMÈTRES DEPUIS LA PARTIE ANTÉRIEURE DE L'ÉPAULE JUSQUE DERRIÈRE LA CUISSE.																	
	152	154	156	158	160	162	164	166	168	170	172	174	176	178	180	184	188	192
212.....	598	606	614	622	629	637	645	653	661	669	677	685	692	700	708	724	740	775
214.....	609	617	625	633	641	649	657	665	673	681	689	698	705	713	721	737	754	769
216.....	621	629	637	645	653	662	670	678	686	694	707	711	719	727	735	751	768	784
218.....	632	641	649	657	666	674	682	691	699	707	715	724	732	740	749	765	782	799
220.....	644	652	661	669	678	586	695	703	712	720	729	737	746	754	763	780	797	813
222.....	656	664	673	681	690	699	707	716	725	733	742	751	759	768	776	794	811	828
224.....	668	676	685	694	703	712	720	729	738	747	755	764	773	872	790	808	826	843
226.....	680	688	697	706	715	724	733	742	751	760	769	778	787	796	805	822	840	858
228.....	692	701	710	719	728	737	746	755	764	773	783	792	801	810	819	837	855	874
230.....	704	713	722	732	741	750	759	768	778	787	796	805	815	824	832	852	876	889
232.....	716	725	735	744	754	763	773	782	791	801	811	821	830	839	849	868	887	905
234.....	728	745	758	757	767	776	786	796	805	815	824	831	843	853	863	882	901	920
236.....	741	751	760	770	780	790	800	809	819	829	839	848	858	868	878	897	916	936
238.....	754	763	773	783	793	803	813	823	833	843	853	863	873	883	893	912	932	952
240.....	766	776	786	797	807	817	827	837	847	857	867	877	887	897	907	928	948	968

L'opérateur se placera près de l'épaule de la bête, par exemple, la gauche, si ce côté est plus à sa convenance ; un aide se placera du côté opposé et en face de l'opérateur. Celui-ci fixera, avec la main gauche, l'extrémité libre du ruban sur le sommet du dos de l'animal, en arrière des épaules ; avec la droite, il tiendra l'étui renfermant le ruban, qu'il étendra sur le côté gauche de la poitrine. Arrivée à la face inférieure du sternum, la main de l'opérateur abandonnera à l'aide l'étui et le ruban, que ce dernier ramènera et étendra sur tout le côté droit de la poitrine, et le joindra à l'autre extrémité arrêtée sur le dos. L'opérateur, alors, prendra des mains de l'aide l'étui et le ruban, qu'il rapprochera de l'extrémité opposée. Dans cet état, le point de jonction indiqué sur le ruban par le pouce et l'indicateur marquera le produit de la circonférence circulaire du thorax, produit qui sera, par exemple, de $1^m,40$

L'opérateur, conservant sa position au côté gauche de l'animal, mesurera la longueur du corps. Pour cela, il se servira du bovimètre, dont il appliquera l'extrémité de la branche fixe sur la partie moyenne du bord antérieur de l'os de l'épaule (le scapulum), rapprochera la branche mobile de la pointe de la fesse et l'y arrêtera. L'espace compris entre les deux branches étant, par exemple, de $1^m,30$, l'opérateur consultera la table synoptique, où il verra $1^m,40$ inscrits dans la colonne qui indique la circonférence, et $1^m,30$ dans celle qui désigne la longueur du corps. Il lira ensuite, au point de correspondance de ces deux nombres, en tête de la colonne tracée au-dessous du numéro 130, le nombre 223, qui exprimera le poids vif.

Lorsque la dimension de la poitrine et la longueur du corps donneront des nombres impairs, on prendra la moitié du produit du nombre supérieur. Si on a un nombre pair et un nombre impair à combiner, par exemple 131 de longueur avec 140 de circonférence, on prendra la moitié du produit de 132 combiné avec 140, et on aura pour résultat $224^k,500$ au lieu de 223 kilogrammes.

On n'a pas toujours une potence ou un bovimètre à sa disposition pour prendre la longueur du corps ; alors on peut se servir du ruban, mais, dans ce cas, il faut charger un aide d'en assujettir l'extrémité libre sur le bord du scapulum, tandis que l'opérateur étend le surplus du cordon jusqu'à l'extrémité de la fesse.

Pour s'assurer que l'on n'a pas dépassé cette limite, l'opérateur y appliquera transversalement un bâton ou une règle qui se réunira, à angle droit, avec le ruban. L'opérateur aura l'attention de faire que celui-ci soit tendu en ligne droite, pour éviter de décrire les courbes que présentent l'épaule, le ventre et la cuisse.

§ IV. CORDON DE DOMBASLE.

Dans l'exposé que nous avons fait des maniements, ainsi que des autres moyens dont disposent les hommes qui se livrent au commerce des bestiaux, nous avons essayé de mettre en évidence tout le parti que l'agriculteur peut tirer de ces auxiliaires pour protéger ses intérêts.

C'est dans cette pensée que Dombasle imagina son cordon. Ce cordon est, comme on sait, formé d'un ruban de fil enduit de caoutchouc qui le rend inextensible. Il est gradué, d'un côté, en mètres et en centimètres, depuis 1^m,81 jusqu'à 2^m,73; de l'autre, il l'est en livres, depuis 350 jusqu'à 1,200. Il résulte de cette combinaison que 1 centimètre équivaut à 6 livres de poids net. Cette graduation, limitée à 600 kilogrammes, peut être portée au delà de ce chiffre en suivant la même combinaison.

Nous allons en faire l'application ; mais, auparavant, nous devons rappeler ce qui a été dit de la position qu'il faut donner au bœuf, du parallélisme, surtout, qu'il faut faire observer aux membres. On s'opposera également, autant qu'on le pourra, à ce que la tête soit abaissée vers la terre; de même, aussi, à ce qu'elle soit élevée. Dans le premier cas, quoique le garrot soit bien dessiné, la bête perd de la taille; dans l'autre cas, elle en prend par l'effet du renflement qui se produit dans le bord supérieur et à la base de l'encolure.

Pour éviter ces deux effets opposés, qui faussent la taille d'une bête, on devra donner à l'encolure une position horizontale, telle qu'elle est tracée dans la fig. 21, page 270.

Voici de quelle manière on devra procéder :

L'opérateur se place près de l'épaule du bœuf, du côté gauche, par exemple, si cette position est plus à sa convenance. En même temps qu'il tient, entre le pouce et l'index de la main gauche, l'extrémité libre du ruban, et qu'il l'appuie sur le sommet du garrot, de l'autre main, qui tient également l'étui où est renfermé le ruban qu'il étend, il passe celui-ci en arrière du scapulum et de la pointe du coude, et l'engage sous le sternum, où il l'abandonne à l'aide qui occupe une position près de l'épaule droite de la bête. Ce dernier, à son tour, ramène l'étui et le ruban, qu'il étend de même sur la pointe de l'épaule, sur sa face antérieure, dite vulgairement *le plat de l'épaule*, et le joint à l'autre extrémité arrêtée sur le garrot. Le point de jonction du cordon, retenu entre l'index et le pouce de l'aide, indique, d'un côté, l'étendue que développe la circonférence oblique de la poitrine, qui est, par exemple, de 1^m,81, et, de l'autre, le poids net, qui sera de 350 livres.

Cette épreuve terminée, le produit en sera inscrit. Mais, dans le doute que l'opération ne fût pas exacte, on la répétera dans le sens opposé, c'est-à-dire qu'on mesurera le diamètre oblique de la poitrine, de droite à gauche. Le produit de cette seconde épreuve sera coté comme celui de la première, et, s'il lui est conforme, il donnera le poids net qu'on devra adopter. (Voir le tracé de la circonférence oblique de *a* en *c*, fig. 21, page 270.)

Si la contre-épreuve donnait un chiffre qui différât de celui de la première, on prendrait la moyenne, qui serait l'expression réelle du poids net.

L'épreuve du cordon de Dombasle n'est pas toujours concluante; en d'autres termes, elle n'est pas à l'abri de l'erreur, à supposer même qu'on prenne toutes les précautions requises pour qu'elle soit bien faite. Cela peut dépendre de plusieurs causes :

1° De la conformation même des parties que doit embrasser le ruban, et en particulier du garrot;

2° De la manière dont l'embonpoint s'est développé pendant l'engraissement.

En ce qui touche la conformation, supposons deux bœufs ayant le même embonpoint et le même poids vif, dont l'un aurait, comme on le remarque dans certaines races, le garrot très-sorti; l'autre, au contraire, comme le durham, l'aurait très-effacé et très-large. La circonférence oblique de la poitrine obtenue par le cordon étant égale dans les deux bœufs, le poids net devra être, comme conséquence de l'opération, nécessairement le même.

Cependant il n'en sera pas ainsi, par la raison que, dans le bœuf à garrot saillant, plusieurs régions sur lesquelles est étendu le cordon sont formées, en partie, de tissus présentant une grande surface, mais moins de densité relative que les tissus musculaires et graisseux qui prédominent dans le durham. Or, comme un garrot saillant

est une condition de force dans le bœuf de trait
et une défectuosité de conformation dans celui de
boucherie, on doit nécessairement en tenir compte
dans ce dernier cas.

Nous avons dit qu'une des causes qui donnaient
à la circonférence oblique du thorax un grand développement était due à la manière dont l'embonpoint s'est formé pendant l'engraissement. Voici
ce qui arrive :

Sur certains bœufs l'avant-main prend plus de
graisse que l'arrière-train, ce qui fait que celui-ci
reste en retard ou stationnaire. Il résulte alors
que la circonférence oblique donnera un poids
illusoire, attendu l'énorme disproportion qui s'é-
tablit entre ces deux parties principales de la
bête. Cette disproportion sera d'autant plus sensible, que déjà elle existe naturellement dans les
animaux les mieux engraissés ; conséquemment
la viande de deuxième et troisième qualité pré-
dominera outre mesure.

Un exemple tiré du tableau de mensuration d'un
bœuf à l'engrais, que nous avons tracé ci-dessus,
nous servira à faire ressortir cette différence. On
voit que la circonférence oblique du thorax donne
$2^m,30$, soit 360 kilogrammes ou 720 livres de
poids net au cordon, et cependant le rendement

réel n'a été que de 337 kilogrammes ou 674 livres, soit 92 livres de différence en perte sur le produit du cordon de Dombasle. On pourra, jusqu'à un certain point, trouver l'explication de cette différence entre les deux épreuves en portant son attention sur les dimensions des différentes régions de la croupe, dont le développement est peu en rapport avec celui de la circonférence oblique du thorax ; d'où *il résulte de cette disproportion* que les quartiers de devant entrent pour 205^k,500 dans les 337 kilogrammes du rendement net, et ceux de derrière pour 131^k,500 seulement.

Cette disproportion en faveur des quartiers de devant sur ceux de derrière est ici de 20 p. 100; elle s'élève, dans ceux du taureau adulte, dont l'avant-main est très-développée, à plus de 23 pour 100.

§ V. SYSTÈMES DE D. LOW ET D'ANDERDON POUR OBTENIR LE POIDS NET.

On lit, page 207 du *Traité d'hygiène vétérinaire* de M. le professeur Magne : « On a proposé d'autres moyens d'avoir le poids des animaux, mais ils sont moins exacts et moins faciles à mettre en pratique que le précédent (Dombasle). »

« *D. Low propose,* pour avoir le poids d'un bœuf gras, de tirer une ligne du point le plus élevé de l'omoplate au point le plus éloigné de la croupe, de prendre ensuite la circonférence du corps derrière les coudes, de multiplier le carré de cette circonférence par la longueur et le produit par 238. Cette opération donne le poids des quatre quartiers en stones de 6^k,348 chacun. On a trouvé ce moyen en considérant le corps du bœuf comme un cylindre et déterminant, par l'expérience, le rapport du poids des quatre quartiers avec le cylindre. »

Ce système a beaucoup d'analogie avec celui de M. Quételet ; seulement la longueur du corps est mesurée différemment, comme on a pu le remarquer.

« *Anderdon trouve* le poids de boucherie, poids net, en prenant la moitié du poids de l'animal en vie, augmenté des 4/7es, et divisant le tout par 2. Ainsi, soit un bœuf de 700 livres, prenez la moitié, 350 ; plus 4/7es, 400 ; divisez le tout, 750 par 2, et le produit 375 donne le résultat cherché. »

« *Une autre méthode,* dit D. Low, page 264 de son *Traité d'agriculture,* de s'assurer du poids des animaux gras est de les peser vivants et de multiplier le poids brut par 605. On est parvenu à cette règle en déterminant, dans une moyenne de cas, la proportion du poids net des quartiers avec le poids vivant. »

Cette méthode est aussi précise que possible : c'est, de toutes, celle qui nous a donné les résultats les plus concluants, qui ont été confirmés à l'abattoir, selon la coupe de Nantes. Si nous avons trouvé quelque différence, elle n'a jamais été au-dessous de 3 1/2 pour 100. Si la bête était bien engraissée, la différence était en faveur du poids net.

§ VI. BALANCE A BASCULE.

Nous avons dit que l'épreuve de la balance guidait l'éleveur dans son entreprise sur l'accroissement de son jeune bétail ; elle est, pour l'engraisseur, un guide non moins indispensable qui lui révèle l'accroissement de poids des bêtes à l'engrais.

Pour que cette épreuve soit concluante et confirmative, elle doit être faite dans les conditions requises. D'abord il faut que l'animal soit présenté à jeun sur le plateau de la bascule, et y soit placé de manière à ne pas être violenté dans ses allures, c'est-à-dire que tout le poids du corps soit également réparti sur les quatre membres, qui, pour cela, doivent être disposés parallèlement entre eux. Il faut aussi que l'attache, que le bouvier tient à la main, soit laissée flottante, afin que celui-ci n'exerce pas de traction sur ce lien, et, par ce motif, ne puisse pas fausser le poids réel de la bête.

Assez ordinairement on ne rencontre pas de résistance de la part des animaux ; cependant il y en a qui se montrent peu disposés à monter sur le plateau. Dans ce cas, il faut leur couvrir les yeux avec un voile épais ; il est rare qu'un bœuf résiste à cet expédient. Si ce moyen était impuissant, il faudrait renoncer à toute tentative ultérieure, car la violence cause sur une bête à l'engrais une perturbation très-grande dans les digestions, et, par suite, une perte manifeste sur le poids.

La prudence veut encore qu'une bête soit protégée de toute part dès qu'elle est sur le plateau de la bascule. Dans cette intention, on entoure la machine d'une balustrade de 1^m,50 de hauteur, qui est suffisante pour s'opposer à ce que la bête tente de s'échapper, ce qui arriverait infailliblement, si on n'avait une bascule ainsi faite. Ces tentatives sont d'autant plus à redouter que le

pesage a lieu au commencement de l'engraissement, alors que la bête est plus vive et plus irritable.

§ VII. APPLICATION DU MESURAGE
AUX REPRODUCTEURS DES DEUX SEXES DE L'ESPÈCE BOVINE.

La mensuration du bœuf qui est à l'engrais ne
donnerait qu'une idée imparfaite des proportions
de toutes les régions d'un reproducteur, mâle ou
femelle, dont on veut conserver le souvenir. Elle
dirait bien la taille, la longueur du corps, l'ampleur de la croupe, la circonférence de la poitrine, et cependant elle resterait muette sur la
capacité réelle de cette cavité, « qui dépend beaucoup plus, dit *H. Cline* (1), de sa forme que de
son étendue en circonférence ; car un cercle contient plus qu'une ellipse d'égale circonférence,
et, à mesure que l'ellipse dévie du cercle, elle
contient moins. Une poitrine profonde n'est donc
pas spacieuse ni douée d'une grande capacité, si
elle n'a une largeur proportionnelle. »

Dans la mensuration du bœuf à l'engrais, on
peut se dispenser de parler des proportions de

(1) Extrait du *Traité de la race bovine de Durham*, par M. de
Sainte-Marie.

certaines régions de la tête, par exemple ; mais il ne doit pas en être ainsi pour le reproducteur, dont toutes les parties du corps doivent être en harmonie ou doivent conserver les caractères du type et de ses aptitudes (1).

Par ces considérations, le tableau de mensuration sera rédigé différemment que le précédent ; il pourra l'être suivant le modèle ci-joint. Dans la colonne des observations seront inscrites les annotations jugées utiles.

(1) Nous avons emprunté au *Cadran du cultivateur* les dessins du *cheval* et du *bœuf*, comme étant ceux qui reproduisaient le mieux notre pensée. (Voir les fig. 21 et 22.)

SPÉCIMEN DE MENSURATION

D'UN REPRODUCTEUR MALE DE L'ESPÈCE BOVINE.

RENSEIGNEMENTS ET GÉNÉALOGIE.

X....., taureau métis durham-breton, âgé d'un an, né le 1ᵉʳ mai 1851. Robe pie-rouge clair. Son père, VADEBON-CŒUR, durham; sa mère, VELÉDA, bretonne; sa grand'mère, N....., bretonne, par N....., taureau breton.

TAILLE.	Au garrot..	1ᵐ,13
	A la croupe..	1ᵐ,20
TÊTE.	Largeur du front mesurée à la base, entre les deux yeux, en T...............................	0ᵐ,24
	Longueur de la face mesurée de T en y (1)....	0ᵐ,10
	Longueur totale de la tête mesurée de R en y..	0ᵐ,40
	Longueur des cornes frontales....................	0ᵐ,12
	Circonférence des cornes mesurée à la base....	0ᵐ,20
ENCOLURE	Longueur mesurée de la nuque au garrot, de r en a (2)..	0ᵐ,40

(1) Mentionner la proéminence de l'œil, si elle existe; la largeur ou l'étroitesse du chanfrein, la grosseur ou la ténuité du mufle.

(2) Mentionner le développement du fanon.

OITRINE.	Circonférence circulaire de *o* en *c*................	1^m,68
	Circonférence oblique du point *a* en *c*, système Dombasle................................	1^m,78
	Diamètre vertical mesuré du point *o* au point *v*.	0^m,60
	Diamètre transversal mesuré à 10 centimètres en arrière de l'épaule, correspondant au même point opposé de la poitrine................	0^m,45
	Longueur de la poitrine mesurée du sommet du bord postérieur de la dernière côte aster-nale, en *x*, à la partie moyenne du bord an-térieur de l'omoplate, en *z*................	0^m,60
REINS.	Longueur des reins mesurée de la face anté-rieure de la hanche, en *d*, au bord sup rieur et postérieur de la dernière côte, en *x*......	0^m,28
	Largeur des reins mesurée à la base de la croupe, de *g* en *g*......................	0^m,36
CROUPE.	Largeur des hanches mesurée, comme sur le bœuf à l'engrais, de *d* en *d* (1)...........	0^m,44
	Espace compris entre la hanche et la racine de la queue, mesuré de la face antérieure de l'angle coxal, de *d* en *s*................	0^m,32
	Longueur totale de la croupe, mesurée de l'an-gle coxal à l'angle ischial, en *e*...........	0^m,44
	Étendue d'une éminence articulaire de la cuisse, dite *molette*, à l'opposée................	0^m,44
	Écartement des ischions dits *pointes de la fess* , de *g* en *g*......................	0^m,20
TRONC.	Longueur du tronc, mesurée du point *a* au point *v*............................	1^m,32
	Longueur totale mesurée du point *r* au point *v*............................	2^m,72
QUEUE.	Grosseur mesurée à la racine, en *s*...........	0^m,10
	Longueur mesurée de *s* à la pointe du jarret..	0^m,70

(1) Faire mention de l'horizontalité ou de la déclivité de la croupe, de l'attache de la queue, de l'écusson.

ÉPAULE.	Longueur mesurée du point *e* au point *a a*....	0^m,50
MEMBRES antérieurs.	Longueur mesurée de la pointe du coude *m* au sol.	0^m,66
	Espace compris entre la pointe du coude *m* et le point *v*.	0^m,47
	Espace compris entre la pointe de l'épaule et le sol.	0^m,86
	Longueur de l'avant-bras, mesurée de la pointe du coude, en *m*, à la partie moyenne du genou, en *n*.	0^m,40
	Longueur du canon, mesurée du point *n* à la partie moyenne du boulet.	0^m,16
	Espace compris du boulet au sol.	0^m,10
	Grosseur de l'avant-bras au-dessous du coude.	0^m,38
	Grosseur du canon au-dessous du genou......	0^m,19
MEMBRES postérieurs.	Longueur de la cuisse mesurée de la molette à la rotule, en H.	0^m,30
	Longueur de la jambe mesurée de la rotule à la pointe du jarret *l*.	0^m,60
	Distance mesurée de la pointe du jarret au sol.	0^m,50
	Largeur du jarret (1).	0^m,15
POIDS vif.	A la bascule................................	400^k

(1) Tenir compte du parallélisme des membres, s'il existe ; du volume des pieds, du volume des testicules.

Ce spécimen d'un tableau de mensuration fourni par un taureau d'un an dit assez ce que doit être cette épreuve. C'est pourquoi on procédera régulièrement en le divisant en autant de colonnes que l'animal devra être mesuré de fois.

Ainsi la première colonne sera consacrée à la mensuration qui devra être faite dans le mois qui suivra la naissance ;

La deuxième le sera à la mensuration qui aura lieu au moment du sevrage, c'est-à-dire le sixième mois, par exemple, ou après ;

La troisième sera destinée à inscrire la mensuration qui sera faite à la fin de l'année, laquelle correspond à celle qui est reproduite dans le présent tableau.

Les autres mensurations seront faites aux époques suivantes de l'année : à la fin de juin et de novembre de la deuxième et troisième année inclusivement, ce qui fait que neuf colonnes sont indispensables pour compléter la série des mensurations à faire en pareil cas.

Nous assignons les mois de juin et de novembre, parce que le premier correspond à la fin du printemps, et que l'autre approche de l'hiver, pendant lequel l'accroissement est plus lent que dans les autres saisons.

On voit qu'à l'aide des documents fournis par ces tableaux on pourra comparer l'accroissement en poids de l'animal ; par exemple, constater qu'à la naissance il pesait 30 kilogrammes, et qu'un an après il en pèse 400, ce qui établit qu'il a

pris 370 kilogrammes en 365 jours, soit plus
de 1 kilogramme par jour.

On voit encore, par les rapprochements que
l'on peut faire, comment chaque région s'est
développée séparément, et les proportions que
toutes ont prises ensemble. On voit, surtout, s'il
est opportun de combattre ou de favoriser certaine conformation qui tendrait à se reproduire
dans la descendance, par exemple, dans celle qui
résulte du croisement du taureau ayrshire, dont
la croupe entre pour un tiers dans la longueur
du corps, avec la vache de pur sang durham, qui
en a une large et horizontale, et dont la longueur,
sur le plus grand nombre de sujets de cette race,
fait les deux cinquièmes, comme nous l'avons
déjà fait remarquer.

C'est ainsi que l'influence du sang durham, par
le taureau, sur la petite vache du Morbihan, dont
la brièveté de la croupe est un des caractères dis-
tinctifs de cette race, est de transformer toutes
les dimensions, de raccourcir sur telle autre race
la longueur démesurée des membres, et de les
mettre plus en rapport avec la capacité des cavités de la poitrine et du bassin, partant du corps
entier.

CHAPITRE III.

MANIEMENTS DU VEAU DE BOUCHERIE.

Considérations sur l'engraissement du veau. — Divisions des maniements. — Application des maniements (1).

§ I. CONSIDÉRATIONS SUR L'ENGRAISSEMENT.

Pour rendre évidente l'importance de ces maniements, nous dirons quelques mots sur l'élevage du veau de boucherie, en prenant pour type celui que l'on conduit aux marchés de Paris.

Dans plusieurs départements du rayon d'approvisionnement de Paris où l'on fait les meilleurs veaux de boucherie, Seine-et-Oise, Seine-et-Marne et Loiret, les éleveurs sont dans l'usage de nourrir les veaux, jusqu'à l'âge de trois à quatre mois, presque exclusivement de lait, qui est distribué, trois fois par jour, dans des baquets tenus très-propres. Cependant nous avons vu, dans Seine-et-Marne, mêler, au lait, des échaudés, du riz et des œufs; ailleurs, de la farine en petite

(1) Voir fig. 23, page 305.

quantité, ou des pommes de terre cuites réduites en bouillie. Les veaux ainsi nourris ont du ventre et ne sont pas fins ; ils n'ont pas cette chair blanche, qui est si prisée de la boucherie de Paris, qui fait dire que le *veau tombera blanc*.

Ainsi le lait seul, le lait pur, en abaissant l'énergie et la vitalité de l'organisme, en l'amenant à cet état lymphatique qui est le prélude de la cachexie, la limite de l'engraissement, le degré de maturité, créera cette constitution anormale qui se révèle, à l'extérieur, aux signes que **M.** le professeur Delafond a si bien décrits, le premier, dans un excellent mémoire sur ce sujet.

Voilà ce qui arrive :

« *Le poil devient terne, il perd sa direction native pour en prendre une opposée, c'est-à-dire il se hérisse et se laisse arracher sans efforts.* »

A ces signes il faut en ajouter d'autres qui sont tirés de l'état de décoloration des membranes muqueuses et de la peau.

La muqueuse buccale a cette pâleur du blanc mat de la cire vierge, pâleur qui se montre particulièrement sur la sclérotique, vulgairement dite le blanc de l'œil. *La peau des parties du corps qui sont dénudées de poils participe de cet état.*

Cependant, avec une alimentation *exclusive* de

lait, on ne réussit pas toujours à faire des *veaux blancs*, soit parce qu'on ne sait pas le distribuer, soit parce que l'exploitation est située dans des conditions défavorables sous le rapport de l'alimentation qui est donnée aux vaches. Nous ajouterons, en passant, que tous les soins seront inutiles, si les veaux n'ont pas d'appétit ou ne digèrent pas bien. Dans les deux cas, il vaut mieux vendre de suite de tels veaux et à tout prix, parce qu'ils *feraient mauvaise fin*.

En Beauce et en Gâtinais, les veaux ne sont pas rationnés, on leur donne tout le lait qu'ils peuvent consommer *utilement ;* ce qui va à 18 et même à 20 litres par jour pour un veau de douze à quinze semaines et du poids de 140 à 150 kilogrammes. C'est ordinairement à cet âge qu'on les vend (1).

On peut partout faire des veaux de ce poids et au delà quand on a du lait en quantité suffisante, mais partout on ne peut pas se promettre de faire qu'ils soient *blancs*. Ainsi, dans telle exploitation que nous connaissons où la nourriture des vaches, l'été comme l'hiver, se compose de luzerne, de sainfoin, de vesces en vert et en sec, de pailles d'avoine ou de froment et du peu de son que

(1) La généralité de ces veaux appartient à une race normande.

donne la fournée, on fera des veaux très-gros, très-lourds et très-gras, mais qui ne seront pas *fins*, qui ne seront pas *blancs*. Dans cette ferme, beaucoup de vaches meurent, chaque année, de la maladie dite *du sang*.

Telle autre exploitation de la même contrée, mais qui dispose d'une assez grande quantité de foin récolté sur des prairies basses, nourrit ses vaches avec le foin et fait pâturer l'été ces prairies; cette autre ferme fait des veaux *blancs*, et n'a pas à redouter la maladie *du sang*. Nous avons vu, dans cette exploitation, des veaux très-lourds et très-fins qui, à soixante-dix jours, pesaient 120 kilogr.

Dans les grandes comme dans les petites exploitations, c'est la ménagère qui prend soin des veaux ; c'est elle seule qui les fait boire, qui surveille l'*échaudage* des vases dans lesquels on leur sert le lait. Sa surveillance ne s'arrête pas là ; elle s'assure que le panier d'osier qu'on fait porter aux veaux, pour les empêcher de manger et de se lécher, est propre et n'est pas détérioré.

C'est encore dans la pensée de la plus grande prospérité de ses veaux qu'elle les loge, autant qu'elle peut, dans un lieu chaud et sec en hiver, tempéré en été, et toujours obscur et sain en toute saison, afin qu'ils trouvent le repos le plus grand à l'abri de l'importunité des mouches, cette quiétude qui succède à un repas copieux, qui développe en eux à un si haut degré cet embonpoint qui fait l'objet de sa sollicitude.

Tous ces soins sont rigoureusement observés par la vraie ménagère, qui en connaît tout le prix, persuadée qu'elle est que toute odeur qui peut affecter désagréablement les veaux, surtout celle du lait aigri, sont autant de causes de dégoût qui les empêchent de se *faire*. Cette conviction lui fait dire *que, si elle manque son veau le premier mois, elle perd tout son profit.* Il serait mieux de dire *les huit premiers jours,* car c'est surtout à cette époque de la vie du veau que s'applique ce que dit M. le professeur Delafond : *C'est dans les premiers mois de la vie que se fait le plus grand développement, que la force formatrice jouit de son plus haut degré d'activité.* Or, pour que cette force formatrice jouisse d'une haute activité, il faut qu'elle soit créée ; ce qui est une très-grande difficulté à surmonter au début et dans le cours de l'élevage au baquet des veaux de certaines races, du new-devon surtout, du breton, du vendéen et autres de nos races indigènes. Mais celui de tous qui s'accommode le mieux de ce régime est le veau pur sang durham et le métis durham-breton (race du Morbihan).

Passons aux maniements du veau de boucherie et à leur application.

§ II. DIVISION DES MANIEMENTS DU VEAU DE BOUCHERIE.

Les maniements sont *simples* ou *impairs, doubles* ou *pairs*, comme ils le sont sur le mouton. Comme sur celui-ci, on en compte deux, dont on ne peut se dispenser de faire usage, qui appartiennent à un autre ordre d'organes : l'un, qui a pour objet l'examen de l'*œil et de ses annexes ;* l'autre, celui des gencives et de la muqueuse *buccale*.

1. *Maniements simples.*

Ces maniements sont au nombre de *quatre :*
1° *La bouche* (fig. 23), n° 10 ; 2° *la poitrine,* n° 4 ; 3° *le cordon, la mamelle* et *l'avant-lait* sur la femelle, n° 6 ; 4° *le dessous* sur le mâle, n° 6.

2. *Maniements doubles.*

Ces maniements sont au nombre de *sept :*
1° *L'œil* (fig. 23), n° 9 ; 2° *le collier,* n° 8 ; 3° *le contre-cœur,* n° 3 ; 4° *le travers,* n° 2 ; 5° *la lampe,* n° 7 ; 6° *l'aiguillette* chez le mâle, n° 5 ; 7° *l'abord,* n° 1.

Toute méthodique que soit cette classification,

elle ne peut répondre à l'ordre que l'on suit dans l'application ; c'est pourquoi nous procéderons différemment, c'est-à-dire par région, afin d'éviter des redites et des pertes de temps.

Ainsi, selon l'usage pratique reçu, nous débuterons par *l'abord* sur les deux sexes ; le *cordon*, la *mamelle* et l'*avant-lait* sur la femelle ; l'*aiguillette* et le *dessous* sur le mâle. Quittant cette région, en remontant vers le flanc, la même main saisira la *lampe* ; l'autre main touchera le *travers* ; plus avant, le *contre-cœur*, le *collier* ; inférieurement, la *poitrine*. Enfin, passant à la tête, on explorera l'*œil* et la *bouche*, comme épreuves complémentaires de celles qui ont précédé.

Fig. 23.

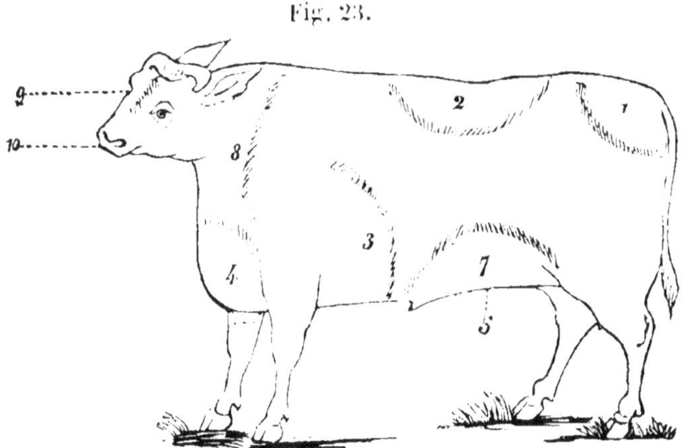

1° *L'abord*. Nous avons dit que, selon l'usage pratique, on commençait à manier *l'abord*, parce qu'il est, de tous, celui qui se présente le premier à l'action de la main, qu'il est, de tous, le plus saillant, conséquemment le plus en évidence.

On le touche, sur le veau, de la même manière que sur le bœuf. Cependant il arrive fréquemment que les hommes exercés ne prennent pas toujours autant de précautions; ils se contentent, en se plaçant à côté du veau, de pincer, avec le pouce et l'extrémité de deux autres doigts, le dépôt graisseux qui correspond à la main la plus rapprochée.

L'abord est un des maniements qui se forment peu de temps après la naissance du veau qui est bien nourri; il annonce la graisse extérieure et l'aptitude à un embonpoint considérable, si le veau *boit* bien.

2° Le *cordon* et la *mamelle* sont deux maniements qui se confondent et que l'on touche immédiatement après le précédent, sans, pour cela, qu'il faille que l'explorateur change de place, s'il est à l'arrière de la bête. On se sert indistinctement des deux mains, comme on le fait sur la vache grasse.

3° Le *dessous* ou le *rognon* est manié de la même manière que sur le bœuf. Cependant, si le veau est de petite taille, on se servira de la main opposée au côté du veau, où on se placera, par exemple, de la main droite, si on se met à gauche, et on l'engagera sous le ventre pour saisir le scrotum. C'est ainsi qu'étant placé l'on cherchera les maniements suivants :

4° L'*avant-lait*, qui se montre en avant de la mamelle, avec laquelle il se confond assez ordinairement, est manié, si l'on veut, en même temps que celui-ci. Le maniement de l'avant-lait, quoique double, ne présente qu'une forme sphérique assez développée.

5° L'*aiguillette* ou le *filet* est ce dépôt graisseux oblong qui se forme, de chaque côté de la base du pénis, au devant du scrotum (bourses), dans la même région qu'occupe, sur la vèle, l'avant-lait parallèlement à la ligne médiane.

On exécutera ce maniement avec la main qui a exécuté celui du dessous sur le veau de petite taille, la droite, si on est placé au côté gauche du veau. On l'engage sous le ventre, et, avec le pouce et l'extrémité des autres doigts dirigés près du scrotum, on pince le maniement, qu'on reconnaît à son développement cylindrique, et que l'on suit dans toute son étendue, en avançant d'arrière en avant, jusqu'à ce qu'on ne le sente plus. Tout en opérant ainsi, on l'isole autant qu'on le peut, afin d'en mesurer le volume, et on le presse médiocrement pour en reconnaître la densité. Sur le bœuf gras, ce dépôt est confondu avec le *dessous*. Comme il est un des derniers à se former, il annonce un état de graisse très-développé.

6° La *lampe* ou l'*œillère*. La même main, en abandonnant le filet, avant de se porter ailleurs, s'arrête au pli de la cuisse pour mesurer l'étendue et le volume que présente le dépôt graisseux qui s'y est formé. Dans ce cas, elle agit de la même manière que sur le bœuf. Ce maniement n'est pas un des premiers à se former; il est même souvent en retard; il n'a cependant pas autant de valeur que les précédents.

7° *Le travers ou la longe*. Après avoir manié la lampe, la main restée libre prend un point d'appui à sa portée et laisse la gauche toucher les autres maniements. Le *travers*, donc, est celui qui se présente immédiatement à son action, lequel est recherché de la même manière que sur le bœuf gras : à la rigueur, on pourrait se servir de la main droite. Ce maniement a une grande valeur lorsqu'il est *bon*, parce qu'alors le veau est parfait de qualité de graisse au rognon. Il est un des derniers à se former.

8° *Le contre-cœur*. La même main, la gauche, qui a touché le travers, se porte sur le contre-cœur, qu'elle explore de la même manière que sur le bœuf. Ce maniement est rarement bon, car, pour qu'il le soit, il faut que le veau soit bien couvert. Il est le dernier à se former; aussi ne le recherche-t-on que comme objet de curiosité.

9° *Le collier* se touche sur le veau comme sur le bœuf. Sur le veau, il a une autre signification; il annonce un haut degré de graisse, parce qu'il est lent à se former : c'est ce qui fait qu'il n'est pas toujours facile de le reconnaître.

10° *La poitrine* est assez souvent touchée avant le collier; alors la même main qui a exécuté ce maniement se dirige vers l'extrémité antérieure du sternum, dite *pointe de la poitrine*. Cette éminence arrondie présente une surface très-étendue et très-abaissée vers la terre, particulièrement dans la race de Durham. Le maniement de la poitrine, sur le veau, se développe de la même manière que sur le bœuf : simple au commencement de l'engraissement, il devient double à la fin, c'est-à-dire que de chaque côté du sternum on trouve une masse graisseuse très-distincte.

11° *L'œil*. Après avoir épuisé tous les maniements qui pouvaient révéler les progrès de l'engraissement du veau de boucherie, il reste à fixer, ainsi que nous l'avons dit, les limites où la prudence et l'intérêt commandent à l'éleveur de s'arrêter.

Ces limites de l'engraissement de certains veaux, cette maturité se révéleront à l'état anormal de quelques parties de l'œil : à la pâleur de la sclérotique, à l'absence totale des vaisseaux sanguins à sa surface, à la décoloration de la membrane qui tapisse la face interne des paupières, à l'aspect d'un corps gras que prend la caroncule lacrymale.

Pour reconnaître cet état de l'œil, l'explorateur se place de manière à pouvoir contenir, d'une main, la tête du veau, ce qui n'est pas toujours facile ; alors il le fait avec le secours d'un aide. Il introduit ensuite l'extrémité du pouce et de l'indicateur de la main restée libre entre les paupières, qu'il éloigne l'une de l'autre en écartant les doigts. Par ce moyen, il met le globe de l'œil à découvert ; ensuite il renverse, de dedans en dehors, la conjonctive, qui se montre à nu.

12° *La bouche*. Après l'œil vient la bouche, qui est visitée dans la même intention, de contater la coloration de la muqueuse qui en tapisse à cavité. Sur le veau, dont le pelage est noir ou fauve, cette membrane est ordinairement de la même couleur ; dans ce cas, on ne pourra con- ulter que celle qui revêt les gencives, qui, dans e veau dit *blanc*, aura la même teinte que celle le l'œil.

Cette dernière exploration se fait de la même nanière que pour reconnaître l'âge de la bête.

Indépendamment des signes particuliers que ious venons d'énumérer, il en est d'autres qui 'échappent pas à l'œil exercé du marchand, eux qu'il tire de l'attitude calme et impassible [ue garde le veau qui est mûr. Pour contenir m tel veau, on n'a que faire de recourir à un ide ; il se laisse manier sans opposer la moindre ésistance à la main qui l'approche.

En terminant ce sujet, nous dirons, comme lernier avertissement, que rien de ce qui peut éclairer l'éleveur sur la valeur réelle de son veau ae doit être omis, afin qu'il sache en régulariser l'engraissement, et plus tard qu'il puisse échap- per aux surprises des marchands.

CHAPITRE IV.

AGENTS DE CONTENTION ET DE GOUVERNE APPLIQUÉS A L'ESPÈCE BOVINE.

Considérations générales. — Agents de contention employés sur le bœuf, le taureau, la vache et le veau à l'étable. — Sur le taureau qui est en marche et dans la monte en main. — Sur le bœuf et la vache au pâturage.

§ I. CONSIDÉRATIONS GÉNÉRALES.

Nous avons présenté un exposé des moyens de contention et de gouverne qui sont employés sur l'espèce chevaline, considérée dans les différentes conditions où elle est placée; nous procéderons de même pour l'espèce bovine.

Nous établirons en principe que le bœuf et la vache ne sauraient rester en liberté, dans l'étable, pendant les repas, sans exposer le faible aux attaques du plus fort, conséquemment sans qu'il en résulte un notable dommage pour le propriétaire. Par cette considération, la prudence et, dans certains cas, l'économie veulent encore que

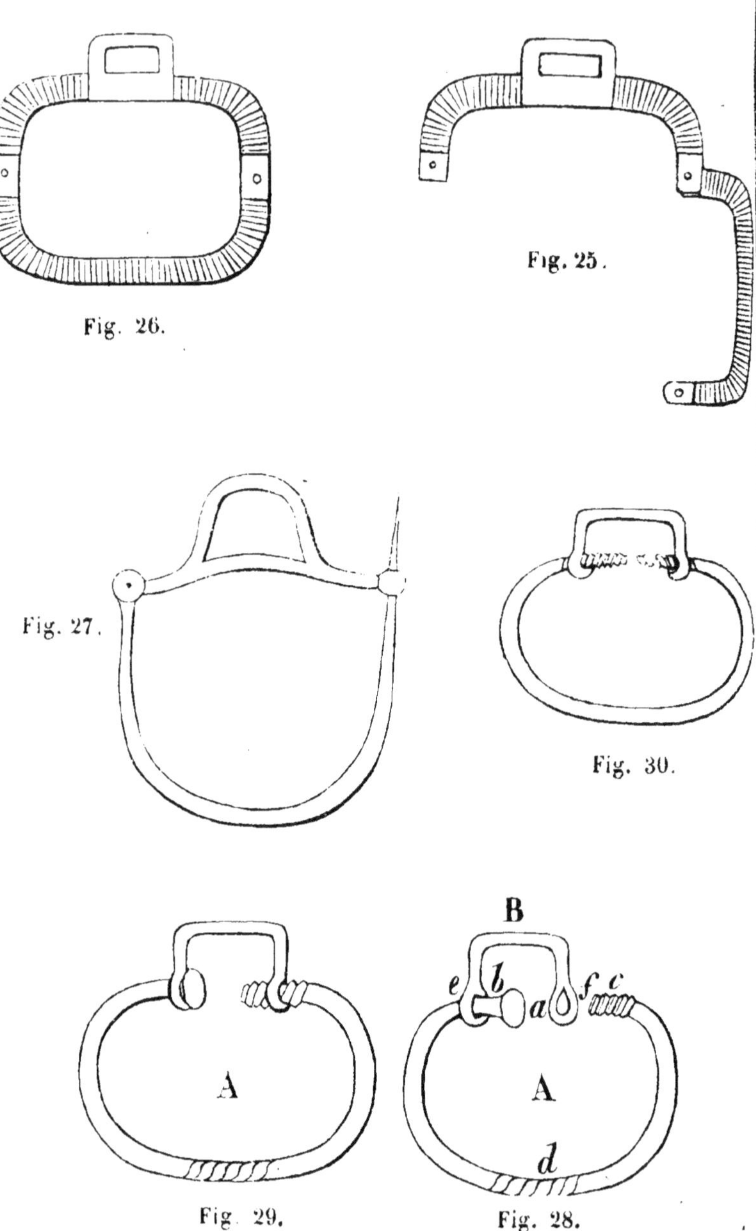

Fig. 26.

Fig. 25.

Fig. 27.

Fig. 30.

Fig. 29.

Fig. 28.

Formes diverses d'anneau nasal.

les bêtes qui passent une partie du jour au pâturage y soient attachées, ainsi qu'à l'étable.

§ II. Contention a l'étable.

On a recours à différents moyens, qui tous ont pour but de fixer la bête à une mangeoire, ou à un pieu placé dans une partie de l'étable.

Ces moyens consistent dans l'emploi du *licou*, qui s'adapte à la tête de la même manière que celui du cheval ; du *collier*, qui tantôt est en bois, tantôt en cuir ; de *l'attache* en corde et de *celle en fer*.

Nous allons tous les passer en revue, en commençant par ceux qui sont les plus simples.

1. *Le collier en bois dit à clef.*

Cet appareil est le plus simple et le plus économique de tous ; il est employé sur le veau, ainsi que sur la vache et le bœuf, voire même sur la chèvre.

Il est composé de deux parties entièrement distinctes : l'une, qui est le *collier* proprement dit, représente une espèce d'arc dont l'étendue est nécessairement proportionnée au volume du cou de la bête, et est faite avec un morceau de chêne, d'orme ou de châtaignier fendu en deux parties et courbé au feu, dont une des surfaces présente 3 à 4 centimètres de largeur, et l'autre 2 d'épaisseur. A 6 ou 8 centimètres de l'extrémité de chaque branche est pratiquée une mortaise longue de 2 à 3 centimètres sur 25 millimètres de largeur, lesquelles sont destinées à recevoir la deuxième pièce, dite *clef*.

Celle-ci est formée d'une tige de bois dur cylindrique, longue de 20 à 25 centimètres, selon l'écartement des branches et le volume de l'encolure ; de 1 centimètre de diamètre, dont une extrémité, dite la *tête*, aplatie sur deux faces, présente 2 à 3 centimètres de largeur dans son plus grand diamètre, et l'autre une espèce de poignée plus grosse que le surplus de la tige, de sorte que, après que la tête a été engagée successivement dans les deux mortaises et qu'elle est assujettie au moyen d'un demi-tour, qui place son grand diamètre en opposition avec celui de la demi-mortaise qui lui a livré passage, la tête de la clef, d'une part, et la poignée, d'une autre, présentent un arrêt qui acquiert de la force en raison des efforts que font les branches pour s'éloigner l'une de l'autre. Ainsi placée, cette clef ou traverse agit comme le ferait la corde tendue d'un arc.

On remplace cette clef par une traverse en fer qui s'articule, avec un piton rivé sur une plaque qui est ajustée au moyen de vis, à l'extrémité d'une des branches de l'arc. Cette traverse porte, à l'autre bout, une ouverture oblongue, dans laquelle est reçu un crochet qui est placé sur la face externe de l'extrémité de l'autre branche de l'arc. Cette traverse, étant une fois en place, reste tendue par le seul effet du ressort de l'arc.

Au lieu d'une armature ainsi faite, on emploie un crochet articulé, par une extrémité, avec un piton à doubles pointes, qui servent à le fixer à une des branches du collier : l'autre branche porte également un piton, dans lequel est reçu le crochet, lequel agit de la même manière que les autres appareils (voir pl. 2, fig. 6). Ce collier est très-usité dans tout l'ouest de la France.

L'attache en bois, annexe obligée du collier à clef, est formée d'une série d'anneaux de bois de 10 à 12 centimètres de diamètre. Ces anneaux sont le produit de branches de bois cordées. La longueur de cette attache doit permettre à l'animal de se tenir debout sur ses quatre membres, lorsqu'elle est fixée à un pieu. Cette longueur est de 1 mètre environ.

Cet appareil est très-usuel dans l'ouest; il a une grande durée, et sous ce rapport il est préférable à l'attache en corde de chanvre.

2. *Attache en corde de chanvre.*

L'attache en corde de chanvre est d'un emploi particulier aux contrées où le bois est rare, et où les bêtes sont attachées à des mangeoires avec ou sans râteliers; elle sert à la fois de collier et d'attache.

Cette attache est formée de trois branches, dont une, plus longue, représente la longe, les deux autres le collier.

La longe porte, à son extrémité libre, une anse qui sert à la fixer à un piton qui est scellé dans la mangeoire, au moyen d'un nœud coulant ou d'un billot. Les deux branches qui forment le collier sont disposées ainsi : l'une porte à son extrémité libre un nœud ou un billot de 12 à 15 centimètres de longueur; l'autre porte une anse qui est destinée à recevoir le billot, ou tout autre morceau de bois analogue, comme moyen d'union.

Que cette union ait lieu de la sorte ou avec un nœud, elle n'en est pas moins solide, et en même temps aisée à défaire par une femme, comme par un homme.

On a substitué, dans beaucoup d'établissements, l'attache en fer à celle de corde de chanvre, parce qu'elle est plus économique. Cependant elle n'est pas à l'abri de fréquentes ruptures,
quoiqu'elle soit faite en fil de fer poli et d'une
grosseur proportionnée à la résistance que doit
offrir la chaine.

3. *Attache en fer.*

L'attache en fer a la même forme que celle en
corde de chanvre. Comme cette dernière, on la
fixe au cou de la bête, au moyen de la petite
barre mobile articulée à l'extrémité d'une des
branches, et qui est reçue dans un des anneaux
qui terminent la branche opposée. A cause de sa
mobilité, il arrive fréquemment que cette barre
s'échappe de l'anneau qui la reçoit, et alors, pour
s'y opposer, on est dans l'obligation de la passer
dans deux anneaux à la fois. Mais c'est un mauvais moyen, qui, dans un cas pressé, peut présenter des difficultés pour détacher l'animal. Il
vaut mieux donner plus de longueur à cette barre
et la recourber en croissant.

4. *Du collier de cuir.*

Le collier de cuir dont on se sert pour l'espèce

bovine est le même que celui qui est employé pour le cheval et dont nous avons parlé, ce qui fait que nous n'y reviendrons pas.

Le collier du bœuf et de la vache est fait de deux épaisseurs de cuir; celui du veau n'en a qu'une.

Un collier à deux épaisseurs de cuir serait trop faible pour contenir un taureau, par la raison que le cuir, en s'allongeant, s'amincit. On en mettra trois, qui seront cousues avec des lanières d'un cuir plus mince; car le fil de chanvre enduit de poix n'aurait qu'une faible durée. Tout sera fort dans ce collier ; la boucle et son ardillon seront solidement ajustés. Pour plus de sûreté, un passant sera placé à proximité de la boucle, afin que le collier, étant au cou de l'animal, l'extrémité libre puisse être engagée dans le passant et maintenue à demeure.

Pour ajouter un nouveau degré de confiance à celle que présente ce collier, on devra se servir d'une chaîne à fortes mailles ayant trois branches, dont deux seront fixées à la mangeoire, et une troisième, portant un fort anneau rond, dans lequel sera reçu le collier, servira de point d'union aux deux autres au moyen d'un touret. Les deux premières branches auront une longueur proportionnée à l'emplacement réservé au taureau, afin d'empêcher qu'il ne nuise aux autres bêtes qui l'avoisinent, ou pour s'opposer à ce qu'il ne dégrade les cloisons ou stalles de son étable.

5. *Du licou*.

On emploie également le licou comme moyen de contention sur l'espèce bovine. Mieux que l'attache et le collier, il limite plus étroitement les mouvements de la bête. Par ce motif, il devrait être préféré ; mais, indépendamment de ce qu'il est coûteux dans le principe, il est d'un entretien également dispendieux. Il a encore le désavantage de recéler la poussière et les corps étrangers qui s'attachent sur le poil d'un animal, et de s'opposer à ce qu'on les ôte avec la brosse.

Nous avons compris aussi le veau parmi les bêtes de son espèce qui doivent être contenues, mais dans certains cas seulement.

Ainsi le veau d'élève, qui, après avoir pâturé une partie de la journée, s'il reçoit un supplément de nourriture en rentrant à l'étable, a besoin d'y être attaché, sous peine de voir le plus fort maltraiter le plus faible pour lui dérober sa ration. Lorsque chaque bête est attachée à sa place, l'ordre et la paix règnent dans le troupeau.

C'est surtout pour le veau destiné à la boucherie que la contention est obligatoire, soit qu'elle ait lieu à l'aide du licou, du collier ou de la boxe, mais, dans tous les cas, avec l'auxiliaire du panier d'osier.

6. *De la boxe.*

Dans une boxe, le veau peut être contenu sans être attaché ; mais alors ce compartiment doit présenter des dimensions telles, que le veau ne puisse pas s'y livrer à des ébats pétulants et désordonnés.

On donne ordinairement les dimensions suivantes à la boxe où est renfermé le veau de boucherie : $1^m,30$ sur $0^m,75$ de côté. Dans cette boxe, le veau qui pèse 35 kilogrammes à sa naissance trouvera un espace suffisant jusqu'à l'âge de deux mois. S'il devait y rester deux autres mois, l'espace ne serait plus assez vaste pour que le veau pût s'y mouvoir, car l'immobilité absolue n'est pas, dans ce cas, une obligation rigoureuse pour le succès de l'engraissement. Au lieu de $1^m,30$ sur $0^m,75$, on donnera $1^m,30$ sur toute face.

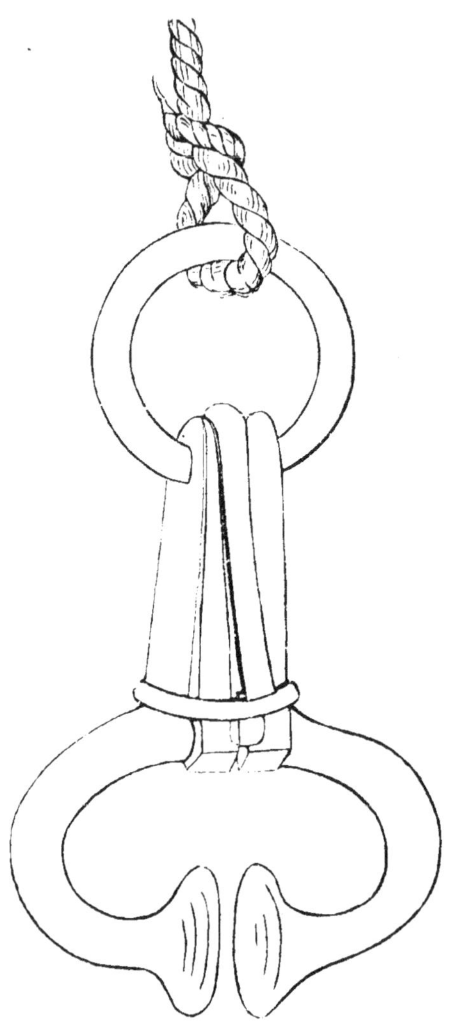

Fig. 15.

Pince toscane dite mouchette (vue fermée).

(Moitié de grandeur naturelle.)

§ III. AGENTS DE CONTENTION APPLIQUÉS A LA BÊTE BOVINE QUI EST EN MARCHE, AU TAUREAU EN PARTICULIER.

Les moyens dont on dispose en pareils cas doivent être considérés sous le double point de vue de *contenir*, et en même temps de *gouverner* ou de *diriger* les mouvements de l'animal, ce qui constitue évidemment deux actions combinées tendant au même but.

En première ligne, nous placerons, comme moyens de contention directe, *la mouchette* ou *pince toscane*, et *l'anneau nasal*.

Au second rang, nous mettrons, comme appareil de gouverne, *la longe* proprement dite et *le bâton*, que nous appellerons *conducteur* pour déterminer son usage.

Nous allons examiner séparément ces moyens d'action.

1. *De la mouchette* (1).

La *mouchette* ou *pince toscane* est ainsi nommée parce qu'elle nous vient de cette partie de l'Italie, où elle est employée à l'usage que nous

(1) Planche 10, fig. 24, moitié de grandeur naturelle.

lui donnons en France. C'est un instrument dont l'emploi est sans danger pour l'animal auquel on l'applique. Ordinairement, la douleur qu'il cause en pinçant la cloison nasale suffit pour maîtriser toute résistance que pourrait opposer l'animal. Cependant, s'il arrive que cette résistance se montre menaçante, ce qui peut arriver de la part de quelques bêtes très-irritables, il faut éviter d'accroître la douleur par une traction immodérée et irréfléchie. Dans ce cas, il vaut mieux abandonner la mouchette et recourir à tout autre moyen. Par exemple, l'entrave faite avec la longe passée autour des cornes, et de la assujettie, par deux tours au-dessous du genou, sur le canon, empêche l'animal de s'emporter, en même temps qu'elle l'oblige à obéir à la main qui le presse de marcher en avant.

Voici la manière d'appliquer la mouchette :

Lorsqu'on opérera sur une bête adulte, ce qui a lieu dans le plus grand nombre des cas, on devra se faire assister d'un aide, qui saisira avec le pouce et l'index d'une des deux mains la cloison nasale de la bête, ainsi qu'il a été dit pour l'exploration de la bouche, tandis que l'opérateur, tenant de la main droite la mouchette ouverte, pincera la cloison avec l'instrument, qu'il y fixera en faisant glisser la coulisse en avant de la coche du ressort.

La mouchette étant ainsi mise en place, on adaptera à l'anneau qu'elle porte une corde ou un bâton conducteur, comme nous le dirons en parlant de l'anneau nasal.

Avant de finir, nous ferons remarquer que l'obligation où l'on est d'avoir un aide pour placer la mouchette vient nécessairement de la douleur que cette application, souvent répétée, cause à l'animal, douleur telle qu'il cherche, par tous les moyens, à se soustraire à cette application. C'est, sans doute, pour cela qu'on a dû, dans Maine-et-Loire, recourir à un expédient qui permet de maintenir la mouchette en place de la même manière que l'anneau nasal. Mais alors il faut que les deux branches, courbées en forme de croissant, soient coudées, à angle droit, à leur base, afin que le corps de l'instrument puisse être appliqué verticalement contre le chanfrein, au moyen d'une branche montante en cuir, qui s'adapte à l'anneau de la mouchette et de là au frontal de la têtière.

Cette modification apportée à la forme de la mouchette et à l'emploi momentané qui lui est propre ne peut donner que des résultats imparfaits, qui ne doivent pas dispenser de placer, plus tard, l'anneau nasal, seul moyen efficace de contention coercitive sur un taureau adulte.

2. *Anneau nasal* (1).

On désigne ainsi l'appareil en fer que l'on met à demeure sur la cloison nasale, au moyen d'une ouverture qui y est faite.

L'anneau primitif, imité de celui qu'on place au buffle, était rond, sans anse, et était, comme on le fait encore, composé de deux pièces articulées par charnière à une extrémité, et de l'autre au moyen d'une goupille rivée à demeure sur place. Cet anneau est lisse dans toute son étendue, sans cannelures (pl. 11, fig. 25 et 26).

On a cru devoir faire des anneaux dont les cannelures sont les unes circulaires, les autres en spirale, sur la partie qui est en contact avec la cloison, dans l'intention d'accroître la puissance contentive et coercitive ; mais le but a été dépassé ; l'extrême douleur que cause cet anneau ne fait qu'exalter la colère de l'animal et le rendre inabordable. On ne doit pas s'en servir.

M. Villeroy préconise un anneau qu'il emploie

(1) Planche 11.

depuis longtemps (1). Cet anneau serait d'une
application plus facile, en apparence, que tout
autre, puisque la pointe effilée d'une des branches
dispenserait de se servir du trocart ou trois-quarts;
mais il y aurait, à côté de cet avantage, l'inconvé-
nient de casser cette pointe en la courbant avec la
pince, après l'avoir engagée dans l'ouverture de la
traverse. Il est vrai que cet accident peut ne pas
arriver, si le fer est doux ; mais enfin c'est à prévoir, sous peine de recommencer l'opération.

3. *Anneau nasal à vis pour maîtriser les
taureaux* (2).

Tout récemment, M. le professeur Roland a
modifié l'anneau nasal d'une façon fort heureuse.
Voici la description qu'il en fait lui-même :

« Différents moyens ont été conseillés pour
dompter les taureaux; mais le plus simple et le
plus sûr est encore, à mon avis, l'anneau nasal.
Néanmoins les anneaux connus jusqu'ici sont loin
d'être sans inconvénients. Les deux les plus en
usage sont à charnière, d'un prix assez élevé; ils
sont difficiles à placer, encore plus à déplacer,

____

(1) Planche 11, fig. 27.
(2) Planche 11, fig. 28 et 29 (extrait des *Annales de l'agriculture
française*, 15 février 1853).

puisque l'un se ferme avec une goupille que l'on rive sur place, l'autre en repliant une de ses extrémités effilées après qu'elle s'est engagée dans un trou de l'extrémité opposée.

Si, en rivant les anneaux sur place, on fait ressentir au taureau de vives douleurs, c'est bien pis quand on veut les enlever, obligé que l'on est de briser avec un repoussoir les rivures rouillées. Pour cela faire, il faut fixer le taureau, avoir un homme adroit, perdre beaucoup de temps et quelquefois scier l'anneau.

J'ai cherché à éviter ces inconvénients en imaginant un anneau nasal à vis, représenté dans la figure ci-jointe, fig. 28 et 29. Il est sans charnière, simple, peu cher (1), se compose de l'anneau proprement dit A et de l'anse B.

La pièce A présente une ouverture *a* nécessaire pour passer l'anneau à travers la cloison du nez ; une extrémité *b* munie d'une tête plate, une extrémité *c* qui porte des pas de vis. En *d,* il est chagriné par des rainures circulaires, afin de produire une forte douleur dans le cas où le taureau serait indocile. La pièce B, en fer à cheval, offre deux ouvertures : l'une en *e,* dans laquelle

(1) L'anneau nasal seul coûte 2 francs ; la tétière en cuir noir gras 2 fr. 50 c., ou 2 francs en cuir écru.

coule aisément l'anneau A; l'autre, en *f*, taraudée.

Pour placer l'anneau à vis, on le dispose comme on le voit dans la fig. 28 (1). Après avoir fixé le taureau à un travail ou à un arbre, avec un bistouri ou un couteau, ou, mieux, avec un petit trocart, on perce la cloison nasale; on passe l'anneau. On le ferme sans faire éprouver la moindre douleur à l'animal, en faisant glisser l'anse B de manière que l'extrémité *e* vienne en *b* et que l'ouverture *f* embrasse l'extrémité *e,* et en vissant alors la pièce B sur la pièce A (fig. 29). On place le frontal comme pour les autres anneaux, et l'opération est terminée.

Si on veut l'enlever, c'est très-facile. Sans fixer le taureau, on met une goutte d'huile sur l'extrémité taraudée; après avoir débouclé le frontal, on dévisse l'anse B, on retire l'anneau sans que l'animal se plaigne de la plus petite secousse.

En résumé, solidité, simplicité, prix peu élevé, facilité pour le mettre, pour l'ôter, sans faire souffrir le taureau, tels sont, je crois, les avantages de l'anneau nasal à vis. »

(1) Le dessin que nous reproduisons n'est pas disposé comme celui qu'indique l'auteur : l'anse de l'anneau de notre dessin est en regard de la tige taraudée. Pour le mettre en place, on détournera l'anse selon qu'il le faudra. La fig. 30 représente un anneau de ce système portant, à l'extrémité de chaque branche, une vis dont les filets sont les uns à droite, les autres à gauche.

Les mérites de cet anneau, dont parle l'auteur, sont incontestables; nous avons pu les apprécier, ayant été nous-même en position de le placer plusieurs fois. Nous ferons remarquer que pour l'application de cet anneau, comme pour celle de tout autre, on ne saurait s'entourer de trop de précautions pour maîtriser les mouvements du taureau, ainsi que nous le dirons en parlant du procédé usité par nous. Ces précautions devront être les mêmes lorsqu'on sera dans l'obligation d'enlever l'anneau à vis, quelque peu douloureuse que soit cette opération, si on veut échapper aux atteintes de l'animal, qui, se sentant débarrassé de toute étreinte, pourrait se ruer sur l'homme qui l'approcherait.

Voici le procédé opératoire adopté à Grignon (1); c'est celui que nous recommandons pour l'application de l'anneau Roland, que nous préférons à tous autres; seulement, à défaut de travail, nous proposons d'employer un moyen qui est préférable au poteau ou à l'arbre auquel on doit attacher le taureau. Nous en parlerons après.

« On passe autour des cornes une corde solide de la grosseur du doigt ou à peu près, dont un des bouts longe ensuite le côté gauche de la

(1) Extrait de la *Maison rustique du XIXe siècle*, page 242.

tête du taureau; puis, l'introduisant dans sa bouche, on lui fait faire le tour de la mâchoire inférieure en demi-nœud; on la fait ensuite tenir par
un aide fort et vigoureux. Une seconde corde
semblable, fixée de même aux cornes, sert à attacher l'animal à un poteau, à un arbre ou, ce qui
vaut mieux encore, dans un travail, si l'on peut
s'en procurer un. Toutefois il faut avoir soin que
la tête soit un peu horizontale et le nez porté en
avant, afin de faciliter l'opérateur.

Ce dernier, muni d'un trocart, qui doit être

Fig. 31.

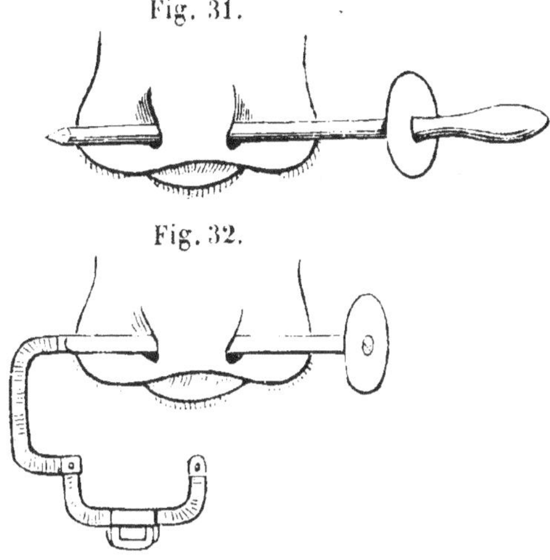

Fig. 32.

un peu plus fort que le calibre de l'anneau et
renfermé dans sa canule en cuivre, l'introduit
dans la cavité nasale droite, près du mufle, sans
le toucher, et, contenant ce dernier avec l'index

et le pouce de la main gauche, il pousse, par une forte secousse de la main droite, l'instrument et sa canule, qui doivent traverser ensemble la cloison et d'un seul coup (fig. 31). Cela fait, on retire le trocart, en laissant la canule dans la plaie ; alors l'extrémité la plus petite de l'anneau, qui est taraudée, doit être introduite dans la canule (fig. 32), et, en la retirant dans le même sens où elle a été introduite, on pousse l'anneau qui doit la remplacer dans l'ouverture faite à la cloison. Après qu'il y est entré, on le ferme, puis on y met la goupille, qui doit être rivée avec soin, à l'aide d'un petit marteau et des tricoises. Enfin on place la tétière en cuir, qui doit être fixée sur les cornes au moyen d'une boucle. Le montant qui longe le chanfrein soutient l'anneau relevé au-dessus du mufle (pl. 11, fig. 33 et 34). »

Nous ferons remarquer qu'il est très-important que les deux branches qui forment la tige montante de la tétière soient très-rapprochées l'une de l'autre au moyen d'un coulant ajusté au-dessus de l'anse de l'anneau, afin de s'opposer à leur écartement, qui aurait pour résultat d'ôter de la fixité à l'anneau. Il pourrait se faire aussi, si ces branches n'étaient pas étroitement unies, que l'animal, en se grattant ou en voulant se dé-

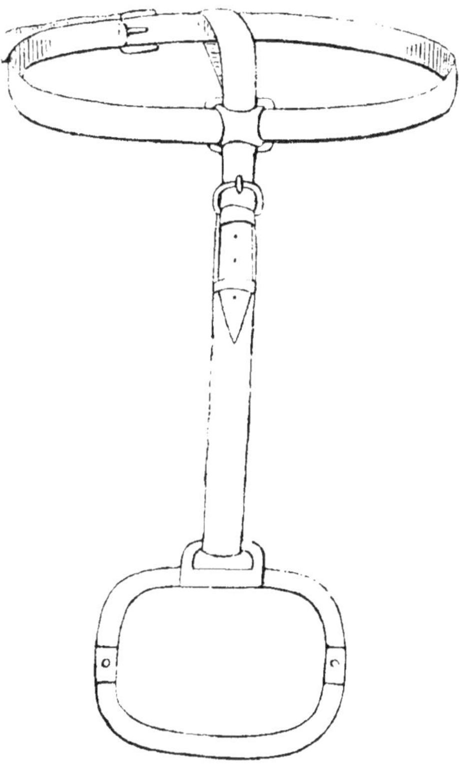

Fig. 33.

Fig. 34.

Veau nasal de Grignon monté sur la tétière, et en place sur la bête.

barrasser de la gêne que cause l'anneau, enga-
geât l'extrémité d'un onglon entre elles, les rom-
pit ou occasionnât d'autres désordres plus grands.

C'est encore dans cette pensée, ainsi que dans
celle de prévenir des accidents plus graves, que
nous conseillons de n'employer que des anneaux
qui auront des diamètres de 8 à 9 centimètres sur
3 à 7. Un anneau, dans ces dimensions, n'embrassera pas le mufle en entier, il est vrai ; il portera sur les côtés, et la pression qu'il y exercera
accroîtra son action contentive.

Nous ferons encore remarquer que la branche
transversale de la têtière qui passe au-dessus du
chignon pour s'unir à la courroie qui entoure le
front à la base des cornes devra avoir une longueur déterminée, afin que l'appareil, étant en
place, ne soit ni trop serré ni trop relâché.

Toutes les pièces qui doivent être assemblées
par des coutures devront l'être de préférence
avec des lanières de cuir mince, qui offrent plus
de solidité que du fil de chanvre enduit de poix.

On ne saurait prendre trop de précautions pour
rendre cet appareil très-solide, afin d'éloigner le
plus possible le terme des réparations, à cause
des difficultés qu'on éprouve pour maîtriser l'animal par tout autre moyen que celui de l'anneau,

indépendamment des dangers auxquels on s'expose en laissant le taureau sans être contenu.

4. *Du travail et de la plate-longe* (1).

L'auteur de la Maison rustique, que nous avons cité, conseille d'employer le travail comme étant le moyen le plus sûr de contenir l'animal auquel on veut mettre un anneau. Ce moyen, sans doute, est celui de tous qui donne le plus de sécurité à l'opérateur ; mais, comme cette machine n'est pas à la portée de tous les éleveurs, si ce n'est de ceux qui sont à la proximité des routes que parcourent les bœufs de boucherie pour se rendre aux marchés de Sceaux et de Poissy, voici le moyen que nous proposons pour la remplacer :

On fixe en terre, à 0ᵐ,90 de profondeur, par de la maçonnerie, deux poteaux en chêne de 0ᵐ,29 d'équarrissage et de 1ᵐ,80 de hauteur, placés sur la même ligne, espacés entre eux de 1 mètre et reliés, par une traverse, au sommet. Chaque poteau porte une rainure de 0ᵐ,80 à

---

(1) Voir planche 13, fig. 35.

Le plan du travail que nous avons joint à cette description donnera une idée exacte de cette machine, la plus complète et en même temps la plus simple qui soit en usage. C'est pourquoi nous en recommandons l'emploi.

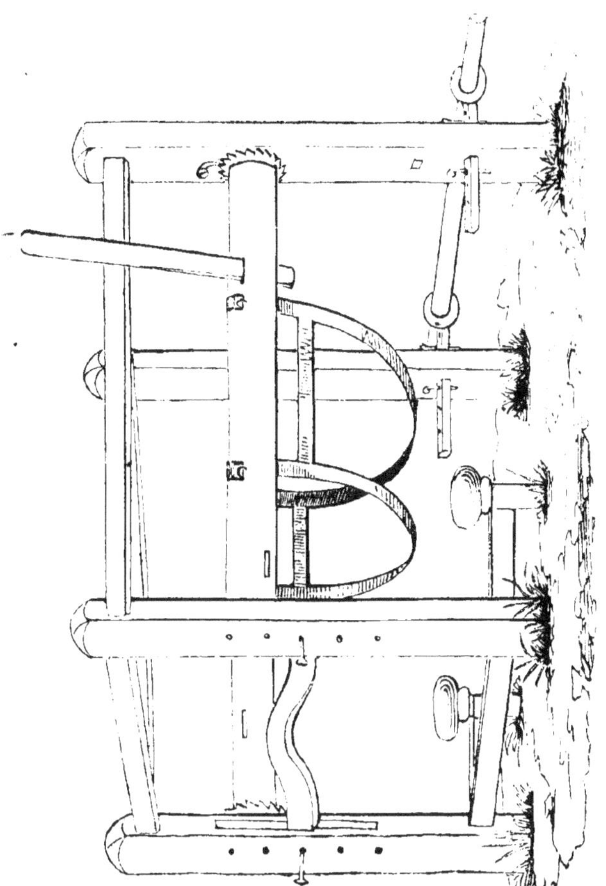

Travail.

)ᵐ,90 d'étendue sur 0ᵐ,40 de largeur, qui prend
raissance à 0ᵐ,80 du sol. Dans ces deux rainures sont reçues les extrémités du joug taillées
en forme de tenons aplatis. Au centre du joug
est découpée une échancrure suffisante pour recevoir la tête du bœuf, qui y est assujettie à
l'aide de cordes ou de lanières en cuir. Par le
moyen des trous pratiqués dans la face des poteaux qui est opposée à celle de la rainure, on
peut élever ou abaisser à volonté le joug, et le
fixer à la hauteur voulue avec une cheville.

A défaut d'un travail et des deux poteaux dont
il vient d'être parlé, on peut se servir de deux
arbres qui seraient placés à proximité de l'exploitation, et, à la place du joug, employer une barre
de bois de 0ᵐ,10 à 0ᵐ,12 de diamètre, qu'on
assujettira aux arbres au moyen de cordes ou de
deux chevilles de bois fixées aux extrémités de
la traverse. Celle-ci sera, à son tour, assujettie
sur le sommet de la tête de l'animal avec des
liens en cuir ou en corde passés autour des cornes.

Indépendamment de ces moyens de contention,
on devra tenir un pied antérieur de l'animal
élevé au-dessus du sol. Pour cela, on se servira
d'une plate-longe placée autour du paturon et
assujettie sur la traverse ou sur le joug. On ob-

tiendra le même résultat en employant, au lieu de plate-longe, un anneau fait avec une corde ou une branche de bois cordelée, dans lequel on engagera le genou, partie de l'avant-bras et du canon, et que l'on maintiendra en place à l'aide d'un morceau de bois, en forme de cheville, de 30 centimètres de longueur, passé entre l'anneau et le pli du genou.

Ces expédients, qui sont sans danger pour l'animal, suffiront pour empêcher qu'il n'atteigne, avec l'autre pied, l'opérateur qui est placé en face.

5. *De la plate-longe.*

L'emploi de la plate-longe ne se borne pas au cas particulier dont nous venons de parler; elle sert plus efficacement à contenir les pieds postérieurs qui doivent recevoir des fers ou qui ont besoin d'être rognés, alors surtout que l'on est privé d'un travail, ce qui arrive dans les contrées où cette machine est inconnue.

Voici en quoi consiste la plate-longe, ainsi que la manière de s'en servir :

La plate-longe est formée d'une corde de la grosseur du doigt ; elle a 3 mètres de longueur environ et porte un crochet en fer à une de ses extrémités.

Lorsqu'on veut opérer un bœuf ou une vache, on l'attache à une boucle de fer qui est fixée dans un mur ou, mieux, dans un poteau. Pour cela, on se sert d'une longe ou corde de chanvre suffisamment grosse et forte, ou d'une lanière de cuir qui présente le même degré de solidité.

Si c'est un pied de derrière que l'on veut contenir, on passe l'extrémité de la plate-longe qui est armée du crochet autour du paturon du pied désigné ; on engage le crochet sur la plate-longe, on l'y fait glisser pour former le nœud coulant, en tirant à soi l'autre extrémité de la plate-longe, que l'on confie ensuite à un ou plusieurs aides. Ceux-ci, en la tendant fortement, soulèvent le pied, le contiennent et le livrent à un autre aide exercé, qui le tient et le présente à l'opérateur de la même manière qu'il le ferait du pied d'un cheval.

S'il arrive que ce moyen de contention soit insuffisant, ce qui a lieu rarement, on passe au dessus du jarret une corde, que l'on serre fortement à l'aide d'un bâtonnet long de 30 à 40 centimètres. La constriction de la corde tendineuse, en paralysant l'action musculaire, fait que l'animal n'oppose plus de résistance et abandonne son pied.

Malgré tout le parti que l'on peut tirer des moyens de torture et de contention proposés en remplacement du travail, nous conseillons, à toute personne qui pourra s'en procurer un, de ne pas reculer devant cette dépense.

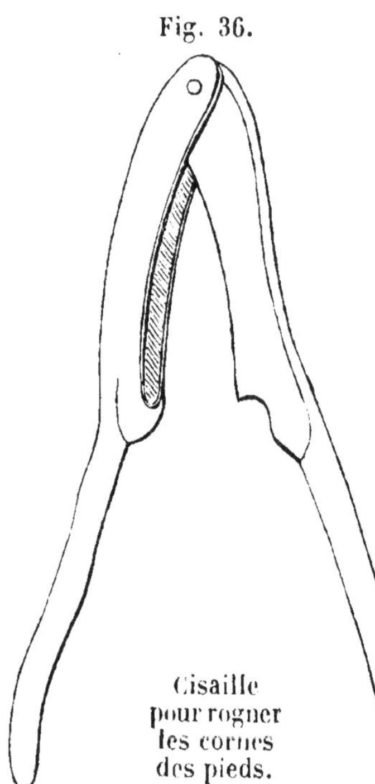

Fig. 36.

Cisaille
pour rogner
les cornes
des pieds.

A cet effet, nous proposons avec confiance le modèle que nous donnons du travail le plus complet que nous connaissions. Il est construit de telle façon qu'un homme seul peut y fixer un bœuf (pl. 13, fig. 35, p. 332). Nous avons vu un maréchal et son fils qui paraient, en même temps, l'un le pied droit antérieur, l'autre le postérieur gauche sans le secours d'aucun aide; ils n'employaient d'autre instrument que la cisaille ou le rogne-pied, fig. 36, qu'ils maniaient avec une grande dextérité. L'économie de temps et de main-d'œuvre, dans cette double opération, permettait à ces deux hommes, à un jour donné de la semaine, d'opérer plus de cent bêtes et de pouvoir livrer, au prix de 15 à 20 centimes, selon la taille de l'aanimal, un fer de bœuf mis en place, que l'on paye, dans le département de l'Orne, 25 et 30 centimes, et dans ceux du centre 40 et 45 centimes.

§ IV. APPAREILS DE GOUVERNE.

1. *De la longe.*

La longe, qui est l'appareil de gouverne et, au besoin, de contention le plus simple connu, est formée d'une corde seule qui porte une anse à une extrémité et qui a $2^m,50$ de longueur. Cette longueur peut être portée à 4 et 5 mètres, lorsque la bête est au pâturage dit *à la corde,* comme nous l'expliquerons.

La longe de corde de $2^m,50$ est donc celle que l'on emploie ordinairement pour diriger la marche d'une bête qui est docile. On la fixe, au moyen de l'anse, à la base d'une corne, puis on la passe, par un tour croisé, autour de l'autre corne. La longe, ainsi assujettie, transmet à la bête les volontés du conducteur.

Il arrive qu'une bête peureuse ne peut être contenue et qu'on soit forcé d'employer des moyens plus énergiques. Dans ce cas, on passe la longe sur le chanfrein, où on la fixe par un tour croisé. Si cet expédient est impuissant pour vaincre la résistance ou les emportements de l'animal, on

29

aura recours d'abord à l'entrave, qui consiste à passer la longe au-dessous du genou et l'y assujettir ; à la mouchette réunie au bâton, dont il va être question.

2. *Bâton conducteur* (1).

Nous allons dire en quoi consiste cet appareil de gouverne.

Ce bâton est formé de deux parties : 1° d'une tige en bois, espèce de hampe, de 1^m,30 à 1^m,50 de longueur sur 12 centimètres de circonférence. Cette pièce devra être faite avec le pied d'un jeune frêne, d'orme, d'acacia ou de chêne, afin d'offrir la plus grande solidité possible. La surface en sera lisse et sans aspérités.

2° L'autre partie, qui est en fer, est fixée à une des extrémités de la tige de bois, par une douille, au moyen de vis ou mieux de rivures. Cette partie de l'appareil reçoit, selon les besoins ou le goût de celui qui doit s'en servir, plusieurs formes.

1° L'un, pl. 14, fig. 37, est composé d'une chaîne de cinq mailles qui est terminée, à l'extrémité libre, par une traverse de 10 à 12 centimètres de longueur ;

(1) Armatures du bâton conducteur moitié de grandeur naturelle, pl. 14, fig. 37, 38 et 39.

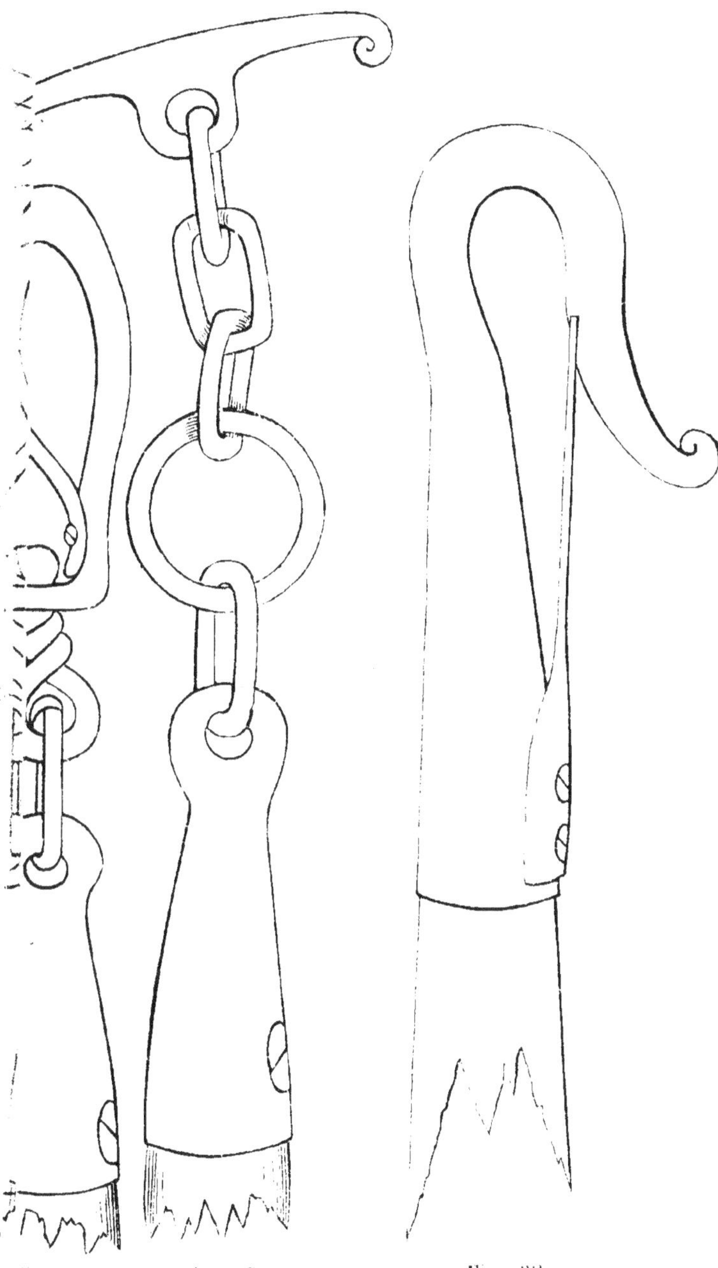

Fig. 39.   Fig. 37.   Fig. 38.

Armatures de formes diverses du bâton conducteur.

(Moitié de grandeur naturelle.)

2° Le second appareil, fig. 38, est un simple crochet dont l'extrémité est recourbée en dehors et dont l'ouverture de la gorge est fermée par un ressort. Ces deux appareils ont été importés d'Angleterre par M. de Sainte-Marie ; avant cette importation, ils étaient inconnus en France.

3° Le troisième appareil, fig. 39, est formé d'un porte-mousqueton ajusté à un tour et qui lui-même l'est à un anneau ajusté à la douille. Cet appareil nous appartient, ainsi qu'à *H. Stephens*.

Ces armatures sont adaptées directement à l'anneau nasal.

Le n° 37, au moyen de la traverse, que l'on engage d'abord dans l'anneau, ensuite dans la maille ronde de la chainette ;

Le n° 38, au moyen du crochet à ressort ;

Le n° 39, de la même manière que le précédent.

L'action des n°ˢ 37 et 39 est moins directe, à cause de la mobilité de la chainette et du mode de jonction du porte-mousqueton avec le bâton.

Mais il n'en est pas de même du n° 38, qui ne laisse pas de liberté entre l'anneau nasal et le crochet, ce qui fait que le plus petit mouvement du bâton se fait sentir douloureusement sur la cloison. Voilà pourquoi on doit s'abstenir de se servir du bâton à crochet sur un jeune taureau, ou sur l'adulte qui n'est pas méchant. En les torturant sans motifs plausibles, on les rendrait indociles.

Nous n'insisterons pas davantage sur la valeur de ces différents systèmes ; il nous suffira de dire que, pour peu qu'un homme soit adroit, il pourra, sans le secours d'un aide, placer et ôter l'un ou l'autre de ces bâtons.

En terminant, nous ferons remarquer que l'effet principal de cet appareil est de séparer le plus possible le taureau de son conducteur, et, par cette raison, de soustraire ce dernier à des agressions imprévues, ce qu'on ne saurait prévenir en se servant de la longe. C'est pour cela que nous recommandons de ne jamais détacher et sortir de l'étable un taureau, qu'on prépare à la monte en main ou à faire voyager, sans, au préalable, lui avoir mis le bâton conducteur. Par le même motif encore, en le rentrant à l'étable, on ne devra lui ôter le bâton qu'après l'avoir attaché à la mangeoire, et avoir pris toutes les précautions qui ont été prescrites à cet égard.

§ V. AGENTS DE CONTENTION EMPLOYÉS SUR LE BOEUF ET LA VACHE AU PATURAGE

Plusieurs moyens sont usités dans ce cas : les uns ont pour objet de s'opposer à ce que la bête à franchisse les clôtures, et conséquemment à ce qu'elle fasse des dégâts dans les champs voisins; les autres, de faire que la consommation du pâturage soit partout égale, que l'herbe, enfin, en soit plus utilement consommée.

Le moyen employé dans la première intention consiste à attacher au cou de la bête, particulièrement de la vache et du taureau, un morceau de bois de 1 mètre de longueur sur 30 centimètres de circonférence environ. Ce morceau de bois est percé, à une extrémité, d'un trou dans lequel on passe une corde assez grosse et forte pour être attachée, soit à un collier placé au cou de la bête, soit pour former elle-même le collier.

On voit que le volume et le poids de ce morceau de bois doivent être subordonnés à la pétulance et à la force de la bête.

Les autres moyens que l'on emploie dans le double but de contenir et de régler la consommation d'une bête au pâturage consistent dans l'emploi de la longe de 3 à 4 mètres de longueur tenue à la main, et dans celle qui est fixée à un piquet. Le premier mode est dit *pâturage à la corde*; le second est dit *au piquet*.

Nous allons les passer en revue chacun séparément.

1. *Pâturage à la corde.*

Le petit cultivateur des contrées où les terres sont très-morcelées, ne possédant point de pâturages distincts, presque toujours manque de nourriture pour sa vache, ce qui le met dans l'obligation, pour la nourrir, d'user d'expédients qui ne sont pas toujours exempts de blâme. Pour cela, la ménagère lui attache autour des cornes une longue corde avec laquelle elle la dirige le long des fossés des routes, et même des terres couvertes de récoltes.

Ce moyen de contention suffit ordinairement ; rarement on est dans l'obligation de recourir au morceau de bois suspendu au cou, ou à l'entrave au-dessus du genou.

2. *Pâturage au piquet.*

Nous ne discuterons pas les avantages que l'on trouve à faire consommer sur place la récolte d'un herbage, nous ne devons nous occuper que des procédés que l'on emploie pour cela, à savoir des moyens de fixer la bête. Ces moyens consistent dans un appareil qui a fait donner à ce système le nom de *pâturage au piquet*, et dans le pays de Caux celui de *pâturage au tiers*.

Nous lisons, page 471 du tome II de la *Maison rustique du XIX*e *siècle,* la description de ce pâturage. « Le pâturage au tiers est pratiqué, dans le pays de *Caux,* d'une manière plus parfaite qu'en Allemagne. La corde, de 2 brasses (de 10 pieds) de longueur, est coupée en deux au milieu, et les deux bouts sont réunis à un petit bois plat et étroit ou palette longue de 8 à 10 pouces percé d'un trou à chaque extrémité. Les bouts des cordes entrent dans les trous par des côtés opposés et sont retenus par un nœud, ainsi que l'indique la fig. 269, qui représente la palette vue de côté.

« *Cette disposition* est faite uniquement pour permettre à la corde de tourner sans se tordre. A l'une de ses extrémités, la corde tient à un petit piquet de 15 à 18 pouces de longueur, ordinairement surmonté d'un anneau mobile auquel est nouée la corde. Le piquet s'enfonce en terre jusqu'à la tête. L'autre bout de la corde est attaché aux cornes de l'animal ou à un licou. Cette dernière disposition offre moins de danger, mais elle ne permet pas à l'animal d'avancer autant la tête. »

« *La méthode du pays de Caux* se distingue de la méthode allemande en ce qu'on place le piquet sur une partie de l'herbage qui est nue, que le piquet n'est avancé que de 1 pied à 18 pouces lorsque la bête a mangé tout ce qu'elle pouvait atteindre, ce qui fait que jamais elle ne peut marcher sur le fourrage qui est encore sur pied. »

« Il n'en est pas ainsi de la méthode allemande; soit qu'on débute, soit qu'on avance, on place toujours le piquet au milieu du fourrage sur pied de deux ou au moins d'une longueur de corde. »

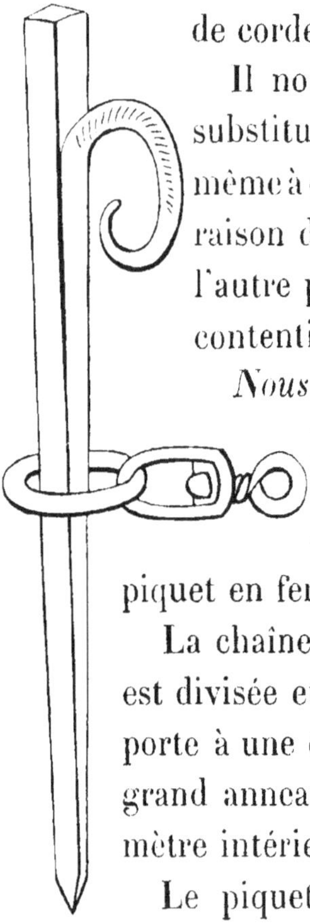

Il nous paraît bien préférable de substituer une chaine à la corde, même à celle qui est goudronnée, pour raison d'économie d'une part, et de l'autre pour plus de sécurité dans la contention.

Nous reproduisons, fig. 40, un appareil que nous avons vu à Gorge, près Clisson, qui se compose d'une chaine et d'un piquet en fer.

Fig. 40.

La chaine a 3 mètres de longueur et est divisée en trois parties, dont chacune porte à une extrémité un touret avec un grand anneau de 10 centimètres de diamètre intérieur qui les unit entre elles.

Le piquet a, dans son entier, 65 à 70 centimètres de longueur, dont 55 mesurés de sa pointe à la base de la crosse, espèce d'anneau ouvert soudé à 10 centimètres de la tête de la tige. La circonférence de celle-ci a, dans la partie moyenne, 12 à 15 centimètres. La courbure intérieure de la crosse présente un diamètre de 8 à 9 centimètres, et l'espacement entre la tige et l'extrémité recourbée de la crosse est de 2 centimètres environ, écartement suffisant pour laisser passer les grands anneaux de la chaîne.

On voit, d'après ce qui précède, que toutes les dimensions des anneaux de la chaîne et celle de la crosse du piquet sont calculées avec intention. Ainsi, les anneaux de la chaîne ont un diamètre qui permet d'y engager la crosse du piquet, sans qu'on soit obligé d'arracher celui-ci chaque fois qu'on veut donner du pâturage à la bête, ce qu'on exécute, au début, en passant la crosse dans le premier anneau qui en est le plus rapproché, lequel vient prendre son point d'appui à la base de la tige. Ensuite on procède de la même manière pour le deuxième anneau, qui unit la première à la deuxième division ; puis, pour celui de la deuxième avec la troisième, de telle sorte qu'il ne reste plus que l'anneau de cette dernière, auquel on fixe la longe. Conséquemment on devra donner à celle-ci une longueur proportionnée à cette portion de chaîne restée disponible, ce qui fera que les deux réunies auront l'étendue nécessaire.

Lorsqu'on veut allonger la chaîne pour donner du champ à la bête qui a consommé la première part, on opère dans le sens inverse, c'est-à-dire qu'on décroche le dernier anneau, et ainsi de suite chaque fois qu'il en est besoin; ce qui fait qu'au troisième toute la chaîne devient libre. Alors on change le piquet de place, et on opère de nouveau ainsi qu'il a été dit; de cette façon on peut donner trois longueurs de 1 mètre d'étendue, représentant une chaîne, sans être obligé de changer le piquet de place.

Il est évident que ce système, à cause de la forme du piquet et de la subdivision de la chaîne, présente, sur celui qui est usité dans le pays de *Caux*, une supériorité incontestable qui doit le faire admettre de préférence à tout autre.

En Normandie, on emploie également le piquet pour le cheval qui est tenu au pâturage. Voici, à ce sujet, ce que dit M. de Gourcy, dans son *Deuxième voyage agricole*, page 98, en parlant de M. Basly, habile éleveur, près de Caen.

« Les poulains reçoivent, jusqu'à l'âge d'un an, toute l'avoine qu'ils veulent manger; à partir de cette époque, on leur en donne 8 litres par jour.

Ils sont tenus, jusqu'au moment de l'entraînement, au piquet pendant toute la belle saison et
ne rentrent jamais, à moins qu'ils ne soient ma-
lades. Le piquet se compose, ici, d'un morceau
de bois gros comme le dessus du poignet d'un
homme ; il doit avoir un crochet tourné contre
terre qui sert à fixer une corde de chanvre gou-
dronné longue de 7 mètres dont l'autre bout s'attache au licou du jeune cheval. Lorsqu'on dé-
place le piquet, on raccourcit la corde des deux
tiers en la repliant sur elle-même près du piquet,
et, à mesure que l'herbe qui se trouvait à portée
de l'animal se trouve consommée, on la rallonge
d'environ 60 centimètres. La corde se trouve sé-
parée en deux vers les deux tiers de sa longueur,
à partir du piquet, au moyen d'un double tour-
niquet en fer qui suffit parfaitement pour l'empêcher de s'enrouler autour du piquet.

« *M. Basly*, d'après une expérience de plusieurs
années faite sur un grand nombre de chevaux,
assure que de cette manière il n'y a pas d'accidents à craindre ; les élèves ont de bien meilleures
jambes que ceux qui sont toujours tenus dans des
écuries, et ils ne perdent pas autant de nourriture
que ceux qui sont lâchés dans des enclos et aux-

quels il arrive de fréquents accidents. Les cordes durent une saison. Un homme est chargé de déplacer les piquets, d'allonger les cordes et de les surveiller; leur grand nombre lui donne une suffisante occupation. Ils sont *piquetés* sur des champs de trèfle, de sainfoin ou de luzerne. »

CHAPITRE V.

MANIEMENTS DU MOUTON.

Considérations générales. — Appréciation de l'âge à l'aide des dents incisives. — Revue d'ensemble d'un troupeau. — Division des maniements. — Application des maniements.

---

§ I. CONSIDÉRATIONS GÉNÉRALES.

Les maniements qu'on exerce sur le mouton ont un double but, soit qu'on les applique au mouton de *garde*, soit au mouton de *boucherie*. Dans le premier cas, les maniements ont pour objet de constater la santé ou la maladie, l'âge, le sexe et la qualité de la laine; dans le second, l'embonpoint ou l'engraissement avancé.

Le mouton de garde suppose une bête jeune d'*un* à *trois* ans. A *quatre*, il est dit *vieux mouton*, alors qu'on le prépare ou qu'on le destine à la boucherie après avoir été engraissé; au moins, c'est ce qui a lieu le plus ordinairement pour la plupart de nos races indigènes.

Le mouton de *graisse* est dit aussi mouton de *boucherie*, parce qu'il ne peut plus avoir d'autre destination.

30

Pour nous guider dans ces appréciations, nous devons recourir à des épreuves diverses. En première ligne, nous placerons l'étude de l'âge à l'aide de l'appareil dentaire, ainsi que nous l'avons fait pour les autres espèces ; nous consulterons particulièrement l'œil et ses annexes pour nous dire l'état physiologique des organes de la digestion, conséquemment de la santé du sujet.

§ II. ÉTUDE DE L'AGE A L'AIDE DES DENTS INCISIVES.

Le mouton, comme les autres ruminants, n'a que deux espèces de dents, *des incisives* et *des molaires,* les premières au nombre de *huit,* et les secondes au nombre de *vingt-quatre,* dont *douze* à chaque mâchoire, tandis que les incisives ne se voient qu'à une seule, *la postérieure,* pour former l'arcade dentaire ; l'opposée, *l'antérieure,* n'a qu'un bourrelet *fibro-cartilagineux,* en tout semblable à celui du bœuf.

C'est donc aux incisives que nous nous adresserons pour connaître l'âge d'un mouton.

On les distingue en dents *de lait* ou *caduques,* et en dents de *remplacement* ou *persistantes.*

Cette distinction repose sur une loi générale qui s'applique à toutes nos espèces domestiques.

Les dents incisives du mouton diffèrent de celles du bœuf en ce qu'elles ne sont pas colletées, que leur surface de frottement est proportionnellement plus profonde et moins évasée. Assez ordinairement, la couche émailleuse de ces dents est tachée de noir.

On divise les incisives en *pinces*, premières et deuxièmes *mitoyennes et coins*.

Chaque espèce est disposée, comme dans le bœuf, par *paire*.

Les pinces occupent le centre du cercle dentaire; les premières *mitoyennes* viennent après, une de chaque côté des pinces; après les premières *mitoyennes* viennent les deuxièmes, dans le même ordre; enfin les *coins* terminent l'arcade incisive.

Toutes ces dents sont solidement assujetties dans les alvéoles et ne sont pas vacillantes comme celles du bœuf, excepté les caduques à la veille d'être remplacées.

On peut donc diviser en deux époques distinctes l'étude de l'âge du mouton par l'inspection des dents.

Dans la première ont lieu l'éruption et l'usure des dents de lait.

Dans la deuxième ont lieu également l'éruption et l'usure des dents de remplacement.

Chacune de ces époques peut être divisée par périodes :

La première époque comprend deux périodes :

La première, qui s'étend de la naissance au quatrième mois, est caractérisée par l'évolution complète des huit incisives et des douze molaires de première dentition, sans usure apparente des incisives.

La deuxième période commence, à *quatre mois,* par le rasement des incisives et finit, à douze et quinze mois, par le rasement successif de toutes les incisives caduques et leur ébranlement.

La deuxième époque commence ordinairement à quinze et dix-huit mois, et dans les races tardives à vingt et vingt-quatre mois ; elle finit à cinq ans. Elle est caractérisée par l'éruption, et par paire, des incisives de remplacement.

Cette époque se subdivise en *quatre périodes,* correspondant, chacune, à la sortie d'une paire d'incisives ; ainsi

La première période, qui s'annonce par la chute des pinces de lait, commence ordinairement à quinze mois, et dans les races tardives,

fla mérine, par exemple, à dix-huit mois et même
deux ans.

La deuxième période commence à vingt-sept
et trente mois, par la sortie des premières mitoyennes persistantes.

La troisième commence à trois ans, par l'éruption des deuxièmes mitoyennes de même formation.

La quatrième commence à quatre ans et demi,
par l'éruption des coins.

Comme on a pu le remarquer, l'intervalle qui
s'établit entre la chute des dents caduques et leur
remplacement par les persistantes n'est pas aussi
long que dans l'espèce bovine ; il n'est, ordinairement, que de neuf mois au lieu de douze, sans
compter les anomalies qui se montrent dans certaines races.

C'est par ce motif qu'on est convenu d'appeler
agneau la jeune bête qui porte toutes ses dents
de lait.

Antenois, gandin, en Beauce ; *ragain,* en Sologne et en Berry, celui qui a mis les pinces,
dites aussi *pelles.*

On compte généralement une année au mouton ou à la brebis par chaque évolution d'incisive
de remplacement, et on les range dans la caté-

gorie des vieux moutons qui ont tout mis à la fin
de la quatrième année, alors qu'apparaissent les
coins. La bouche est dite aussi au *rond* à cinq
ans révolus, lorsque les coins sont entièrement
montés à la hauteur des autres incisives, qui sont
rasées, et qu'ils dessinent d'une manière uniforme
le bord libre de l'arcade dentaire.

A cette époque a commencé le rasement par les
pinces, qui s'étend successivement aux coins.

Ce rasement amène l'usure des pinces dans
toute la surface de frottement ; d'autres fois,
cette usure a lieu d'une manière toute différente ;
c'est par le bord interne qu'elle se fait, et alors
on dit que les pinces sont *en queue d'hirondelle.*
Cela se voit particulièrement sur les bêtes qui
pâturent sur les sainfoins, les luzernes et autres
plantes à tiges dures.

Le rasement des moutons des races communes, de ceux qui pâturent toute l'année, se
fait uniformément et successivement des pinces
aux coins.

Ces différences qu'on remarque dans le rasement des incisives doivent nécessairement faire
naitre la confusion, d'où il résulte qu'il est difficile d'assigner l'âge vrai dès qu'un mouton, dont
le rasement s'est mal fait, a passé cinq ans. Il ne

aut tenir compte que de l'usure des deuxièmes
mitoyennes et des coins, ainsi que des rapports
que cette usure établit entre les dents.

L'examen des cornes frontales, pour connaître
l'âge du mouton, n'a qu'une valeur secondaire,
puisque toutes les races n'en sont pas pourvues,
et il arrivera un jour que toutes seront ainsi conformées, attendu l'inutilité de ces excroissances
osseuses et cornées. A supposer qu'on dût avoir
recours à l'inspection des cornes, on ne pourrait
le faire que de la première à la deuxième année
inclusivement, encore sur le bélier seul, car,
au delà de ce terme, les bourrelets et les sillons
se confondent au point de ne pouvoir plus être
distingués. Sur le mouton castré, par ablation,
de très-bonne heure, les cornes sont à peine apparentes ou, au moins, sont très-courtes et dé-
formées. Nous ne nous étendrons pas davantage
sur ce sujet.

Avant de parler des maniements du mouton,
nous entrerons dans quelques considérations sur
la manière d'aborder un troupeau sur un champ
de foire et à la bergerie, que ce troupeau soit
composé de bêtes de *garde* ou de *graisse.* Nous
appellerons cela *revue d'ensemble d'un troupeau,*
parce qu'en effet c'est un examen général **que**

l'on doit en faire avant d'arriver à celui de chaque bête en particulier.

§ III. REVUE D'ENSEMBLE D'UN TROUPEAU.

Cette revue d'ensemble d'un troupeau peut se faire sur le champ de foire, dans les parquets, comme à la bergerie. Elle a d'autant plus d'importance qu'elle permet d'apprécier d'un coup d'œil l'uniformité de taille et de grosseur des bêtes qui le composent, uniformité qui fait dire vulgairement qu'il est bien *rayé*. Si le contraire a lieu, l'œil est désagréablement affecté ; on dit, dans ce cas, en Sologne, que le troupeau est *brelin*. Aussi a-t-on soin de choisir, sur le champ de foire, un emplacement dont le sol est plus élevé dans certaines parties, où on place les petites bêtes, ce qui permet de mettre en évidence les plus fortes sur le devant du parquet.

Il en est de même à la bergerie ; les belles et bonnes bêtes sont toujours en évidence. Les mauvaises se tiennent dans le fond de la bergerie, cachées par les premières ; c'est là qu'il faut aller les chercher pour les examiner.

Un troupeau composé de bêtes de grosseur inégale est un ramassis de bêtes de *rebut*, bêtes défectueuses d'âge et de sexe différents. Un tel roupeau, s'il n'est assez gras pour aller à la boucherie, aura une mauvaise fin.

Cette revue a aussi pour objet d'étudier l'attitude des animaux, la coloration de la toison, celle de la face, qui est toujours l'expression vraie de la santé.

La coloration de la toison nous amène à parler d'une supercherie maladroite assez en usage en Sologne et en Berry, qui consiste à asperger le troupeau qu'on veut vendre d'une dissolution de suie, afin de faire croire que lés moutons, s'ils sont en chair, ont séjourné longtemps à la bergerie, et y ont reçu une alimentation substantielle et abondante. Cette supercherie en impose à ceux qui ne la soupçonnent pas; mais l'œil exercé ne se laisse pas prendre à cette enseigne mensongère.

Ces manœuvres frauduleuses ne sont pas les seules qu'emploient les marchands de moutons, manœuvres que nous dévoilerons, et en particulier celles dont l'œil devient le prétexte.

Pour rendre plus évident ce que nous venons de dire touchant l'abord et le choix d'un mouton, nous devons faire connaître certains usages adoptés sur les grands marchés de moutons de la Beauce, du Loiret et de la Sologne.

Placement d'un troupeau sur le champ de foire.
— Sur le champ de foire, les moutons sont renfermés dans des enceintes formées de quatre claies ou échelles de 4 mètres de longueur sur 0^m,80 de hauteur. Ces enceintes, qu'on désigne sous le nom de *parquets,* n'ont pas toutes la même surface ; tel parquet est disposé pour contenir cent *solognots,* qui ne recevrait que cinquante gros métis mérinos du même âge. Tous les moutons sont libres dans les parquets, sans y être gênés, ce qui n'a pas lieu aux marchés de Sceaux et de Poissy, où ils sont renfermés dans des compartiments réservés pour chaque bête, qui y est très-pressée contre la voisine.

Prix de la place d'un mouton. — La capacité du parquet est donc calculée sur le nombre et la taille des moutons. Le prix de location du parquet est réglé ordinairement à 5 ou 7 centimes par tête, suivant les localités.

Chaque parquet porte un numéro d'ordre qui correspond à une carte d'inscription délivrée au vendeur.

Les races sont séparées.— Chaque race est placée dans des parquets séparés et distincts ; ainsi cela se fait aux foires de Branles et de Pithiviers. Les parquets sont retenus longtemps d'avance par les marchands de profession, qui ont le soin de choisir les mieux situés.

Les parquets sont disposés par rangées symétriques, qui laissent entre eux des intervalles suffisants pour en faciliter les abords, et par ce moyen éviter la confusion à l'arrivée et au départ des troupeaux.

Chaque vendeur a une marque particulière, qu'il applique de préférence sur telle partie de l'animal plutôt que sur telle autre : ainsi l'un marque le chignon, le cou et la croupe avec un morceau d'indigo ou de sanguine ; un autre, le marchand surtout, fait un rond ou un point sur la croupe avec une dissolution d'ocre rouge ou de noir de fumée dans de l'eau ou de l'huile. Toutes ces marques sont respectées par les vendeurs et les acheteurs, qui restituent, sans opposition, le mouton qui a quitté son troupeau pour passer dans celui du voisin.

Certaines marques, la bleue particulièrement, appliquées sur le chignon et la croupe par plaques ou par bandes transversales, donnent de la physionomie au mouton, ce qui fait que cette couleur est préférée par le marchand de profession.

Ces marques bleues ou rouges ne sont employées que sur les races communes ; les mérinos ou métis sont marqués, avec les lettres initiales du propriétaire, au moyen d'une matière colorante indissoluble.

Les troupeaux arrivent de bonne heure à la foire et sont vendus dans la première moitié de la journée, à moins que la vente ne soit difficile. Les moutons gras sont vendus les premiers, ordinairement de très-grand matin, souvent à la clarté d'une lanterne et avec le seul secours des maniements.

Passons maintenant à l'application des maniements.

§ IV. **Division des maniements du mouton (1).**

Pour l'intelligence de ces épreuves, nous diviserons les maniements en maniements *simples* ou *impairs, doubles* ou *pairs,* ainsi que l'ont été ceux du bœuf et du veau de boucherie.

Maniements simples. — Les maniements *simples* sont au nombre de *quatre :*

1° *La bouche,* pour l'âge et la santé (fig. 41), n° 6 ;

2° *La poitrine* ou *bréchet,* n° 4 ;

3° *Le dessous,* sur le mouton, n° 5 ;

4° *La mamelle,* sur la brebis, n° 5.

____

(1) Voir fig. 41, page 361.

Maniements doubles. — Les maniements *dou-*bles ou *pairs* sont au nombre de *quatre :*

1° *L'œil* ou *la reine,* n° 7 ;

2° *La longe* ou *le travers,* n° 2 ;

3° *L'abord* ou *le cimier,* n° 1 ;

4° *Le contre-cœur* ou *la côte,* n° 3.

Fig. 41.

Nous nous dispenserons encore, cette fois, de suivre, dans l'application, la classification méthodique que nous avons établie ci-dessus ; nous décrirons ce qui se fait en pratique. Nous aborderons, en premier lieu, deux maniements qu'on recherche les premiers, parce qu'ils satisfont l'impatience et les besoins de l'acheteur sur la santé et l'âge du troupeau, *l'œil* et *la bouche.*

Voici comment on doit procéder en foire et à la bergerie :

En foire, dès qu'on est entré dans un parquet

de moutons sur lequel on a fixé son choix, on saisit par une jambe de derrière celui qui paraît être un des moins bons, un des moins gros. La partie de la jambe qui doit être saisie est celle qui est au-dessus du jarret, parce qu'elle présente un point d'appui plus solide, en même temps que la pression exercée sur le tendon paralyse l'action des muscles de la cuisse et de la jambe. On peut se servir indistinctement des deux mains, selon que l'usage en est plus familier.

Le choix d'un pareil mouton dit beaucoup; on suppose, avec raison, que son état d'embonpoint et de santé sera l'expression vraie de celui de tout le troupeau.

Si un mouton saisi de la sorte cherche, par des efforts brusques et répétés, à dégager sa jambe, c'est un indice de force et de santé ; on dit qu'il est *sain*. Au contraire, s'il abandonne la jambe sans opposer de résistance, on sera en droit de suspecter la santé, et dans ce cas on dit qu'il est *gâté*, qu'il n'est pas *sain*, qu'il est *foulé*, surtout si l'inspection de l'œil vient confirmer ces soupçons. C'est pourquoi on procède de suite à cette exploration et à celle de la bouche.

Voici de quelle manière on exécute ces maniements :

§ V. APPLICATION DES MANIEMENTS.

1° *Maniement de l'œil.*

On enfourche le petit mouton. — Quand on exerce ce maniement sur des bêtes de petite taille, *on les enfourche,* comme le recommande *Daubenton,* et on les contient entre les cuisses. On opère ainsi principalement quand on a un petit nombre de sujets à examiner (1).

Si on opère sur des moutons de forte taille, l'explorateur, se plaçant à la droite du mouton, en appuie le cou contre ses cuisses et l'y maintient au moyen du bras gauche. Avec la main correspondante, il embrasse la base de la tête, dirige le pouce vers la paupière inférieure, qu'il presse doucement de bas en haut, afin d'offrir un point d'appui suffisant au globe de l'œil, tandis que la main droite étendue sur le sommet de la

---

(1) « Le berger, dit Daubenton, enfourche le mouton, comme s'il voulait monter à cheval dessus : il empoigne la tête avec les deux mains, il relève, avec le pouce de la main droite, si c'est l'œil gauche, la paupière du dessus de l'œil, et avec le pouce de l'autre main il abaisse la paupière du dessous. Alors il regarde les veines du blanc de l'œil; si elles sont bien apparentes, s'il les voit d'un rouge vif et si les chairs qui sont au coin de l'œil, du côté du nez, ont aussi une belle couleur rouge, c'est un signe que l'animal est en bonne santé. »

tête, le pouce droit appliqué sur le bord libre de la paupière supérieure, qu'il relève, l'éloigne de l'inférieure, en même temps qu'il presse, sans efforts, de haut en bas, le globe de l'œil, pour obliger la conjonctive à s'échapper hors des paupières, ce qui a lieu sous la forme d'un corps dont l'aspect varie suivant l'état de santé de l'animal. Si le corps est blanc, on dit que l'œil est *gras*, que le mouton est *gâté* ou *taré*; s'il est rose, les vaisseaux saillants, le mouton est *sain*.

L'exploration de l'œil se fait encore ainsi : sans changer la position du mouton, sans que l'explorateur en change lui-même, on opérera de la même manière; seulement on donnera aux mains une autre position, c'est-à-dire que la droite prendra la place de la gauche, pour presser avec le pouce la paupière inférieure et donner un point d'appui au globe de l'œil, et la gauche celle de la droite, pour relever la paupière supérieure. Entre ces deux procédés, il y a cette différence que, dans le premier, le bras gauche, appuyé sur le côté gauche du cou du mouton, devient un puissant agent de contention, si l'animal est impétueux, et que, de plus, la main embrassant la base du maxillaire a une action non moins puissante pour retenir l'animal qui veut avancer ou se dérober. L'autre procédé, qui laisse le bras gauche sans action sur le mouton, laisse aussi celui-ci maître de ses mouvements, s'il veut se soustraire à l'exploration. Le premier procédé est donc préférable et doit être suivi.

Pour obtenir le résultat qu'on recherche, il faut que la pression du pouce inférieur et du supérieur soit simultanée; sans cela, la conjonctive n'abandonnera pas la face interne de la paupière pour venir se montrer au dehors, comme il a été dit plus haut.

Si on se contente d'écarter les paupières l'une de l'autre, on découvrira indubitablement le globe de l'œil et la caroncule; mais on n'obtiendra pas ce que l'on se promettait par cette manœuvre : on constatera bien la coloration ou la décoloration des vaisseaux sanguins qui rampent à la surface de la sclérotique et celle que cette membrane revêt en pareille circonstance, mais on n'aura que des doutes sur l'état réel de la santé du sujet.

La plupart de ceux qui *manient* des moutons ne savent pas explorer l'œil, comme nous venons de le décrire; ils se contentent de le faire comme l'enseigne Daubenton, ce qui est inexact et insuffisant.

Pour l'homme exercé, ces deux maniements

ont la même valeur; il sait distinguer, dans la coloration bleuâtre de la sclérotique, le trouble qui a lieu dans la circulation du foie et des autres viscères contenus dans l'abdomen, ce qui fait dire, en termes de marchand et de boucher, que le mouton est *cassé* et *foulé*; en d'autres termes, que cet état est le commencement d'une altération des organes actuellement compromis.

L'aggravation de l'état présent s'annoncera, plus tard, par l'absence de coloration des vaisseaux sanguins qui rampent à la surface de la sclérotique, par la présence de petits corps globuleux remplis de sérosité incolore, qui ajoutent à la pâleur de l'œil. Qu'on joigne à ces symptômes la présence d'un liquide dans l'abdomen; à la décoloration de la laine le peu de résistance à céder à la main qui veut en détacher quelques brins; à cet état de la toison qui motive l'aspersion dont nous avons parlé, cet état général de tous les tissus, qui fait dire qu'un mouton est atteint de *cachexie aqueuse*, vulgairement appelée *pourriture*, qu'il est gâté, qu'il est pourri.

L'œil du mouton sain, dont l'organisme est intact, l'œil physiologique enfin, se montre tout différent sous la main de l'explorateur habile comme sous celle du novice. Les vaisseaux qui sillonnent la sclérotique, la conjonctive, la caroncule lacrymale, le corps clignotant n'ont qu'un très-petit calibre; leur trajet est libre, sans mélange d'autres humeurs; leur coloration est d'une teinte rosée; la sclérotique exprime ce degré de vitalité qui lui est propre dans l'état de santé, vitalité que l'explorateur recherche, que les moyens frauduleux les mieux combinés ne peuvent pas imiter.

Cette coloration de l'œil du mouton est moins vive pendant l'automne, l'hiver et le printemps. Il est bien reconnu que le mouton lui-même est moins fort, ce qui fait dire qu'il a moins de *sang*; à plus forte raison doit-il en être ainsi du mouton qui n'est pas *sain*.

L'œil du mouton qui pâture l'été sur des sainfoins, des luzernes et des chaumes de blé est très-rouge; les vaisseaux capillaires sanguins sont très-injectés; l'œil de ce mouton est l'opposé de celui du précédent : ce mouton a trop de sang; il est, dit-on, *brûlé*.

Il n'en est pas ainsi de l'œil du mouton qui n'est pas sain; lors même qu'il se trouve dans les mêmes conditions, il reste pâle et décoloré pendant l'été et la sécheresse. C'est alors que la

fraude s'exerce pour modifier la condition mauvaise de cet œil.

On emploie, en pareil cas, un moyen peu dispendieux, qui consiste à faire voyager le troupeau qui doit être présenté en foire le jour, s'il
fait chaud, et sur des chemins couverts de poussière, afin que la chaleur, d'une part, et que la
poussière la plus fine qui s'introduit entre les
paupières, irritent la conjonctive et le globe de
l'œil, y appellent une plus grande quantité de
sang. Si l'œil est larmoyant, on attribue cet état
à la poussière et à la chaleur.

D'autres insufflent entre les paupières tantôt
de la poudre fine à tirer, tantôt du tabac fin à
priser.

C'est principalement sur ces moutons d'une
santé compromise, dont la laine est décolorée,
qu'on fait usage de la dissolution de suie en plus
grande quantité. Il arrive alors que, dans l'aspersion, la dissolution pénètre entre les paupières et
les irrite.

Comme on le voit, plusieurs moyens frauduleux
sont mis en œuvre pour dissimuler l'état pathologique d'un troupeau de moutons ; aussi a-t-on
bien de la peine à échapper à leurs effets désas-
treux.

2° *Maniement de la bouche.*

L'explorateur, ainsi que nous le dirons, introduira le pouce de la main gauche dans la bouche du mouton, pour s'en servir plus tard, et le fera reposer sur l'espace interdentaire ; puis, avec le bord radial du pouce et le médius de la main droite appliqués sur les lèvres, le pouce sur la supérieure, qu'il relève, le médius sur l'inférieure, qu'il abaisse, il découvre ainsi le bourrelet dentaire et toute la face antérieure des incisives.

L'arcade dentaire rendue ainsi apparente, l'explorateur a toute facilité pour en apprécier la couleur, la forme et l'époque de l'éruption des incisives, objet principal du maniement ; et, par ce moyen, la détermination précise de l'âge du sujet, en vertu des règles que nous avons posées.

Si, par défaut d'expérience, l'explorateur n'était pas suffisamment éclairé, si l'incertitude qui pourrait naitre en lui était due à l'usure et à la déformation des pinces et des premières mitoyennes, il aurait, dans ce cas, la ressource d'ouvrir la bouche du mouton à l'aide du pouce qu'il y a déjà introduit, en exerçant une légère pression sur la mâchoire inférieure, qui, étant

ainsi éloignée de l'opposée, laissera voir la surface de frottement des incisives.

Ce maniement aura encore pour effet de mettre
l'explorateur à portée d'apprécier la coloration
de la muqueuse buccale, et de fortifier ainsi son
jugement sur l'état physiologique du mouton.

Ces détails paraîtront peut-être fastidieux ;
mais nous sommes convaincu que rien de ce qui
est pratique ne doit être négligé pour se soustraire à l'œil scrutateur et avide de l'homme du
métier avec lequel on traite, intéressé qu'il est à
profiter de l'inexpérience ou de la moindre méprise de son adversaire.

Nous avons dit ce que l'on doit faire en foire ;
maintenant nous allons expliquer de quelle manière on se comportera à la bergerie.

Nous ferons remarquer que, lorsqu'on visite
des moutons en foire, on dispose sans mesure de
la clarté du jour, ou on appelle à son secours
celle d'une lanterne. Mais, à la bergerie, on manque souvent de lumière et d'air frais ; on n'a que
l'ouverture de la porte, rarement quelques étroites
fenêtres pour en donner. Il faut donc rapprocher
de la porte les bêtes que l'on veut explorer, en
employant les moyens suivants :

La manœuvre usitée en pareil cas consiste,

ainsi que nous l'avons dit, à saisir avec l'une des deux mains, celle qui est à la convenance de l'explorateur, la droite, par exemple, la jambe postérieure du même côté du mouton, et prendre avec la main gauche un point d'appui sur la poitrine, à l'aide d'une poignée de laine, ce qui facilite la progression du mouton vers le lieu désigné.

Il y a des moutons qui ne veulent ni marcher en avant ni en arrière, qui se couchent. Dans ce cas, on a recours à un autre procédé, qui consiste à saisir le mouton, par le pied, avec l'une des deux mains, et à appuyer fortement l'extrémité du pouce sur la face postérieure du paturon. La douleur, sans doute, que cause cette pression du pouce oblige le mouton à obéir à l'action de la main.

Cette prise, en terme de berger, donne une grande force à la main, par la raison qu'elle offre un point d'appui très-solide, résultant de la proéminence que présente le pied sur le paturon. Il se pourrait aussi que la pression du pouce exercée sur les tendons des muscles *fléchisseurs* du pied en paralysât l'action et rendît nuls les efforts du mouton.

Ces moyens, qu'on emploie pour déplacer des moutons, sont aussi des intermédiaires qui favorisent les maniements de la *longe* et du *dessous*, surtout si on opère sur des petites bêtes ; nous en profiterons pour décrire ces maniements.

3° *Maniement du dessous.*

Nous venons de dire qu'en prenant une jambe pour déplacer un mouton, on pouvait profiter de cette manœuvre pour exercer sur les bêtes de petite taille les maniements de la *longe* et du *dessous*. En effet, la croupe, se trouvant ainsi élevée à une certaine hauteur du sol, est mise à la portée de la main restée libre, avec laquelle on saisit le scrotum, *les bourses*.

Ce maniement est exécuté dans une double intention :

1° Pour s'assurer que le mouton a été castré, et par quel procédé il l'a été ; qu'il n'a pas de hernie ;

2° Si la bête est grasse, quel en est le degré d'embonpoint, ce que la main recherchera dans le volume et la densité du dépôt graisseux.

Le maniement du dessous ne saurait être ainsi exercé sur un mouton de forte taille, qu'une main seule serait dans l'impuissance de contenir, pendant que l'autre opérerait ; aussi conseillons-nous,

» dans ce cas, ainsi que dans celui du maniement
» de la *mamelle* sur la brebis, d'adopter, de préfé-
» rence à tout autre, le procédé suivant, qui satis-
» fera l'attente de l'explorateur.

Après avoir posé à terre le membre qu'elle avait saisi pour déplacer le mouton, la main restera appliquée au-dessus du jarret comme moyen de contention, tandis qu'avec l'autre main on exercera le maniement, ainsi qu'il a été expliqué précédemment, et toujours selon la condition du mouton.

Sur un mouton de taille moyenne, ce maniement est exercé différemment, parce qu'en changeant de position l'explorateur peut immédiatement opérer les maniements de la *longe* ou *travers*, et du *cimier*.

On exécute ce maniement de la manière suivante :

En se plaçant à la gauche du mouton resté debout, l'explorateur le contiendra avec la main gauche posée sur l'encolure, qu'il appuiera contre sa cuisse, et avec la droite, qu'il engagera, d'arrière en avant, entre les cuisses du mouton, il saisira le scrotum et opérera le maniement selon qu'il a été prescrit précédemment.

Dans l'exercice proprement dit de ce maniement, quel que soit le procédé qu'on emploie, on se servira indistinctement des deux mains, mais toujours de celle dont l'usage est plus familier, selon la position que l'on prendra.

Après ce maniement, nous devrions parler immédiatement de celui de la *mamelle*, qui est particulier à la brebis ; mais, comme il faut, pour l'exercer utilement sur la bête de petite taille, recourir à une manœuvre que l'on emploie pour le maniement de la *poitrine*, cela fait que nous décrirons la mamelle en même temps que celui-ci, afin d'éviter des redites.

4° *La longe ou le travers.*

Nous avons dit que, après avoir exercé le maniement du dessous sur le petit mouton que l'on retient par une jambe, on profitait de cette circonstance pour exercer, immédiatement après, le maniement de la *longe* et celui du *cimier*.

Nous supposons donc que le mouton soit retenu par la jambe droite avec la main correspondante ; l'explorateur saisit avec la gauche toute la surface des lombes qui s'étend transversalement d'un flanc à l'autre, l'extrémité des quatre doigts répondant au creux du flanc gau-

 che, le pouce à celui du flanc droit. La main, ouverte dans toute son étendue, mesure ainsi l'é-
paisseur que présente le bord libre des apophyses
transverses des vertèbres, épaisseur très-considé-
rable sur le mouton gras, nulle sur le maigre,
que la peau seule et les tissus sous-jacents dé-
pourvus de graisse recouvrent.

Ce maniement ne pourra plus être obtenu de
cette manière sur un mouton de moyenne et de
forte taille, par les raisons que nous avons données en parlant du maniement du dessous; l'explorateur sera dans l'obligation de le placer et de
l'assujettir comme il l'a fait pour ce dernier maniement.

Le mouton étant appuyé et assujetti contre les
cuisses de l'explorateur à l'aide de la main gauche, celui-ci embrassera avec sa main droite toute
la surface de la région lombaire, l'extrémité du
pouce étant logée dans le flanc gauche et celles
des autres doigts dans le flanc droit.

Si cette surface présente une étendue telle
qu'elle ne puisse pas être saisie dans son entier,
cela supposera que le mouton a un embonpoint
considérable. Cette condition est développée assez
souvent sur des moutons de la plus forte taille
et d'un engraissement hors ligne, pour ne pou-

voir être appréciée que de la manière dont on le fait sur le bœuf de haute graisse.

On ne prend pas toujours autant de précautions pour exercer ce maniement : il arrive, le plus ordinairement, qu'en abordant un lot de moutons gras on se contente d'appuyer alternativement sur les lombes de chaque mouton toute l'étendue de la main déployée. Non-seulement, en opérant ainsi, on agit sans précaution, mais on ajoute à ce mouvement une pression brusque et irréfléchie, qui ne permet pas d'apprécier toute la valeur du *maniement*. Il faut se prémunir contre un pareil entraînement, qui trompe la main inhabile.

Ce maniement, développé ainsi qu'on l'observe sur des moutons de pouture qui ont consommé des farineux et des tourteaux, annonce un haut engraissement non-seulement à l'extérieur, mais un poids considérable de graisse au rognon.

5° *Le cimier ou l'abord, la queue à Nantes.*

L'explorateur, sans changer de position, sans déplacer le mouton, exercera le maniement du *cimier* de la manière suivante :

Il portera, perpendiculairement et à peu près parallèlement à la ligne médiane, les quatre doigts réunis de la main droite, mais séparés du pouce, dans l'espace compris entre la base de la queue et l'ischion gauche; là, il saisira le dépôt graisseux qui se montre sous une forme allongée sur le mouton qui est en bonne chair. Dans ce cas, on dit qu'il *coche*, qu'il *filotte* ; on exprime de la sorte l'idée que l'on se fait du premier degré de formation de ce dépôt, et de l'engraissement général.

Ce maniement est difficile à exécuter : la plupart de ceux qui touchent des moutons se contentent de prendre avec la main la base entière de la queue, et de confondre avec le maniement graisseux cette substance molle que présente la queue d'un mouton qui est en chair. Il y a donc méprise pour la main peu exercée : mais il n'en est plus ainsi quand le mouton a atteint un haut état de graisse, quand le dépôt graisseux forme un bourrelet volumineux à la base de la queue.

Ce maniement s'obtient toujours de cette manière sur les moutons de haute et de moyenne taille ; mais, sur les petits, il arrive fréquemment qu'après les avoir pris par une jambe, comme il a été dit, et avoir exercé les maniements du dessous et de la longe, on procède immédiatement à celui du cimier, avec la main opposée à celle qui tient la jambe du mouton. A supposer que ce soit la droite qui soit libre, on dirigera les quatre doigts et le pouce comme ci-dessus, seulement le pouce correspondra au côté de la queue et les quatre autres doigts à l'ischion.

Pour peu que ce maniement soit développé, on est assuré que le mouton a de l'état. Comme celui du dessous et de la longe, ce maniement est un de ceux qu'on recherche le plus, quoiqu'il soit un des premiers à se former.

6° La poitrine ou le bréchet.

Le nom de ce maniement en indique le siége. Sa formation est la même sur le mouton que sur le bœuf, seulement la manière de l'exercer n'est pas la même sur les deux.

Pour reconnaître ce maniement sur le mouton, il faut recourir à une manœuvre qui présente d'autant plus de difficulté que le mouton a plus de taille et de poids.

Cette manœuvre consiste à renverser le mouton, à faire reposer sa croupe sur le sol, à le contenir entre les jambes de l'explorateur, et à mettre en évidence toute l'étendue de la surface antérieure et inférieure du sternum.

Pour cela, on opère ainsi :

L'explorateur, placé au côté gauche du mouton, par exemple, passe le bras gauche sous le cou et y fixe la main à l'aide d'une poignée de laine qu'il saisit ; avec la droite, qu'il fixe également au-dessous du flanc droit, en passant son bras au-dessus du rein, comme s'il voulait emporter le mouton, il le soulève, le renverse de gauche à droite, le pose à terre sur la croupe, le soutient entre les cuisses et lui fait pencher la tête à gauche, parce que c'est avec la main gauche qu'il faut exercer le maniement, ainsi qu'il suit :

La main tenue ouverte et l'extrémité des doigts étant dirigée en bas, l'explorateur embrassera dans son entier le sommet du sternum, afin d'apprécier le volume et la densité de la couche graisseuse qui y est déposée, et qui constitue le maniement qu'il recherche.

La poitrine du mouton qui est en chair est moins sèche que celle du mouton maigre ; elle est néanmoins loin d'offrir ce que l'on recherche dans ce maniement, l'élasticité que présente la surface arrondie du mouton gras. C'est donc une distinction à établir entre les deux états, distinc-

tion qui aura d'autant plus de valeur que la formation de ce maniement est tardive, que par
cette raison il annonce un engraissement très-
avancé.

En terminant, nous ferons remarquer que cette
position, donnée au mouton pour la recherche
du maniement de la poitrine, n'est pas exclusivement réservée à ce dernier, ainsi que nous
l'avons dit à l'occasion du dessous; on en profite
encore pour explorer la mamelle sur la brebis
bréhaigne ou moutonne (1).

Cette posture, donnée au mouton d'une santé
douteuse, permet d'exercer une épreuve qui a une
valeur d'autant plus grande qu'elle vient confirmer ou détruire les doutes que l'on a sur l'état
des viscères contenus dans l'abdomen.

Nous reviendrons sur cette épreuve après le
maniement de la mamelle.

7° *La mamelle.*

Ce maniement est réservé particulièrement à
la brebis *bréhaigne* ou moutonne, ainsi qualifiée
vu son état de stérilité, et, par cette raison, con-

---

(1) En Sologne et en Berry, *bringue.*

damnée irrévocablement à la boucherie, après avoir été engraissée.

Ce maniement a le même siége que celui de la *vêle*; il a les mêmes caractères de cet autre dit *avant-lait* sur la vache grasse.

Quant à la manière de l'exercer, c'est la même que dans les cas précités; seulement l'application de la main se fera d'après la position donnée à la brebis; l'appréciation sera en raison de l'importance du volume et de la densité du dépôt graisseux.

Ce maniement a la même valeur que le *dessous* sur le mouton; il exprime, comme lui, un engraissement avancé et la présence du suif à l'intérieur, ainsi que de la graisse en couverture.

Achevons ce qui se rapporte aux maniements du mouton, par l'épreuve à laquelle on soumet celui qui est soupçonné d'être atteint de cachexie.

Cette épreuve consiste à placer le mouton, comme nous l'avons dit, pour opérer le maniement de la *poitrine*, et à percuter avec le bord cubital de la main le sommet de l'abdomen, ordinairement très-volumineux dans ce cas-là. Cette percussion de l'abdomen a lieu à 10 centimètres au-dessous de l'appendice xyphoïde, vulgairement dit le *bréchet*, et a pour effet de produire un bruit qui ressemble au clapotement d'un liquide qui est agité et déplacé. On suppose alors qu'il existe dans l'abdomen un épanchement séreux, que l'on considère comme une terminaison funeste de la maladie qui y a donné lieu.

Ces épreuves manuelles n'ont plus la même importance sur le mouton qui a atteint un haut état de graisse, comme on en voit depuis l'importation des races anglaises. Sur une telle bête, l'œil suffit pour apprécier cette condition exceptionnelle. Alors que dépouillé de sa toison, on suppose le mouton renfermé dans un cadre idéal, comme nous représentons le bœuf et le porc, soit que cette mesure s'applique à la ligne dorso-lombaire, à la croupe et à la culotte, soit enfin à l'avant-main vue par devant, dans ces situations diverses l'œil mesure exactement l'ampleur de toutes les parties de l'animal.

CHAPITRE VI.

MANIEMENTS QUE L'ON EXERCE SUR LE PORC.

Considérations sur les maniements du porc. — Désignation des maniements. — Connaissance de l'âge à l'aide des dents. — Aperçu sur les races indigènes considérées au point de vue économique.

§ I. CONSIDÉRATIONS SUR LES MANIEMENTS DU PORC.

Les maniements que l'on exerce sur le porc doivent être envisagés sous plusieurs rapports; ils ont plusieurs buts, à savoir :

1° De rechercher et de constater l'existence de certaines affections particulières à l'espèce ;

2° De mettre l'animal dans l'impuissance de causer des dégâts en fougeant ;

3° Enfin d'apprécier le degré d'engraissement auquel un porc est parvenu.

Il y a donc trois maniements distincts, essentiellement dépendants des causes qui donnent lieu de les exercer.

§ II. DÉSIGNATION DES MANIEMENTS.

Nous appellerons le premier *maniement du langueyeur*; le second, *bouclement*; le troisième, *maniement du porc gras*.

Nous décrirons séparément ces trois maniements, suivant le rang que nous leur avons assigné. Commençons par celui du *langueyeur*.

1. *Maniement du langueyeur.*

Avant d'acheter un porc, mâle ou femelle, quelle que soit la destination qu'on lui réserve, *la reproduction*, *l'engraissement* ou *la salaison*, on s'enquiert toujours s'il n'est pas atteint de l'une des affections qui sont particulières à l'espèce.

Ces affections sont :

1° *La ladrerie* ou glandine ;

2° *L'esquinancie* ;

3° *Les soies* ou la bosse, le poil piqué, les soies piquées ;

4° *Le glossanthrax* ou la boucle.

De toutes ces affections, celle qui, en apparence, préoccupe le plus l'acheteur, c'est la *ladrerie*, parce qu'elle est, de toutes, celle qui se ı manifeste à l'extérieur d'une manière moins évidente, à moins qu'elle soit générale.

Dans cette pensée, celui qui veut acheter un porc âgé de huit mois à un an et au-dessus, pour peu qu'il suspecte son habileté, a soin de réclamer l'intervention d'un de ces hommes dits *langueyeurs*, qui fréquentent les foires et les marchés et qui, moyennant une modique somme, se chargent de *langueyer*. On a encore recours, en pareil cas, à ceux qui opèrent la castration, et que l'on désigne sous la dénomination de *hongreurs*, d'*affranchisseurs*, *d'armageurs*, de *mégeyeurs*.

Tous entourent de mystères leurs opérations.

Cependant voici de quelle manière ils procèdent :

Comme cette affection, ainsi que celles dont nous avons parlé, a son siége dans la bouche ou dans le voisinage de cette cavité, l'exploration ne peut en être faite qu'après qu'on s'est rendu maître de l'animal, conséquemment après l'avoir mis dans l'impossibilité de nuire. Pour cela, il faut l'abattre, ce qui n'est pas toujours facile à faire. En pareil cas, voici de quelle manière il faut s'y prendre :

Secondé par plusieurs aides, le langueyeur saisit la bête par les oreilles, en se plaçant de côté.

En même temps, les aides s'emparent du membre postérieur qui correspond au côté où se tient l'explorateur. Par deux mouvements combinés, un de celui-ci, qui tend à élever de terre l'avant-main; un autre, d'un des aides, agissant sur l'arrière-train par un effort brusque et soutenu de la main portée sur la croupe, la bête est renversée à terre sur le côté où se tient le langueyeur. Sans perdre de temps, celui-ci appuie son genou sur le cou du porc, le gauche, s'il est placé au côté droit de la bête, et réciproquement. Dans cette position, l'explorateur est hors d'atteinte des pieds de l'animal et peut agir avec sécurité.

Libre alors d'opérer à son gré, le langueyeur profite des cris que pousse le porc pour introduire entre les mâchoires l'extrémité d'un bâton, dont il se sert, comme d'un levier, pour les tenir écartées. Il passe ensuite l'autre extrémité du bâton sous la cuisse droite, qu'il prend pour point d'appui, ce qui lui permet d'introduire, sans danger, dans la bouche, la main droite enveloppée d'un linge, d'y saisir la langue et de la tirer au dehors. Dans cette position, il en examine tout à son aise la face inférieure, passe et repasse, alternativement et à plusieurs reprises, sur les côtés du frein, la face palmaire du pouce,

ç pour s'assurer que sous la muqueuse il n'existe
q pas *de grains* de ladrerie.

Ces grains, qui ne sont pas apparents, au dé-
d but de la maladie, sur la face supérieure de la
d langue, s'y montrent plus tard ; c'est pourquoi
ɔ on les recherche de préférence sur l'inférieure.
) On les reconnaît à l'inégalité de la surface de la
r muqueuse, qui les cache longtemps avant qu'ils
ɔ apparaissent à l'extérieur ; mais alors ils se mon-
ɟ trent sous la forme de petits boutons blancs ou
l bleuâtres, qui renferment une humeur séreuse.
ɔ Ces espèces de pustules sont formées par une *hy-*
ɔ *datide, le cysticerque celluleux.*

Lorsque le langueyeur a constaté sur un porc
l'existence de cette affection, sa déclaration suffit pour annuler le marché.

L'exploration de la bouche se fait de la même
manière dans tous les cas de maladies qui ont leur
siége dans cette cavité ; c'est pourquoi nous ne nous
arrêterons pas davantage sur ce sujet, à moins d'entrer dans le domaine de la vétérinaire, ce qui n'est
pas le but que nous nous sommes proposé.

2. *Bouclement.*

L'instinct du porc le porte à fouger la terre,
pour y chercher les racines de certaines plantes,

les insectes et les petits animaux dont il aime à se repaître. Mis à l'engrais et renfermé dans un toit, où il s'ennuie quand il a cessé de manger et de dormir, il en défonce le sol ou il en dégrade la clôture.

Pour s'opposer à ces dégâts, à ceux qu'il commet dans les terres en labour ou celles qui sont en herbages, on emploie plusieurs moyens, qui consistent

1° A inciser verticalement l'extrémité du groin et à laisser la plaie béante ;

2° A couper les tendons des muscles releveurs du groin (*ténotomie*) ;

3° Enfin à fixer, à l'extrémité centrale ou sur les côtés du bourrelet du groin, un ou deux fils d'archal ou un appareil à une ou deux tiges, vulgairement dit *grogne*.

Examinons ces différents moyens :

1. *Incision du groin.* — Nous dirons tout d'abord que pour toutes les opérations que l'on pratique sur le groin du porc il n'est pas nécessaire d'abattre la bête, comme on est obligé de le faire pour l'exploration de la bouche. Le moyen de contention que nous conseillons éprouve moins le porc et exige un plus petit nombre d'aides.

Voici la manière dont on devra procéder :

Si on opère sur un porc d'un an ou au-dessous, un aide doit suffire pour le contenir dès qu'il l'a saisi par les deux oreilles ; mais il en faut plusieurs si on a affaire à une bête plus âgée, à un verrat ou à une vieille truie. Dans ce cas, un des aides doit s'emparer d'un membre postérieur, en plaçant ses deux mains au-dessus du jarret, tandis qu'un autre saisit les deux oreilles.

Ainsi pris, l'animal pousse des cris qui permettent à l'opérateur de passer dans la bouche l'anse d'une corde de chanvre qui forme le nœud coulant, laquelle aura 1 centimètre de grosseur et 2 mètres de longueur. L'anse de la corde devra être assez grande pour pouvoir embrasser la mâchoire supérieure ; elle prendra son point d'appui derrière les crochets, ce qui l'empêchera de s'échapper de la bouche. Ainsi, plus le porc fera d'efforts pour se soustraire à cette étreinte, plus il serrera le lacs qui le retient. La contention sera d'autant plus efficace, que la corde sera constamment tenue tendue par l'aide, ou sera fixée à un piton ou à tout autre objet immobile, ce qui permettra à l'opérateur d'agir en toute liberté.

Pour toutes les opérations que l'on pratique sur le groin du porc, Viborg conseille de se servir d'un tord-nez qui est fait à peu près comme celui qu'on emploie sur le cheval. Son usage est de tenir fermée la bouche du porc et d'empêcher celui-ci de crier. Quels sont les moyens de contention à employer en pareil cas? l'auteur n'en parle pas.

Passons à l'opération proprement dite :

Elle consiste à inciser le bourrelet sur un ou plusieurs points ; l'essentiel est d'éviter d'atteindre l'os du *boutoir*, ce qui arriverait infailliblement si l'incision centrale était profonde (1).

Quel que soit le nombre des plaies, l'effet produit n'est que momentané, parce que, la cicatrisation ne tardant pas à se faire, le porc, n'éprouvant plus de douleur, reprend ses anciennes habitudes.

Cette opération est donc inutile et sans résultat; mais elle a surtout pour effet fâcheux d'altérer le bourrelet du groin et d'empêcher que l'on puisse, plus tard, ainsi qu'il sera facile de le remarquer, pratiquer sur cette région d'autres opérations plus efficaces.

Avant de nous occuper de ces opérations, nous devons parler de celle qu'on a improprement qua-

______

(1) La recommandation que nous faisons ici s'applique également à l'emploi du fil d'archal, et surtout de la lame à plaque trouée. Les accidents qui résulteraient du contact prolongé de ces appareils avec l'os du groin seraient plus graves que ceux occasionnés par l'action de l'instrument tranchant. On ne dépassera pas la base du bourrelet.

litiée *incision des tendons*. Nous disons *impropre-ment*, parce que le mot *incision* fait supposer une division pure et simple du tissu des tendons, tandis que dans ce cas il doit y avoir perte de substance.

Passons au procédé opératoire proposé par Erik Viborg, que nous ferons suivre de quelques observations que nous avons été à portée de faire, en pratiquant cette opération sur le sujet vivant.

2. *Sections des tendons des muscles releveurs du groin* (sus-maxillo-labial). — Afin de faciliter l'intelligence du procédé de Viborg et celui que nous avons employé, nous croyons qu'il est utile de faire connaître la direction, l'étendue des tendons des muscles releveurs du groin et la place qu'ils occupent dans la région faciale.

Nous dirons donc que ces muscles se dirigent obliquement de dehors en dedans, de haut en bas et d'arrière en avant, qu'ils se terminent dans le bourrelet du groin par un tendon qui s'y épanouit, lequel a, sur un porc d'un an à quinze mois, 8 à 9 centimètres d'étendue et 5 millimètres de grosseur. Chaque tendon glisse dans une espèce de gaine et est éloigné de 1 centimètre environ de la ligne médiane, ce qui fait qu'il y a entre les deux congénères 2 centimètres environ d'écartement, à 2 centimètres au-dessus du bourrelet.

Procédé opératoire d'Éric Vibory. — « Vers la partie supérieure du groin aboutissent deux tendons des muscles releveurs, au moyen desquels le porc lève son groin en haut et soutient l'action de fouger ; on peut les palper distinctement sous la peau, comme une corde tendue tout près de la surface du groin, en tirant seulement le groin un peu en bas. Pour les couper, il faut faire une incision à la peau, les mettre à découvert, les traverser d'une aiguille enfilée, les tirer, au moyen du fil, hors de l'ouverture de la peau, et couper de chaque tendon un morceau de 1 *centimètre 3 millimètres de longueur;* l'incision se guérit d'elle-même. »

Notre procédé opératoire. — Voici comment nous avons agi, comme essai seulement, sur une truie âgée de quinze mois, qui était destinée à être engraissée.

Deux aides forts s'emparèrent des membres postérieurs, chacun ayant les deux mains placées l'une au-dessus, l'autre au-dessous des jarrets, sans, toutefois, être obligés d'abattre la bête ; un troisième introduisit dans la bouche un bâillon en bois dur, de 3 centimètres environ de grosseur et de 40 de longueur, lequel fut assujetti au moyen de plusieurs tours croisés et circulaires d'une corde de chanvre de 6 à 7 millimètres de grosseur, passés autour des mâchoires. Un aide, placé à côté de la bête, tenait de chaque main une extrémité du bâton, ce qui empêchait la bête d'avancer et, en même temps, de nuire à l'opérateur.

A 15 millimètres de la ligne médiane et à 4 centimètres au-dessus du bourrelet, nous avons incisé profondément la peau sur une étendue de 25 millimètres, en suivant la direction du tendon du muscle releveur gauche, que nous avions préalablement rendu saillant pour guider notre instrument. Après l'avoir découvert, nous l'avons soulevé avec une érine et en avons retranché un fragment long de 15 millimètres environ.

En présence des difficultés qu'offre l'isolement du tendon, quelle que soit la cause qui fasse naître ces difficultés, et surtout en considérant les résultats peu satisfaisants que l'on doit retirer d'une opération douloureuse qui éprouve fortement la bête, nous avons cru devoir nous arrêter là et ne pas faire la section de l'autre tendon. Nous nous sommes donc contenté de laver la plaie et avons mis la bête en liberté.

Nous nous sommes demandé s'il n'eût pas été plus opportun de diviser la peau en travers plutôt qu'en long. Dans le premier sens, nous eussions saisi plus aisément le tendon avec l'érine ; mais nous ne l'eussions pas isolé plus facilement, à cause de l'étroitesse de la plaie.

De quelque manière que l'on opère, la cicatrisation de la plaie est lente à se faire, sans compter les accidents qui peuvent en entraver la marche. Celle de la plaie que nous avons faite a été retardée par une suppuration prolongée, qui était entretenue par le contact irritant de corps étrangers provenant des aliments ou des boissons donnés à la bête.

Ces considérations nous conduisent à conclure, avec Viborg, « que, puisque l'expérience a appris que ce moyen (la section des tendons) ne présente pas plus de sûreté que celui de l'incision du groin, attendu que le porc ne fouge pas uniquement à l'aide des muscles releveurs du groin, mais encore par le moyen du cartilage qu'il renferme et des muscles expansifs de la hure, cet expédient est un faible moyen d'empêcher le porc de fouger, *puisqu'il peut remuer la terre en la poussant en avant* (1). » Maintenant nous

(1) Nous avons pu constater, quinze jours après l'opération et après que la plaie a été cicatrisée, que les mouvements imprimés au bourrelet du groin et à la lèvre supérieure gauche étaient aussi

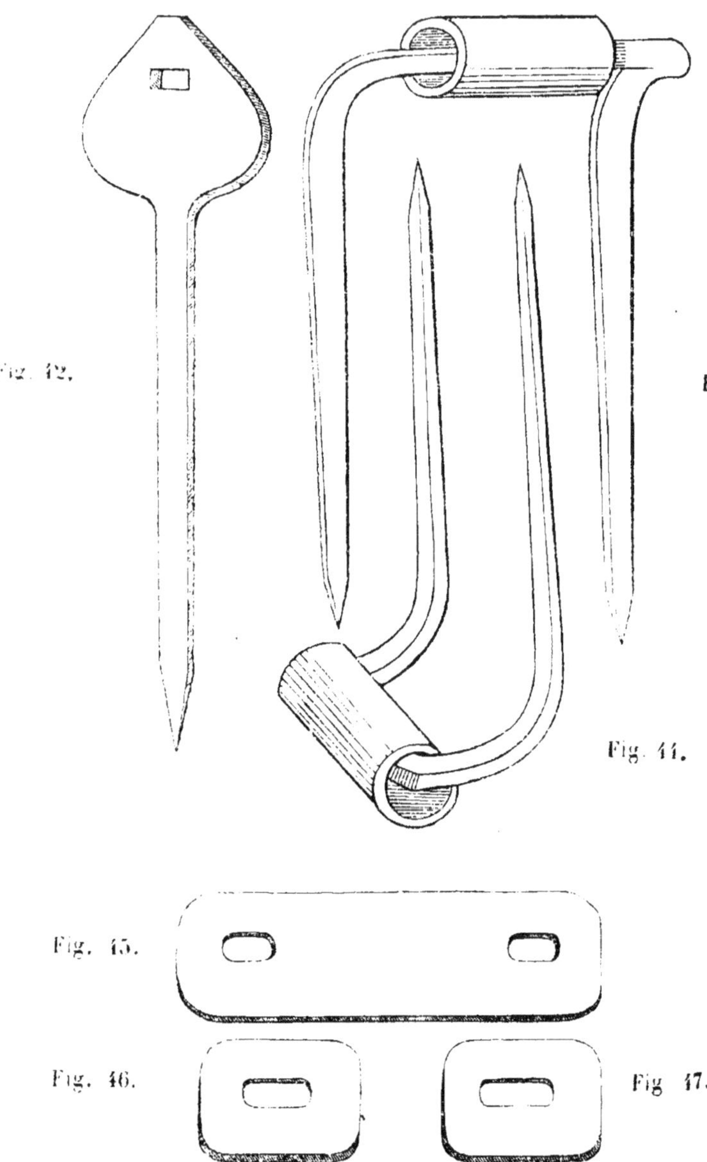

Fig. 12.

Fig

Fig. 14.

Fig. 15.

Fig. 16.

Fig 17.

Appareils pour le bouclement du porc.

Grandeur naturelle.

avons à examiner le bouclement *proprement dit*, qui est bien différent des autres moyens que nous avons énumérés.

3. *Bouclement proprement dit.* — Nous définissons ainsi l'opération qui consiste à fixer au centre ou sur les côtés du bourrelet du groin *tantôt un fil d'archal, tantôt une lame à double pointe de fer de lance, tantôt encore une lame très-pointue à une extrémité*, portant à l'autre une plaque trouée (pl. 15, fig. 42), *tantôt, enfin, une armature d'une forme particulière* (pl. 15, fig. 43), ayant deux tiges aplaties et très-pointues.

Ces pièces, ayant chacune une forme distincte, produisent des effets différents; par la même raison, leur application sur le groin doit être différente, ainsi que nous allons le dire.

Le fil d'archal, qui est formé d'une tige droite de 6 à 7 centimètres de longueur sur 2 millimètres de grosseur, est pointu aux deux extrémités. On en fait pénétrer une à la base du bourrelet, à 1 centimètre du bord libre, laquelle sort à égale distance du côté opposé, ce qui fait qu'il a une extrémité antérieure et une postérieure. On rapproche les deux et on les tord l'une sur l'autre à

étendus qu'avant l'opération, ce qui vient à l'appui des assertions de Viborg et ce qui a justifié nos prévisions.

plusieurs reprises ; après quoi, on en courbe les pointes en sens opposé, afin que, si le porc essaye de fouger, l'une ou l'autre pointe puisse le piquer.

La lame à double pointe de fer de lance sera aussi longue que le fil d'archal et aura 3 millimètres de largeur. On la fixe sur les mêmes parties du groin que le fil d'archal, et on l'y maintient de la même manière ; seulement on doit avoir l'attention de placer à plat la surface large, afin de retarder le plus possible la déchirure, de la portion du bourrelet qui est comprise dans l'anse formée par la lame, une fois qu'elle est mise en place.

Cette lame doit être faite en fer très-doux ; elle peut être faite aussi avec un morceau de fil d'archal aplati sur deux faces.

On remplace le fil d'archal et la lame à double pointe de fer de lance par un clou ; mais c'est le plus mauvais moyen de tous, que nous ne conseillons pas.

La lame à plaque trouée (pl. 15, fig. 42) est particulièrement usitée dans le département du Loiret. La tige est aplatie et a 6 à 7 centimètres de longueur sur 4 millimètres de largeur, ce qui lui donne assez de ressemblance avec la lame des clous dont on se sert pour assujettir les fers aux pieds des chevaux. La plaque, de forme un peu triangulaire, a 15 millimètres environ de côté. Cet appareil a, sur le fil d'archal comme sur la lame à doubles pointes de fer de lance, le mérite de déchirer moins promptement le bourrelet du groin, par la raison que celui-ci se trouve protégé par la plaque trouée. Pour cela, il faut avoir l'attention de faire pénétrer la pointe à la base du bourrelet, d'arrière en avant et de haut en bas. A cet effet, on se place à la droite ou à la gauche du porc, et jamais en face. On abaisse ensuite la plaque, dans l'ouverture de laquelle on engage l'extrémité pointue de la lame, et on la courbe à l'aide d'une pince ronde. Cette courbure de la lame doit consister dans un tour et demi qu'on lui fait faire de haut en bas, de telle sorte que la pointe soit dirigée vers la face inférieure du groin, qui n'est pas recouverte par la plaque. La pointe étant ainsi recourbée piquera le groin, pour peu que la bête essaye de fouger.

L'armature à double lame (pl. 15, fig. 43 et 44), que nous qualifions ainsi parce qu'elle est formée de plusieurs parties, est usitée en Bretagne. C'est à l'école impériale d'agriculture de Grand jouan que nous l'avons vue pour la première fois. Elle est, de tous les appareils dont nous avons parlé, le plus solide et le plus durable, lorsqu'elle est faite en fer doux, et qu'elle est convenablement placée. Cependant, comme elle coûte 40 centimes, on l'emploie plus rarement ; on la remplace maintenant par la lame à plaque trouée que nous avons fait connaître, et qui ne coûte que 15 centimes, ce qui ne prouve pas qu'elle soit préférable.

Essayons de décrire cette armature avant qu'on la place sur le groin.

On y considère *un corps* et deux lames *ou branches*.

Le corps, formé d'un axe cylindrique long de 28 millimètres, autour duquel roule un anneau très-mobile, d'une longueur à peu près égale à celle du corps, sert de point d'union aux deux branches.

Les deux branches, longues de 55 à 60 millimètres, larges de 5 et de 1 d'épaisseur, sont aplaties et très-pointues, ce qui dispense d'employer une alène pour percer le bourrelet du groin.

A leur jonction au corps, les branches sont courbées sur leur face la plus large, de manière à présenter un arc de 5 à 6 millimètres de rayons. Cette courbare est nécessaire pour pouvoir appliquer solidement l'appareil, en faisant que l'anneau mobile déborde de 3 à 4 millimètres l'extrémité centrale du groin.

Voici de quelle manière on placera cette armature :

Avant d'opérer, on devra la présenter sur le groin, afin d'y marquer la place de chaque branche, surtout si on se sert d'une alène pour percer le bourrelet. Dans le cas où l'on n'aurait pas besoin de cet auxiliaire, l'opérateur fera pénétrer les deux branches à la fois dans la face inférieure du groin, à 1 centimètre du bord libre et à côté des ouvertures des naseaux, de manière à ce que l'anneau mobile corresponde au centre du boutoir et le déborde de 3 à 4 millimètres, ainsi que nous l'avons déjà observé.

Immédiatement après, l'opérateur engagera dans les deux branches un morceau de cuir épais (fig. 45, 46 et 47), de 45 millimètres de longueur et de 45 de largeur, sur lequel il contournera plusieurs fois, à l'aide d'une pince ronde, l'extrémité excédante des branches, de manière à assujettir très-solidement l'appareil en empêchant toute mobilité, ce qui est d'une obligation indispensable.

Cette armature peut être faite en fil d'archal de **2** millimètres de grosseur ; seulement on aura soin d'aplatir les branches ; sans cela, elles déchireraient le bourrelet. L'anneau sera fait également en fil d'archal roulé en spirales très-rapprochées. Il faudra avoir l'attention de faire recuire au feu le fil d'archal avant de l'employer, afin de le rendre plus doux.

Passons maintenant au dernier maniement, celui que nous avons qualifié *maniement du porc gras*.

3. *Maniement du porc gras.*

Les épreuves que l'on exerce sur le porc gras ont peu d'analogie avec celles qui le sont sur le bœuf ou le mouton ; elles sont également plus restreintes, par la raison que les dépôts graisseux subcutanés, qui prennent le nom de *lard* sur le porc, ne ressemblent pas à ceux des espèces précitées et n'ont plus la même importance. Néanmoins l'engraissement du porc, comme celui du bœuf et du mouton, est soumis à l'influence de l'âge, de la race et de la conformation, ce qui nous oblige à entrer dans quelques explications à cet égard.

Nous ferons remarquer que, si jusqu'à ce jour on s'est peu préoccupé, dans les transactions commerciales, de la connaissance de l'âge du porc, le vendeur et l'acheteur s'en rapportant exclusivement à la taille, à la santé et à certaines formes de convention, l'agriculteur qui recherche les races améliorées peut-il se contenter de renseignements équivoques ou mensongers? La connaissance de l'âge n'est-elle pas, pour lui, obligatoire? Ne l'est-elle pas aussi pour le juge qui, dans un concours d'animaux reproducteurs ou de boucherie, est appelé à prononcer sur la valeur de deux concurrents égaux en conformation, en taille, en poids et en embonpoint, mais dont l'un est plus âgé que l'autre? Comment constatera-t-il la différence d'âge, s'il veut primer le plus jeune?

La connaissance de l'âge du porc est donc obligatoire.

A cet effet, nous allons essayer de décrire l'appareil dentaire incisif tel que nous l'avons étudié, l'acte de naissance à la main, sur un grand nombre de sujets de races indigènes et étrangères, et cela à partir de la naissance jusqu'à *l'âge de deux ans et demi seulement*. Nous prenons pour limites deux ans et demi, parce qu'au delà de ce terme il n'y a qu'incertitude sur les transformations des dents, à cause des difficultés que l'on rencontre à les constater sur le vivant, surtout lorsqu'on est dans l'obligation d'opérer sur des bêtes âgées, dont l'approche n'est pas sans dangers.

§ III. CONNAISSANCE DE L'AGE PAR L'INSPECTION DES DENTS.

Les auteurs qui ont écrit sur l'âge du porc ne sont pas d'accord sur l'époque où les dents caduques et les persistantes font leur évolution; ils ne le sont pas non plus sur le nombre, car MM. Girard et Viborg en comptent 44, et Desmarest père 42 sur le porc *qui a tout mis* (1).

Au point de vue zoologique, cette question de nombre peut offrir de l'intérêt; mais pour nous elle n'en a qu'un très-secondaire, puisque nous n'avons pas à consulter les molaires, dont l'accès est à peu près impossible. Aussi n'en tiendrons-nous pas compte, et alors nous distinguerons les dents à étudier 1° *en incisives, 2° crochets, 3° surdents.* Dès lors nous compterons aux deux mâchoires d'un porc de seize à dix-huit mois, par

(1) A aucune époque de la vie du porc, si ce n'est une anomalie, on ne peut compter 44 dents, par la raison que, lorsque les surdents ou avant-molaires subsistent encore, c'est-à-dire vers le vingtième ou le vingt-quatrième mois, le nombre des molaires n'est pas au complet, parce que les arrière-molaires ne sont pas sorties. Il n'y a alors que 12 molaires à la mâchoire supérieure, dont 2 avant-molaires, 10 molaires à l'inférieure et 2 surdents, soit 22 molaires, 2 surdents, 4 crochets, 12 incisives des deux âges; total, 40 dents.

exemple, 12 incisives, 4 crochets et 2 surdents, distribués ainsi :

Sur la mâchoire antérieure, 6 incisives :

2 *pinces* implantées au centre de l'arcade incisive, une à droite et l'autre à gauche de la ligne médiane ;

2 *mitoyennes* sur les côtés du bord alvéolaire, à 5 millimètres environ en arrière des pinces ;

2 *coins* plus reculés et séparés des précédentes par un intervalle de 10 à 12 millimètres ;

2 *crochets* placés à égale distance entre les coins et les premières avant-molaires.

Sur la mâchoire postérieure, 6 incisives implantées de cette manière :

2 *pinces* occupant une position centrale ;

2 *mitoyennes* rapprochées des précédentes par leur extrémité libre seulement, les unes et les autres se dirigeant d'arrière en avant et un peu de bas en haut ;

2 *coins* placés à 5 millimètres en arrière des mitoyennes ;

2 *crochets* éloignés de 10 millimètres en arrière des coins ;

2 *surdents*, dites surmolaires par MM. Girard et Viborg, placées également à 10 millimètres des crochets et à 20 des premières avant-molaires.

Sur le porc comme sur les autres espèces pré-citées, la dentition présente deux époques distinctes, l'une correspondant à l'existence des *caduques*, c'est-à-dire à partir de la naissance jusqu'au moment où apparaissent celles d'un autre ordre qui les remplacent, les persistantes, qui ouvrent la deuxième époque.

La première époque embrasse les six premiers mois de la vie du sujet; la deuxième, l'intervalle qui sépare cette époque de la fin de la deuxième année et demie révolue. Ceci entendu maintenant, jetons un coup d'œil sur la conformation extérieure des dents de lait comparée à celle des persistantes et des surdents; ensuite nous tracerons la marche de leurs révolutions successives.

Dans les deux âges, les incisives de la *mâchoire antérieure* n'ont ni la forme ni la grandeur de celles de la *mâchoire postérieure*.

Les pinces caduques, un peu aplaties d'avant en arrière, inclinées de haut en bas dans ce sens, présentent vers le treizième mois, au moment où elles vont tomber, 5 millimètres de largeur et une égale longueur hors des gencives; la face antérieure est lisse.

Les remplaçantes de la même mâchoire sont aplaties également d'avant en arrière et dirigées dans ce sens et de haut en bas; mais elles ont plus du double de la largeur des premières lorsqu'elles ont acquis tout leur développement au dehors. Avant que le bord tranchant soit usé, elles ont une longueur de 10 millimètres hors des gencives; la face antérieure est chagrinée; la table de frottement présente une cavité dont la forme rappelle celle du cornet dentaire des incisives du cheval.

Les mitoyennes caduques sont aplaties de dehors en dedans et comme couchées sur le bord alvéolaire; elles présentent dans leur plus grande largeur 7 à 8 millimètres et 3 ou 4 au plus de longueur hors des gencives.

Les mitoyennes de remplacement ont la même configuration que les pinces du même ordre; elles ont le même développement hors des gencives.

Les coins et les crochets de lait sont cylindriques, présentant 2 millimètres de grosseur, 4 à 5 millimètres de longueur hors des gencives, ayant l'extrémité noire à dater de la naissance jusqu'à leur chute.

Les coins de remplacement n'ont plus la forme des autres incisives du même ordre. La couronne, qui est très-blanche dans la partie moyenne, noire à l'extrémité, présente au bord libre trois pointes, dont une, centrale, est plus longue que les deux autres, ce qui lui donne de la ressemblance avec les pinces du chien. La racine de ces dents est simple et conique, beaucoup plus longue que le corps, qui n'a guère que 7 à 8 millimètres de longueur hors des gencives.

Les crochets caducs de la mâchoire supérieure ne diffèrent en rien de ceux de l'inférieure et des coins du même âge.

Les crochets de remplacement, dits lanières, canines, vulgairement crocs, présentent d'autres dimensions que ceux de l'âge précédent. Ceux de la mâchoire antérieure, plus courts et plus gros que ceux de la postérieure, présentent deux faces convexes, une interne et une externe, légèrement cannelées selon la longueur ; deux bords, un antérieur et un postérieur, terminés par une arête ; l'extrémité qui est hors des gencives constamment noire.

Les pinces caduques de la mâchoire postérieure sont cylindroïdes. La portion libre hors des gencives, du sixième au neuvième mois, présente une surface irrégulièrement cannelée selon la longueur, de 3 à 4 millimètres de grosseur et 8 ou 10 de développement hors des gencives. A mesure que la bête prend de l'âge, ces dents aug-

mentent de grosseur, sans s'allonger en dehors,
à cause de l'usure qu'elles subissent.

Les pinces de remplacement ont une grosseur
égale à celle des précédentes au moment de leur
chute. Leur longueur hors des gencives est de 15
à 20 millimètres. Elles présentent quatre faces,
une antérieure, une postérieure et deux latérales.
La première est profondément creusée par deux
gouttières parallèles et longitudinales, d'où résultent trois arêtes, une centrale et deux latérales.

La face postérieure est blanche et unie; les latérales sont légèrement creusées selon la longueur.

Les deux faces, antérieure et postérieure, en
se réunissant à l'extrémité libre de la dent, forment un bord tranchant à double biseau.

Les mitoyennes caduques sont conformées comme
les pinces; elles présentent hors des gencives les
mêmes dimensions; elles touchent aux pinces
par leur extrémité libre, et s'en éloignent par
leur base; elles se dirigent d'arrière en avant, de
bas en haut et de dehors en dedans.

Les mitoyennes de remplacement ont la même
conformation que celle des pinces du même âge;
elles en ont la grosseur et sortent aussi longues
en dehors des gencives. Elles sont implantées,
dans l'extrémité du maxillaire, de la même ma-

nière que les caduques, et se dirigent, comme elles, d'arrière en avant, et de dehors en dedans.

Les coins inférieurs de lait n'ont aucune ressemblance avec ceux de la mâchoire antérieure; ils ressemblent aux crochets du même âge.

Les coins adultes diffèrent entièrement des premiers par leur forme, comme ils diffèrent aussi des coins des deux âges de la mâchoire antérieure. Ils présentent quatre faces, une antérieure, une postérieure, et deux latérales, comprimées selon la longueur, se réunissant pour former le bord libre, taillé en biseau un peu pointu avant d'avoir rasé.

Les crochets de la mâchoire postérieure ressemblent à ceux de l'antérieure, à partir de la naissance jusqu'à leur remplacement. Comme eux, ils s'usent à leur extrémité libre avant d'être remplacés.

Les crochets de remplacement de la mâchoire postérieure sont triangulaires; conséquemment ils présentent trois faces, une interne, légèrement cannelée longitudinalement, convexe transversalement; une externe, qui est aplatie, et une postérieure, qui l'est également; trois bords, un antérieur et deux postérieurs, dont un interne et l'autre externe, se réunissant pour former l'extrémité libre de la dent, dont la couleur est la même sur toute sa surface extérieure.

Ces dents acquièrent, jusqu'à l'âge de trois ans, une longueur considérable, qui fait qu'elles soulèvent la lèvre supérieure, abaissent l'inférieure, et se montrent au dehors. Ces dents sont plus développées sur le verrat que sur la truie et sur le porc castré.

Les surdents, molaires supplémentaires, surincisires inférieures de M. Girard, *surmolaires* de M. Viborg, sont éloignées, en arrière des crochets, de 10 millimètres, et de 20 en avant environ des premières avant-molaires. Ces dents, dont la portion libre ressemble à celle des coins de la mâchoire antérieure, diffèrent néanmoins de ceux-ci par la racine, qui est double, tandis qu'elle est simple dans les coins. Elle a donc plutôt de l'analogie avec les premières avant-molaires caduques.

Examinons actuellement ce qui se passe durant ces deux âges sur l'appareil dentaire, dont les transformations s'opèrent, dans cette espèce, d'une manière entièrement contraire à ce qu'on voit dans les autres.

Première époque, caractérisée par la présence des dents caduques.

Première période, correspondant à la naissance.
Mâchoire antérieure : 2 crochets, 2 coins.

Mâchoire postérieure : 2 crochets, 2 coins.

Deuxième période, correspondant au vingtième jour de la naissance.

Mâchoire antérieure : 2 crochets, 2 coins.

Mâchoire postérieure : 2 pinces, 2 coins, 2 crochets.

Troisième période, correspondant au quarante-cinquième jour de la naissance.

Mâchoire antérieure : 2 pinces, 2 coins, 2 crochets.

Mâchoire postérieure : 2 pinces, 2 mitoyennes apparaissent, 2 coins, 2 crochets.

Quatrième période, correspondant au deuxième mois.

Mâchoire antérieure : 2 pinces, 2 mitoyennes, 2 coins, 2 crochets.

Mâchoire postérieure : 2 pinces, 2 mitoyennes, 2 coins, 2 crochets.

A cette époque, le porcelet a toutes ses dents de lait, qui présentent, hors des gencives, une longueur de 4 à 5 millimètres, excepté les mitoyennes supérieures, qui n'en ont que quatre au plus, s'allongeant toujours jusqu'au quatrième mois.

Cinquième période, correspondant au quatrième mois inclusivement.

Mâchoire antérieure : usure des coins et des crochets.

Mâchoire postérieure : usure des crochets, des coins et des pinces.

Deuxième époque, caractérisée par la chute des coins de lait et l'éruption de la surdent de la mâchoire postérieure.

Première période, correspondant au sixième mois.

Mâchoire antérieure : 2 pinces caduques usées obliquement, ayant 6 millimètres de longueur hors des gencives ; 2 mitoyennes un peu usées ; 2 coins remuant, prêts à tomber ; 2 crochets usés, prêts à tomber.

Mâchoire postérieure : 2 pinces caduques usées, ayant 3 millimètres de grosseur, 10 de longueur hors des gencives ; 2 mitoyennes usées obliquement, ayant aussi 3 millimètres de grosseur, aussi longues que les précédentes hors des gencives ; 2 coins de remplacement commençant à paraître ; 2 surdents sorties hors des gencives, de 3 millimètres environ.

Deuxième période, correspondant du huitième au douzième mois.

Mâchoire antérieure : 2 pinces caduques usées,

ayant 5 millimètres de longueur hors des gencives ; 2 mitoyennes caduques usées obliquement ; 2 coins de remplacement ayant 5 millimètres de hauteur hors des gencives ; 2 crochets de remplacement ayant 4 à 5 millimètres de longueur hors des gencives et l'extrémité noire.

Mâchoire postérieure : 2 pinces caduques cylindroïdes de 4 millimètres de grosseur et 8 à 9 millimètres de longueur hors des gencives, usées en biseau à la face antérieure de bas en haut et d'avant en arrière ; 2 mitoyennes caduques ayant la même forme que les précédentes et aussi grosses, usées obliquement, en dehors, de haut en bas ; 2 coins de remplacement n'ayant pas éprouvé d'usure, étant sortis de 5 millimètres hors des gencives ; 2 crochets de remplacement sortis de 6 à 7 millimètres hors des gencives ; 2 surdents entièrement sorties, ayant 6 millimètres hors des gencives.

Troisième période, correspondant au quinzième mois.

Mâchoire antérieure : 2 pinces de remplacement sorties de 9 à 10 millimètres hors des gencives, l'extrémité libre étant intacte ; 2 mitoyennes caduques usées, sorties de 3 millimètres hors des gencives ; 2 coins de remplacement un peu

usés; 2 crochets adultes sortis de 10 millimètres
et noirs hors des gencives.

Mâchoire postérieure : 2 pinces d'adulte sorties
de 8 millimètres environ hors des gencives; 2 mitoyennes caduques de 10 millimètres de longueur, usées obliquement à la face postérieure; 2 coins de remplacement sortis hors des gencives de 8 millimètres environ, taillés à double biseau incliné d'avant en arrière; 2 crochets d'adulte sortis de 20 millimètres hors des gencives; 2 surdents sorties hors des gencives de 7 millimètres environ et légèrement usées.

Quatrième période, correspondant du vingtième au vingt-quatrième mois.

Mâchoire antérieure : 2 pinces de remplacement longues de 10 millimètres hors des gencives sur 15 de largeur; 2 mitoyennes caduques vacillantes prêtes à tomber ou tombées; 2 coins d'adulte un peu usés au bord tranchant du biseau; 2 crochets d'adulte sortis hors des gencives de 15 millimètres et noirs dans cette surface.

Mâchoire postérieure : 2 pinces d'adulte sorties de 15 millimètres hors des gencives, un peu usées au bord libre; 2 mitoyennes du même âge à peu près de même longueur hors des gencives, usées obliquement en dehors et de côté; 2 coins de cet âge sortis de 8 millimètres environ et un peu usés ; 2 crochets de remplacement sortis de 20 à 25 millimètres ; chute des surdents, point de trace après elles.

Cinquième période, correspondant du vingt-quatrième au trentième mois.

Mâchoire antérieure : 2 pinces un peu usées à la table de frottement ; 2 mitoyennes encore intactes ; 2 coins un peu usés antérieurement ; 2 crochets usés au bord antérieur, contournés en croissant d'avant en arrière.

Mâchoire postérieure : 2 pinces usées au bord tranchant et à la face antérieure ; 2 mitoyennes usées au même bord que les pinces, et obliquement en dehors ; 2 coins usés de 3 millimètres environ ; 2 crochets un peu moins aigus, usés au bord postérieur qui frotte contre l'antérieur des crochets de l'autre mâchoire.

La bouche du porc de cet âge porte toutes les dents d'adulte, ce qui fait dire alors que *l'animal a tout mis.*

Telle est la marche régulière qui existe dans l'éruption et la succession des dents du porc aux deux époques de sa vie ; seulement on remarquera qu'en naissant il porte les crochets, qui ne se montrent chez le cheval qu'à une autre époque.

Viennent ensuite les coins, les pinces, et enfin les mitoyennes, tous dans un ordre inverse de ce qui se passe sur le cheval. C'est aussi dans ce même ordre que se fait le remplacement de ces dents.

On remarquera encore que la surdent de la mâchoire postérieure, qui, en réalité, est une molaire *surnuméraire*, paraît à six mois, tombe vers le vingtième de la vie du porc, et n'est pas remplacée.

La chute et le remplacement des dents caduques n'ont pas toujours lieu régulièrement, car il arrive qu'une ou plusieurs dents caduques restent en place quelques mois après le temps expiré, comme aussi plusieurs tombent et sont remplacées plutôt qu'elles ne devaient l'être. Dans les deux cas, ce sont des anomalies dont on doit tenir compte, sans se préoccuper des causes qui y donnent lieu.

La connaissance de l'âge du porc sera facile, en se pénétrant des caractères propres des deux ordres de dents, des caduques et des remplaçantes, et en se renfermant dans les limites d'âge que nous avons fixées, à partir de la naissance jusqu'à deux ans et demi révolus.

§ IV. EXPLORATION DE L'APPAREIL DENTAIRE.

Cette épreuve est un véritable maniement, qui a de plus que celui que l'on exerce, en pareille circonstance, sur les autres espèces, d'exiger des mesures de contention particulières. Ainsi, plutôt que d'abattre la bête, on agira de la manière que nous l'avons prescrit pour le bouclement, à savoir qu'on se servira d'une corde, que l'on placera dans la bouche du porc, et qui y sera maintenue à l'aide d'un nœud coulant. On devra encore recourir à un autre auxiliaire pour tenir ouverte la bouche du porc, de manière à pouvoir en toucher les dents sans danger.

Cet auxiliaire consiste dans un morceau de bois plat, de peuplier ou toute autre essence analogue, ayant 30 centimètres de longueur sur 6 ou 7 de largeur et 2 d'épaisseur, dont une extrémité aura la forme d'une poignée, qui devra être tenue à la main; l'autre sera terminée un peu en pointe, pour pouvoir être aisément engagée entre les mâchoires (fig. 48).

L'explorateur, placé au côté du porc qui sera le plus à sa commodité, engagera l'extrémité pointue de la planchette entre les deux mâchoires, déjà éloignées l'une de l'autre par la traction de la corde, et la placera, sur sa plus grande largeur, derrière les crochets, afin de donner à l'ouverture de la bouche une grande étendue, qui lui permette d'embrasser d'un coup d'œil les faces interne et externe des arcades incisives. Pour que l'explorateur ait toute la liberté de ses mains, la poignée de la planchette sera confiée à l'aide, qui devra se débarrasser de la corde en la fixant à un point solide.

Cette exploration de la bouche du porc jeune présente peu de difficultés ; mais il n'en est pas de même de celle d'un verrat ou d'une vieille truie. C'est pourquoi nous répétons, à cette occasion, ce que nous avons prescrit pour toutes les épreuves qui sont exercées sur les animaux : *qu'on ne saurait s'entourer de trop de précautions pour se mettre à l'abri de tout danger.*

§ V. CONSIDÉRATIONS SUR L'ÉCONOMIE DU PORC.

Examinons maintenant jusqu'à quel point la race et la conformation peuvent avoir de l'importance dans l'engraissement du porc : à cet effet, jetons un coup d'œil rapide sur quelques-unes de nos races indigènes.

Ces races forment deux grandes familles qui se distinguent : l'une, par des oreilles larges et pendantes, par un corps long, volumineux, souvent horizontal ; l'autre, par des oreilles étroites et pointues, par un corps court, une avant-main peu développée, une ligne dorsale arquée et une croupe avalée.

La première a le pelage blanc unicolore, rarement taché de marques noires ou fauves ; elle habite les pays de plaines, les riches vallées, où abondent les ressources alimentaires de toute nature.

La deuxième a la robe bicolore, noir et blanc, quelquefois mi-partie noir et blanc, d'autres fois tachée de noir ou noir zain ; elle vit dans les montagnes, les pays boisés, où elle trouve, dans certaines saisons, des racines, dont elle est avide ; des fruits, des glands, des faînes et des châtaignes. Cette race est la seule qui puisse aller à la glandée, à cause de la conformation et de la direction de ses oreilles, qui lui permettent de chercher sa nourriture dans les fourrés et de s'y frayer des chemins.

La race la plus remarquable de toutes celles qui ont les oreilles larges et pendantes, c'est, sans contredit, la *craonnaise,* qui peut, à bon droit, en être considérée comme le type. C'est dans le canton de *Cossé-le-Vivien* qu'on trouve la plus pure, l'unique ; car il n'y a pas deux races *craonnaises,* une grande et une petite, comme quelques écrivains l'ont dit, ce que nous avons vérifié sur les lieux, auprès d'hommes très-bien informés. Le beau type se distingue particulièrement par l'ampleur du corps, de l'avant-main surtout, par une forte ganache et la brièveté de la tête, par la rectitude de la ligne dorso-lombaire et le peu de longueur des membres.

« La qualité de nos cochons, dit M. Jamet, tient à plusieurs causes : d'abord ils sont bien nourris, ensuite on n'élève que des bêtes de choix, chaque portée donnant plus de petits qu'on ne doit en garder. Il faut encore ajouter que les animaux se maintiennent assez tendres, parce qu'ils se reproduisent jeunes. Il y a plus de profit à engraisser ces animaux jeunes qu'à les conserver deux ans pour la reproduction. Je ne vois pas quel bénéfice il y aurait à garder ces cochons, qui, bien nourris, peuvent donner 125 à 130 kilogr. de chair et de graisse, et même 160 kilogr. à l'âge de dix mois (1). »

Dans la moyenne, ainsi que dans les départements de l'ouest, on est dans l'usage de ne demander qu'une portée à une truie, qu'elle soit ou ne soit pas nombreuse, que la mère soit bonne ou mauvaise nourrice. Dès que les petits sont

(1) *Cours d'agriculture pratique*, par Em. Jamet, page 397.

sevrés, à huit ou dix semaines, la mère est castrée, engraissée et livrée à la consommation. Une
jeune femelle, qui a été choisie dans une portée du printemps, succède à celle-ci, et, à six
mois à peu près, elle est conduite au verrat.

« D'après M. Jamet, les truies mettent bas à
un an au plus tard, et les mâles n'ont guère que
sept à huit mois quand ils commencent à *servir*.
Les truies portières de deux ans sont extrêmement rares ; les verrats ne vont jamais au delà
d'une année. Les truies portières sont ordinairement gardées dans chaque ferme et engraissées
pour la provision du ménage : on les abat à la
fin de l'automne ou au commencement de l'hiver ;
elles ont alors dix-huit à vingt mois, et elles pè-
sent de 175 à 250 kilogrammes. »

La lutte commence fin septembre et est terminée fin janvier. Pendant ce temps-là, le verrat est fortement nourri.

M. Hippolyte Pelletier, agriculteur recomman-
dable de *Craon,* nous disait à ce sujet : *Le nombre des verrats employés à la monte, chaque année,
dans le canton de Craon, qui est composé de treize
communes, ne s'élève guère qu'à 8 ou 9. Chaque
verrat ne reçoit pas moins de 350 truies, qui
payent chacune 1 fr. 25 c. la lutte.*

Dans les autres contrées de la France, dans le centre principalement, on entretient, par métairies ou fermes, plusieurs truies portières, que l'on garde deux ou trois ans, si elles sont fécondes. Quand on les réforme, on les fait castrer, et on se comporte comme dans l'ouest pour le parti que l'on retire de la chair et du lard, qui, sans cela, ne peuvent être livrés qu'à la basse charcuterie.

Une des causes qui font que l'on recherche la race à oreilles larges et pendantes, plutôt que celle qui les a droites et étroites, là où la première existe, c'est qu'on trouve que les porcelets prennent, dans un temps donné, un accroissement rapide et un poids plus élevé que ceux de l'autre race, ce qui permet à l'éleveur de première main de réaliser, sur un porc de six à huit mois, un prompt bénéfice, laissant à un autre le soin d'achever de l'élever et de l'engraisser, comme il l'entendra.

Les porcs de la Mayenne, de Maine-et-Loire et d'Indre-et-Loire vont approvisionner les marchés de la Beauce et du Gâtinais, pour y être engraissés à un an ou quinze mois au plus, c'est-à-dire à un âge où l'accroissement n'est pas achevé, d'où il résulte que l'engraissement n'est qu'ébauché. Cela tient à ce que le consommateur ne prise pas la chair grasse et le lard épais, dit *lard à piquer*.

Ce que nous avons dit de l'élevage du porcelet de la race à oreilles larges du Maine et de l'Anjou a lieu dans le Bourbonnais et la Limagne d'Auvergne. Les porcs de six à neuf mois sont vendus aux Lorrains, qui viennent les acheter sur les lieux, ou sont conduits dans le Cantal, où on les désigne sous le nom de *cochons de Bourbonnais*. *A Maurs,* ils sont engraissés concurremment avec les porcs de la race à oreilles droites, que l'on tire de la Creuse et de la Haute-Vienne, qui engraissent mieux et qui donnent une chair et un lard plus fins ; seulement ils le sont du dix-huitième au vingt-quatrième mois.

Nous nous sommes étendu longuement, peut-être, sur ce sujet ; mais nous l'avons fait dans la pensée de mettre le lecteur à portée d'apprécier la valeur de nos races indigènes, d'établir des rapprochements entre elles et celles améliorées de l'Angleterre, le berkshire, le suffolk, le leicester, ou toute autre issue du sang indien, et par ce moyen de fixer les différents degrés d'engraissement d'un porc.

Avant l'âge d'un an, le porc des races indi-

gènes les plus précoces, la *craonnaise* et la *cha-
rolaise,* n'engraisse que jusqu'à un certain point ;
il prend plus de taille et de chair que de graisse.
Il est bien inférieur, à cet égard, au cochon des
races anglaises. M. Jamet a constaté, tout récemment, qu'un deuxième croisement leicester-
craonnais donnait, à partir de la naissance jusqu'à la mort, 150 kilogrammes de poids, quand
un craonnais de même âge, à nourriture égale
et dans le même temps, n'en donnait que 100.

Nous pourrions ajouter bien d'autres faits, que
nous avons été en position d'observer sur plusieurs races anglaises que nous avons possédées
longues années, ainsi que sur les produits des
croisements que nous en avons obtenus avec la
normande et la craonnaise.

Le porc jeune qui n'est pas encore gras est dit
porc frais, petit salé. Dans cet état, il diffère peu
du goret, de huit à douze semaines, qui a eu
une bonne nourrice et a reçu, comme supplément, une bonne alimentation ; seulement la chair
et la graisse du porc frais ont plus de maturité,
quoique, partout où se porte la main, la graisse
subcutanée se présente à l'état de formation. Il en
est de même de celle de l'intérieur, qui ne fait
qu'apparaître, à en juger par le peu de volume

du ventre, le défaut d'ampleur de la croupe et de l'abaissement de la culotte.

Cet aspect n'est plus celui du porc gras de vingt-quatre à trente mois, qui a été abondamment nourri à l'aide de substances appropriées à son état : son corps, massif et lourd, comme sa marche, offre, dans toutes ses parties, des surfaces vastes et arrondies, particulièrement dans la région dorso-lombaire, où la main trouve cette masse épaisse et compacte de lard qui le distingue éminemment du *porc frais*.

On n'exerce qu'un seul maniement sur le porc gras : il consiste à appuyer toute l'étendue de la main sur les régions du dos, des lombes et de la croupe, dans l'intention d'en mesurer la surface et d'en apprécier la densité. C'est là que se forme le lard le plus épais et le plus ferme, le plus compacte.

A la rigueur, on peut encore rechercher, sur le porc gras, les maniements *du paleron, du contre-cœur, de l'entre-cuisse* et *du dessous,* parce que dans ces parties il se forme des dépôts graisseux, qui donnent aux jambons cette épaisseur qui en fait un des principaux mérites. Le dernier de ces maniements a pour objet, surtout, d'annoncer de la graisse intérieure, qu'on désigne sous le nom de *saindoux* ou de *panne*.

A ces témoignages, on peut en ajouter d'autres tirés de la répugnance que l'animal manifeste à se lever lorsqu'il est couché, de la difficulté qu'il a à marcher, même pour se rapprocher de son auge.

Dans ce qui a été dit du porc gras, nous n'avons pas fait de distinctions de sexe; cependant il existe une grande différence de valeur entre la viande de la femelle et celle du mâle, ce qui fait que la truie grasse est vendue 10 pour 100 de moins que le porc qui a été castré jeune. Quant à la chair et à la graisse du verrat, elles n'ont qu'une valeur culinaire médiocre. Si le verrat est castré à un an ou au delà de cet âge, sa chair et le lard ne peuvent être consommés qu'après que l'animal a été engraissé, c'est-à-dire plusieurs mois après avoir été opéré.

Quel que soit l'intervalle que l'on mette entre cette opération et l'abatage, la viande est toujours d'une qualité inférieure, qui l'exclut de la fourniture des salaisons de la marine. Il en est de même de celle de la truie.

D'après ce qui précède, on voit que la castration a une influence d'autant plus puissante sur la qualité de la viande et du lard qu'elle a été faite dans les premiers mois de la vie du sujet.

Dans aucun cas, on ne doit acheter une bête grasse ou à engraisser, qu'au préalable on n'ait exploré, sur le mâle, la peau des fesses, qui correspond à la place qu'occupent les testicules chez le verrat; sur la femelle, les trayons et la peau du ventre. Sur le verrat castré, la peau de l'entre-cuisse reste flasque et plissée; sur la truie, les mamelons conservent d'autant plus de longueur, et la peau des mamelles reste d'autant plus lâche et plissée, que les portées ont été plus nombreuses ou l'allaitement plus prolongé.

Il est bien difficile d'acquérir la certitude qu'une truie a été castrée, même en retrouvant les traces de l'incision faite à la peau du ventre. Sans doute, la cicatrice de cette plaie est une forte présomption que la castration a eu lieu, mais elle ne prouve pas que l'opération a été faite dans les conditions requises, que les ovaires ont été enlevés et que la truie ne deviendra plus en rut.

Nous terminerons ce sujet en invoquant, à l'appui de ce que nous avons dit sur les moyens d'apprécier la valeur d'un porc gras, l'autorité de **H. Stephens**.

§ VI. Manière d'apprécier un cochon gras en Angleterre, d'après H. Stephens.

« Pour apprécier les cochons gras, nous n'avons qu'à appliquer les règles que nous avons données pour le bœuf. En examinant la fig. 17, pl. 9, p. 256

Fig. 49.

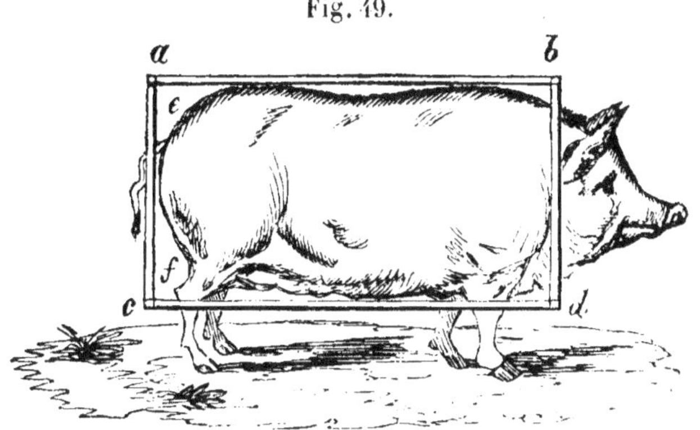

(bœuf), nous sommes frappés du rapprochement qui existe entre la forme d'un porc gras bien fait et celle d'un bœuf gras. Le cadre rectangulaire en bois (*a b c d*) qui entoure le corps est presque rempli, comme dans la figure du bœuf. Les seuls points de différence sont dans les quartiers de derrière, lesquels, chez le cochon, tombent, d'habitude, brusquement, comme on le voit au point *e* (1) :

______

(1) Cette déclivité brusque dont parle l'auteur est une défectuosité inhérente aux races qui n'ont pas été améliorées ou qui laissent encore à désirer, à cet égard, sur la conformation. Dans les

de même aussi les jambons s'affaissent plus sou-
dainement vers les jarrets, au-dessous de la queue,
en *f*, que dans le bœuf. En regardant le cochon par
devant et par derrière, le corps se montre plus
arrondi que celui du bœuf, et le cadre imaginaire
offre plus de vides, fig. 17, 18 et 19 (du bœuf).
En considérant le derrière du cochon comme
pour le bœuf, fig. 19, on observera que le corps
est plus largement fourni de l'épaule à la hanche.
On se sert généralement peu de la main pour apprécier un cochon ; la peau, étant généralement
épaisse et toujours serrée, ne cède pas ordinairement au toucher, quoique, chez un animal fin,
le cuir et le lard se prêtent au maniement des
doigts, et reprend immédiatement sa position par
son élasticité. Le corps doit être couvert de longs
poils couchés le long de la peau (1). L'épaule,
les hanches, le dos, le derrière des épaules et
les flancs sont des points toujours très-bien remplis chez un bon cochon. »

races Leicester et coleshill, la ligne dorso-lombaire est droite jusqu'à la base de la queue; l'obliquité de la croupe est peu sensible.

(1) Dans les races françaises, les soies grosses et longues sont
considérées comme un défaut. Dans la race coleshill, c'est un caractère distinctif de race. Dans celles de Leicester, Suffolk et Essex,
ce serait un signe de bâtardise.

Nous nous arrêtons, sans prétendre avoir épuisé tous les sujets que nous avons abordés. Que d'autres nous imitent, qu'ils apportent à l'œuvre du progrès le fruit de leur savoir et de leur expérience; et nous atteindrons un jour, qui n'est pas éloigné, le but vers lequel tendent tous nos vœux, la prospérité de l'agriculture, et par elle celle du pays.

COUPE DU BŒUF A PARIS (1).

(PL. 16.)

NOMS DES MORCEAUX.	PRIX du kilogramme de chaque morceau.	POIDS de chaque morceau pour un bœuf gras de race normande, saintongeoise ou choletaise, du poids de 457 kilog., chair nette.		PROPORTION des morceaux au poids sur 100 kilogr. de chair nette.	
	f. c.	kil.			
1re Qualité.					
1 Tende de tranche (partie intérieure).	1,50	20		4,4 %	
2 Pointe de culotte...	1,50	30		6,5	
3 Tranche grasse (partie extérieure)....	1,50	20		4,4	
4 Aloyau..........	1,50	50		11,0	
5 Filet (partie intér.)..	3 à 3,20	7		1,5	
6 Gîte à la noix......	1,50 à 1,60	15		3,2	
Total de la 1re qual.	....	......	142	......	31,0 %
2e Qualité.					
7 Paleron..........	1,10 à 1,20	70		15,2 %	
8 Talon de collier (partie inférieure)....	1,20 à 1,30	5		1,1	
9 Côtes...........	1,10 à 1,50	45		9,9	
Total de la 2e qual.	....	......	120	......	26,2 %
3e Qualité.					
10 Plates-côtes ou plat de côtes........	0,90	25		5,5 %	
11 Collier...........	0,90 à 1	35		7,5	
12 Pis de bœuf (basse boucherie).......	0,80 à 0,90	75		16,2	
13 Gîte, { memb. de derr. { memb. de dev.	1 / 0,90	15 } 25 / 10 }		5,5	
14 Tête ou joue......	0 50 à 0,60	10		2,4	
15 Surlonge (part. int.).	0,70 à 0,80	10		2,4	
16 Rognons de graisse (partie intér.)....	1 à 1,10	15		3,3	
Total de la 3e qual.	....	......	195	......	48,8 %
			457		100 %

(1) Extrait du *Traité de la race de Durham*, par M. Lefèbvre-Sainte-Marie, p. 315.

(PL. 16.)

Fig. 50.

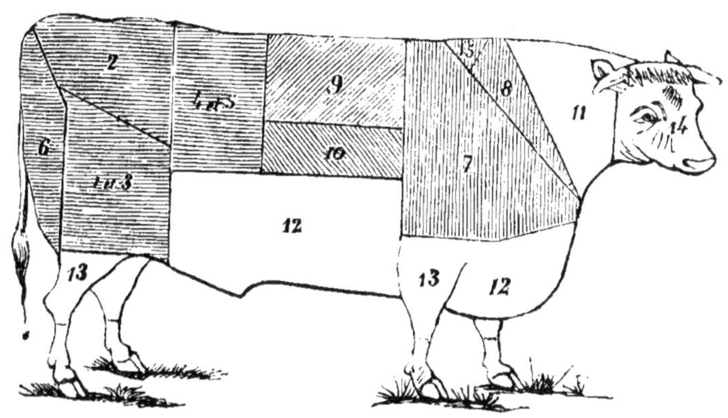

Paris.

COUPE DU BOEUF A LYON.

(PL. 17.)

NOMS DES MORCEAUX.
1 Tête.
2 Collet.
3 Cœur de côtes.
4 Épalard.
5 Basses côtes.
6 Gremot.
7 Courtes côtes.
8 Section des quartiers.
9 Trinquette.
10 Petits os.
11 Hampe.
12 Aloyau.
13 Cime d'aloyau.
14 Coire.
15 Veine.
16 Filet.
17 Leiche.

Fig. 51.

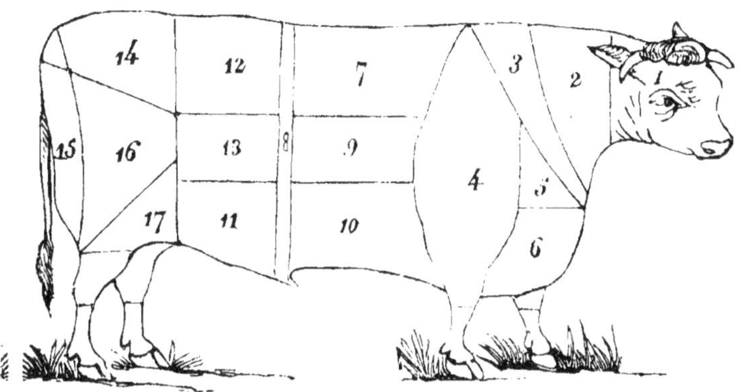

Qualité unique.

Lyon.

COUPE DU BOEUF A BORDEAUX.

(PL. 18.)

DIVISIONS PRINCIPALES.	POIDS pour un bœuf agénois.	SUBDIVISIONS.	POIDS.	PRIX du kilog. de chaque morceau.
	k.		k.	f. c.
1re Qualité.				
1 Esquinos.........	134	Côtes fines........	44	1, »
		Aloyau.	46	1,40
		Couhaut (culotte).	44	1,20
2 Cuisse.........	138	Dessus...	42	1,20
		Ouverture.	30	1, »
		Dessous........	56	1,30
		Os sortis........	10	0, »
Poids total de la 1re qualité.	...272			
2e Qualité.				
3 Capram.........	172	Aiguillette.......	20	1, »
		Veine..........	20	0,90
		Caprain	52	1, »
		Entre-côtes......	80	0,90
Poids total de la 2e qualité.	...172			
3e Qualité.				
4 Flanchet.	72	Suif...........	36	1, »
		Flanchet........	36	0,90
5 Poitrine.........	76	Suif...........	26	1, »
		Poitrine........	50	0,70
6 Épaule.........	56	Épaule.........	42	0,70
		Jarret.........	14	0,50
7 Col.........	38	Col	38	0,50
8 Jarret.........	16	Jarret.........	16	0,50
Rognon.	50	Rognon........	50	1, »
Poids total de la 3e qualité.	...308			
Poids total des trois qualités.	...752		752	

Fig. 52.

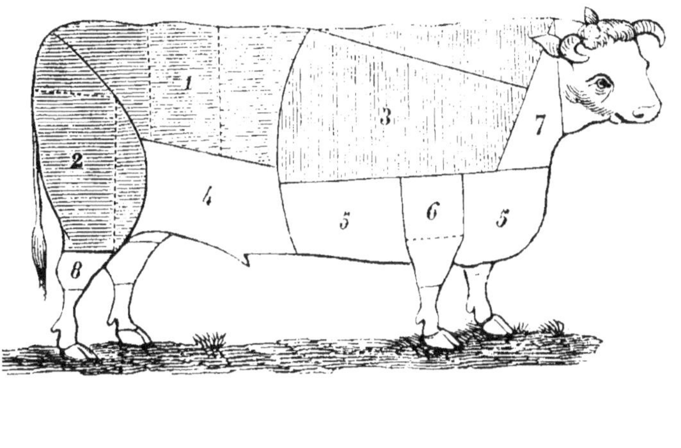

1re qualité.   2e qualité.   3e qualité.

Bordeaux.

COUPE DU BOEUF A LILLE.

(PL. 19.)

NOMS DES MORCEAUX.	PRIX du kilogramme de chaque morceau.	POIDS de chaque morceau pour un bœuf gras de Flandre du poids de 458 k., chair nette.		PROPORTION des morceaux au poids sur 100 kilog. de chair nette.	
	f. c.	k.	k.		
1ʳᵉ Qualité.					
1 Filet (partie intérieure)....	2,80	6,8		1,5 %	
2 Culotte.................	1,40	32		7	
3 Côtes	1,40	35		7,5	
4 Aloyau	1,80 à 1,40	28,2		6	
5 Tende de tranche, dite nœud du roi et pièce ronde....	1,30 à 1,40	16		3,5	
6 Tranche grasse, dite bran et dessus de culotte.....	1,30 à 1,40	26		6	
TOTAL de la 1ʳᵉ qualité.	....	.....	144	.....	31,5 %
2ᵉ Qualité.					
7 Surlonges, dites côtes ou croquart et découvertes.	1,20 à 1,30	42,6		9,3 %	
8 Raccourcis épais ou épaisses raccourcissures........	1,20 à 1,30	27		6	
9 Haut de grasset dit l'Y et Y.	1,20 à 1,30	22		4,7	
TOTAL de la 2ᵉ qualité.	....	.....	91,6	.....	20 %
3ᵉ Qualité.					
10 Épaule..............	1,20	44			
11 Plates-côtes dites minces et moyennes raccourcissur	1,20	30			
12 Flanchets............	1,20	31			
13 Pis de bœuf ou poitrine, poitrine ou tendon......	1,10 à 1,20	42,4			
14 Collier, dit atteinte et découvert..............	0,80 à 0,00	24			
15 Trumeau { jarret de derr. } dit mu- ou gîte. { jarret de dev. } teau ..	0,80 0,80	30 21			
TOTAL de la 3ᵉ qualité.	....	.....	222,4	.....	48,5 %
TOTAL des trois qualités.	....	.....	458	.....	100 %

(PL. 19.)

Fig. 53.

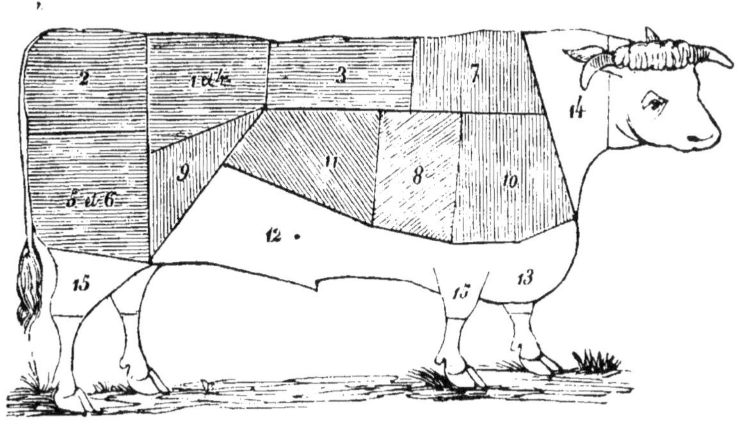

1re qualité.

2e qualité

3e qualité.

Qualité inter-
médiaire
entre la 1re et
la 2e.

Qualité inter-
médiaire
entre la 2e et
la 3e.

Lille.

COUPE DU BOEUF A NIMES.

(PL. 20.)

<table>
<tr><td>NOMS DES MORCEAUX.</td></tr>
</table>

1re Qualité.

1   Fausses côtes, filet et aloyau.

2   Cuisse.

2e Qualité.

4   Poitrine.

9   Côtes basses.

10   Côtes couvertes.

6   Grumeau.

7   Épaule.

3e Qualité.

8   Collet.

5   Peau du flanc.

3   Muscles du ventre.

Nota. — Quartier de derrière, trois morceaux : nᵒˢ 1, 2, 3; quartier de devant, sept morceaux : nᵒˢ 4, 5, 6, 7, 8, 9, 10.

(PL. 20.)

Fig. 54.

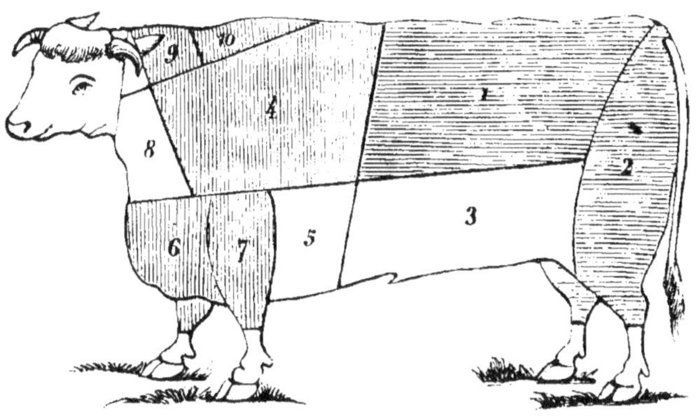

1re qualité.　　2e qualité.　　3e qualité.

Nimes.

COUPE DU BOEUF A NANTES.

(PL. 21.)

NOMS DES MORCEAUX.	PRIX du kilogr.	POIDS présumé de chaque morceau.		VALEUR du morceau.	RENDEMENT des trois qualités.
	f. c.	kil.	kil.	f. c.	
1re Qualité.					
1 Aloyau, filet intérieur ..	1	30		30	
2 Bœuf de queue, ou culotte...............	0,90	36		32,40	
3 Côtes de bœuf couvertes.	0,90	30		27	
4 As de pique.	1	4		4	
5 Noix de bœuf grasse....	0,90	18		16,20	
TOTAL de la 1re qualité.	......	....	118	......	109,60
2e Qualité.					
6 Talon de bœuf.........	0,85	14		11,50	
7 Basses côtes, partie d'épaule comprise.......	0,85	35		29,76	
8 Poitrine de bœuf ou milieu de poitrine......	0,80	24		19,20	
TOTAL de la 2e qualité.	......	...	73	......	60,45
3e Qualité.					
9 Devant de poitrine, gros bout ou moucheron...	0,80	34		27,20	
10 Basse poitrine, fuseau ou bréchet.	0,80	30		24	
11 Flanc ou la longère.....	0,80	20		16	
12 Collet..............	0,60	21		12,60	
13 Mâchoire, langue comprise................	0,60	4		2,46	
14 Trumeaux de jambes....	0,60	40		24	
TOTAL de la 3e qualité.	......	....	149	......	106,20
PRODUIT des totaux...	......	....	340	......	276,26

Fig. 55.

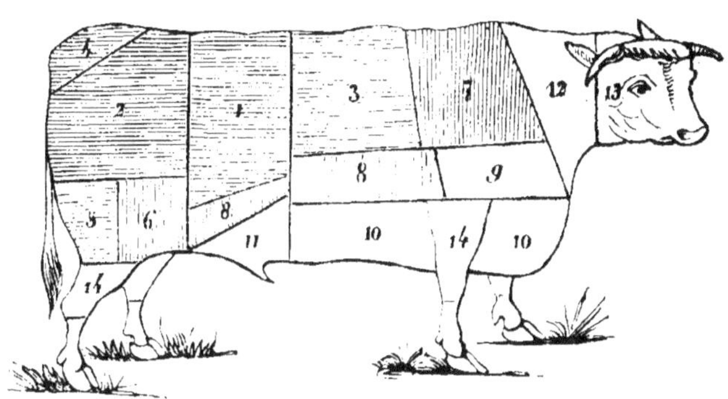

1re qualité.

2e qualité.

3e qualité.

Nantes.

COUPE DU BOEUF A LONDRES.

(PL. 22.)

NOMS DES MORCEAUX.	PRIX de la livre anglaise de 543 gramm. exprimée en pence (10 centimes).	POIDS de chaque morceau pour un bœuf courte-corne de l'âge de 4 ans et de qualité ordinaire, sur le marché, pesant 1,032 livres anglaises ou 467 kil. 496 gr., chair n tte.	
	pence.	livres angl.	livres angl.
1re Qualité.			
1 Sirloin (aloyau, filet)... ..	7	144	
2 Rump, (culotte.........	8	72	
3 Ditch bone, pointe de culotte..	6 1/2	32	
4 Buttock, gîte à la noix.... .	6 1/2	112	
10 Fore ribs	7	112	
TOTAL de la 1re qualité	....	.....	472
2e Qualité.			
6 Veiny piece, tende de tranch.	5 à 6	56	
7 Thick flank, tranche grasse..	5 à 6	»	
5 Mouse buttock (pointe du gîte à la noix)	5 à 5 1/2	24	
11 Middle ribs (côtes moyennes) (4 côtes)	5	120	
13 Shoulder (paleron, part. extér.)	5	48	
TOTAL de la 2e qualité.	....	.....	248
3e Qualité.			
8 Thin flank (pis de bœuf......	4 à 5	72	
12 Chuck (3 côtes antérieur., partie interne sous le paleron).	4 à 5	44	
14 Brisket (pis de bœuf)........	3 3/4 à 4 1/2	64	
4e Qualité.			
15 Clod (pis de bœuf)	3	40	
16 Neck (collier)........	3	48	
9 et 17 Leg; shin (gites de derrière et devant)...........	2	44	
18 Cheek (joue)....	»	»	
TOTAL des 3e et 4e qualités.	....	.....	312
TOTAL des quatre qualités.	....	.....	1,032 ou 467k,496

Fig. 56.

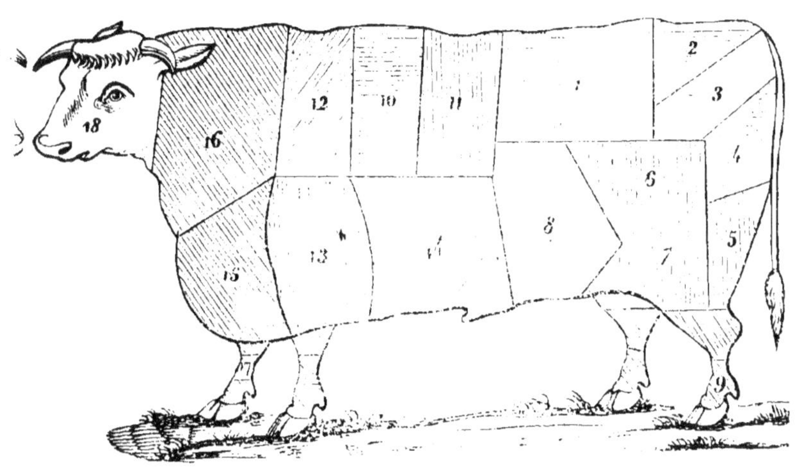

1re qualité.   2e qualité.   3e qualité.   4e qualité.

Londres.

COUPE DU BOEUF EN ANGLETERRE.

(Dans les villes principales autres que Londres.)

Fig. 57.

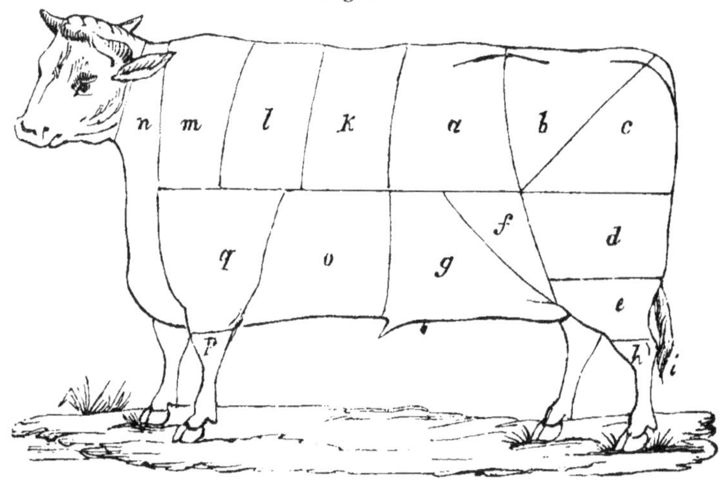

In the hind quarter :	Dans le quartier de derrière :
a, the loin.	*a*, la longe.
b, rump.	*b*, croupe.
c, aitch-bone.	*c*, pointe de culotte.
d, buttock.	*d*, la fesse.
e, hock.	*e*, le jambonneau.
f, thick flank.	*f*, flanc épais (tranche grasse).
g, thin flank.	*g*, flanc maigre (pis de bœuf).
h, shin.	*h*, jambe.
i, tail.	*i*, queue.

In the fore quarter :	Dans le quartier de devant :
k, the fore rib.	*k*, la côte de devant.
l, middle rib.	*l*, la côte du milieu.
m, chuck rib.	*m*, la côte sous le paleron.
n, clod, and sticking, and neck.	*n*, la motte, l'attache, le cou.
o, brisket.	*o*, bréchet.
p, leg of multon piece.	*p*, morceau de gigot de mout.
q, shin.	*q*, jambe.

COUPE DU BOEUF EN ÉCOSSE.

Fig. 58.

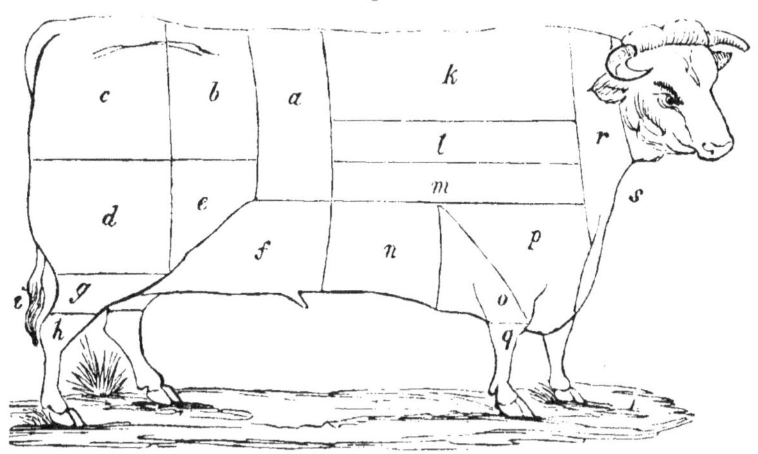

In the hind quarter :	Dans le quartier de derrière :
a, the sirloin.	*a*, l'aloyau.
b, hook bone.	*b*, l'os crochu (hanche).
c, buttock, the rump.	*c*, cimier, la croupe.
d, large round, the rump.	*d*, le large rond, la croupe.
e, thick flank.	*e*, flanc épais (tranche grasse).
f, thin flank.	*f*, flanc maigre (pis de bœuf).
g, small round.	*g*, petit rond (jambonneau).
h, hough.	*h*, jarret.
i, tail.	*i*, queue.

In the fore quarter :	Dans le quartier de devant :
k, the spare rib.	*k*, la côte maigre.
l, runner large.	*l*, grande meule.
m, runner small.	*m*, petite meule.
n, nine holes.	*n*, neuf trous (entre-côtes).
o, brisket.	*o*, bréchet.
p, shoulder lyar.	*p*, épaule couchée (paleron).
q, nap or shin.	*q*, os de la jambe.
r, neck.	*r*, cou.
s, sticking piece.	*s*, la pièce d'attache.

(PL. 25.)

COUPE DU VEAU DE BOUCHERIE A PARIS.

Fig. 59.

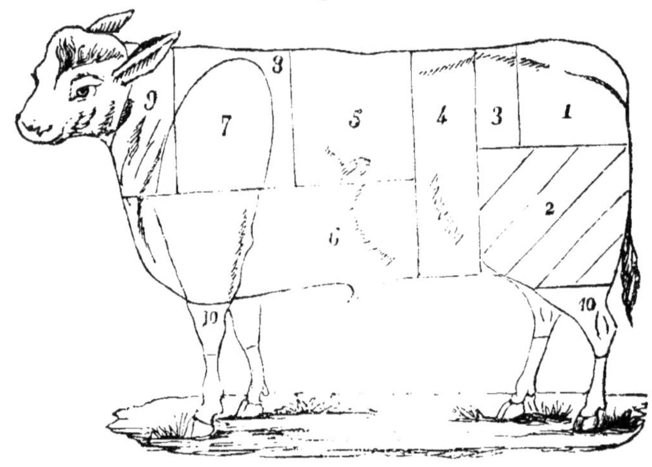

Trois qualités de viande.

Nᵒ 1, cul de veau.

2, rouelles.

1ʳᵉ QUALITÉ. 3, entre-deux.

4, rognon.

5, côtes couvertes, ensemble 22 kilogrammes.

2ᵉ QUALITÉ. 6, poitrine.

7, haut du paleron, ensemble 8 kilogrammes.

8, basses côtes.

3ᵉ QUALITÉ. 9, collet.

10, jarrets, ensemble 10 kilogrammes, soit en totalité 40 kilogrammes,

Les tête, pieds, fraise, foie et ris sont vendus à part, en dehors
des qualités ci-dessus.

COUPE DE VEAU DE BOUCHERIE A NANTES.

Fig. 60.

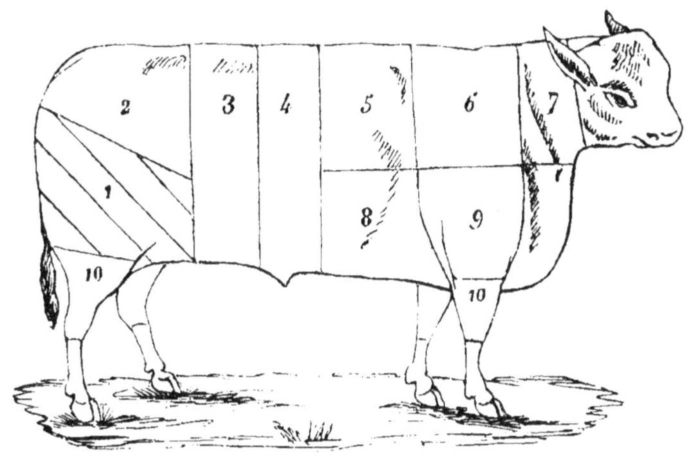

Quatre qualités de viande.

	N° 1, cul de veau.	
	2, rouelles.	
1re QUALITÉ.	3, entre-deux	
	4, rognon.	
	5, côtes couvertes, ensemble 20 kilogrammes.	

2e QUALITÉ.   8, poitrine, ensemble 6 kilogrammes.

3e QUALITÉ.   9, paleron.
6, basses côtes, ensemble 7 kilogrammes

4e QUALITÉ.   7, collet.
10, jarrets, ensemble 7 kilogrammes, soit en totalité 40 kilogrammes.

Les tête, pieds, fraise, foie et ris sont vendus à part, en dehors des qualités ci-dessus.

COUPE DU VEAU DE BOUCHERIE A LONDRES.

Fig. 61.

1ʳᵉ qualité.   2ᵉ qualité.   3ᵉ qualité.

VEAL.	*Traduction.*	**VEAU.**
1, loin, best end.		Longe, meilleur morceau.
2, loin, chump end.		Longe, gros morceau.
3, fillet.		Rouelle.
4, hind knuckle.		Jarret de derrière.
5, fore knuckle.		Jarret de devant.
6, neck, best end.		Cou, meilleur morceau.
7, neck, scrag end.		Cou, morceau décharné.
8, blade bone.		Omoplate (paleron).
9, breast, best end.		Poitrine, meilleur morceau.
10, breast, brisket end.		Poitrine, morceau du bréchet.

(PL. 28.)

COUPE DU MOUTON A LONDRES.

Fig. 62.

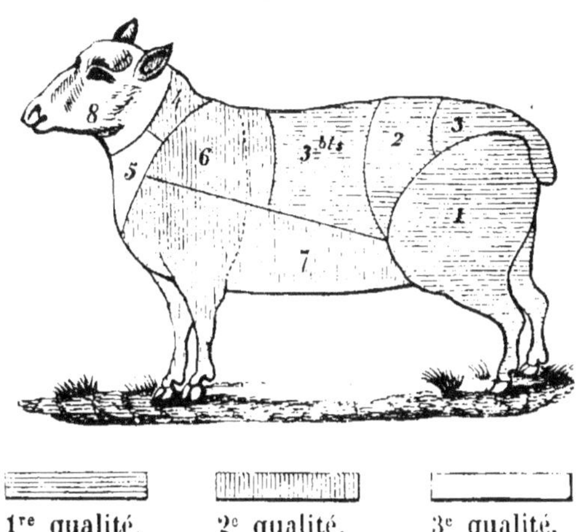

1re qualité.   2e qualité.   3e qualité.

MUTTON.	*Traduction.*	MOUTON.
1, leg.	Jambe (gigot).	
2, loin, best end.	Longe, meilleur morceau.	
3, loin, chump end.	Longe, gros morceau.	
4, neck, best end.	Cou, meilleur morceau.	
5, neck, scrag end	Cou, morceau décharné.	
6, shoulder.	Épaule.	
7, breast.	Poitrine.	

NOTA.	NOTE.
A chine is two loins.	Une echine est (se compose) de deux longes.
A saddle is two necks.	Une selle (morceau de rôt proprement) est ou se divise en deux cous.

Lorsque le gigot de mouton est coupé de manière à comprendre les n°s 1, 2, 3, on le nomme haunch (hanche).

COUPE DU MOUTON EN ANGLETERRE.

Dans les villes principales.)

Fig. 63.

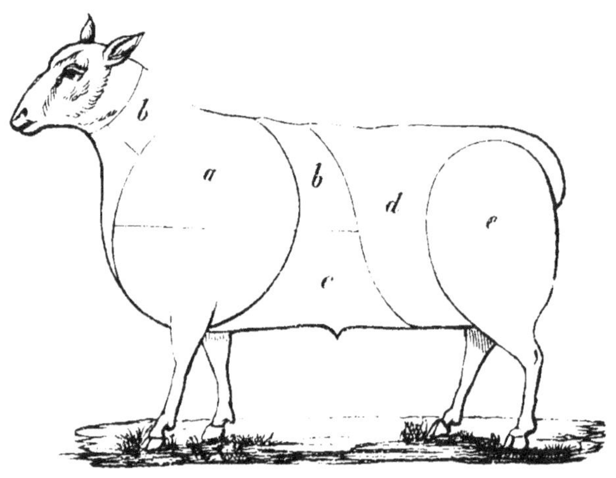

a, shoulder.	a, épaule
b b, neck.	b b, cou, collet.
c, breast.	c, poitrine.
d, loin.	d, longe.
e, leg.	e, jambe.

COUPE DU MOUTON EN ÉCOSSE.

Fig. 64.

a, leg or jigot.	*a*, jambe ou gigot.
b, loin.	*b*, longe.
c, back-ribs.	*c*, côtes du dos, collet.
d, breast.	*d*, poitrine.

COUPE DU PORC A LONDRES.

Fig. 65.

1re qualité.   2e qualité.   3e qualité.

PORK.	*Traduction.*	PORC.
1, the sparerib.		Mot technique signifiant proprement côte de cochon.
2, hand.		Main (épaule).
3, belly or spring.		Ventre ou source.
4, fore loin.		Longe de devant (côtelettes de devant).
5, hind loin.		Longe de derrière.
6, leg.		Jambe (jambon).

COUPE DU PORC EN ANGLETERRE.

(Dans les villes principales, comme à Londres.)

Fig. 66.

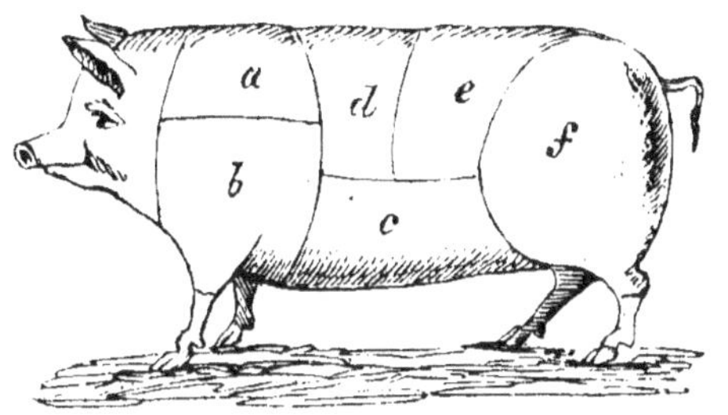

Fore quarter :

  a, the spare rib.
  b, the and, or shoulder.
  b, the and, or shoulder (for
    pickling).
  c, the belly or spring.
  g, head.

Hind quarter :

  d, the fore loin.
  e, the hind loin.
  f, the leg.

Quartier de devant :

  a, côtes minces (côtes à saler).
  b, main ou épaule.
  b, main ou épaule (à saler).

  c, le ventre ou la source.
  g, tête.

Quartier de derrière :

  d, la longe de devant.
  e, la longe de derrière.
  f, le jambon.

COUPE DU PORC EN ÉCOSSE.

Fig. 67.

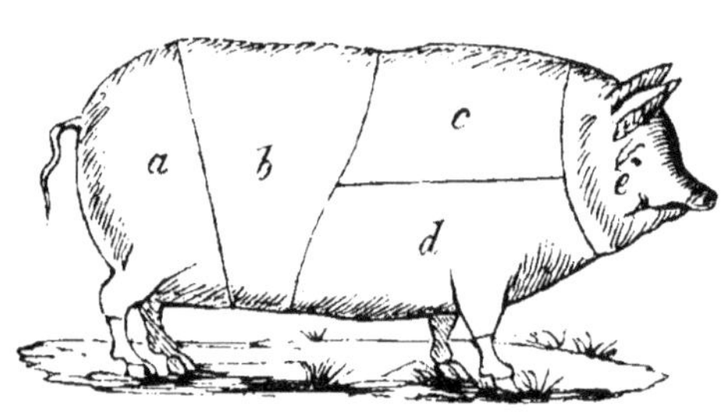

Hind quarter :
  a, leg.
  b, loin.

Fore quarter :
  c, ribs.
  d, breast.
  e, head.

Quartier de derrière :
  a, jambon
  b, longe.

Quartier de devant :
  c, côtes
  d, poitrine.
  e tête.

TABLE DES MATIÈRES.

Première partie.

ANIMAUX DE SERVICE.

Deuxième partie.

BÊTES DE BOUCHERIE.

COUPES D'ANIMAUX DE BOUCHERIE.

TABLE DES FIGURES

CONTENUES DANS L'OUVRAGE.

PARIS. — IMP. DE Mme Ve BOUCHARD-HUZARD, RUE DE L'ÉPERON, 5.

A LA MÊME LIBRAIRIE.

Annales de l'agriculture française, ou recueil encyclopédique d'agriculture, fondé par MM. *Teissier, Bosc* et *Huzard* en l'an IV. Ce journal, le plus ancien des recueils agricoles, est rédigé par M. *Londet*, professeur d'économie rurale, et *L. Bouchard*, propriétaire. Chaque numéro contient des mémoires et observations d'agriculture pratique, une chronique agricole semi-mensuelle, un cours des denrées agricoles, un extrait du compte rendu des séances de la Société centrale d'agriculture, et des figures pour l'intelligence du texte. Tous les ouvrages nouveaux en agriculture y sont annoncés. Il paraît tous les quinze jours, par cahiers d'au moins 3 feuilles (50 à 60 pages) avec figures. L'abonnement commence au 1er janvier. Prix, par an, 15 fr. pour toute la France.

Cours d'économie rurale, professé à l'institut agricole de *Hohenheim*, par M. *Gœritz;* traduit sur manuscrit allemand et annoté par *Jules Rieffel*, directeur de la ferme régionale d'agriculture de *Grand-Jouan*. 2 vol. in-8, avec figures.   12 fr.

Éléments de **chimie agricole** et de **géologie,** par *James F. G. Johnston*, trad. de l'anglais par M. *Exschaw*, ancien élève de l'école d'agriculture de *Grand-Jouan*, et revus par *J. Rieffel*, directeur de cet établissement. 2e édit. augmentée de tout ce que contient la nouvelle édition publiée à Londres par M. *Laverrière*. 1 beau vol. in-12, avec figures.   3 fr. 50 c.

Haras (des) **domestiques** et des **haras de l'État en France,** ouvrage contenant tout ce qui est relatif 1° à l'établissement d'un haras et à l'élevage des chevaux dans la ferme, au choix des races, au métissage ou croisement, à la monte, à l'avortement, à la mise-bas, à l'allaitement, au sevrage, aux soins du poulain et à l'entraînement du cheval de course, à la castration, à la ferrure; 2° aux courses, remontes, et à toutes les institutions et établissements que le gouvernement a tentés pour encourager l'extension de l'élevage du cheval, par *J. B. Huzard.* 2e édit., in-8, 1843. 6 fr.

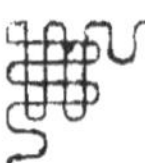

Maniements du bœuf de boucherie

(voir page 241).